高等职业教育

机械行业"十二五"规划教材

机械制造基础

Foundation of
Mechanical Manufacturing

◎ 余小燕 胡绍平 刘明皓 主编
◎ 雷黎明 王欣 柳京成 副主编

人民邮电出版社
北京

精品系列

图书在版编目（CIP）数据

机械制造基础 / 余小燕，胡绍平，刘明皓主编. --
北京：人民邮电出版社，2013.10（2022.8重印）
高等职业教育机械行业"十二五"规划教材
ISBN 978-7-115-32029-2

Ⅰ．①机… Ⅱ．①余… ②胡… ③刘… Ⅲ．①机械制
造－高等职业教育－教材 Ⅳ．①TH

中国版本图书馆CIP数据核字(2013)第207044号

内 容 提 要

本书是在原有教材基础上改版修订，以培养应用性人才为宗旨，以技术为本位、够用为度，结合作者多年的实际生产和教学经验，吸收运用国内教育改革研究成果编写而成的。

全书共分 10 个单元，采用任务式体例编写，主要内容包括金属材料性能、常用工程材料、钢的热处理、热加工基础、金属切削加工成形、机械加工质量和机械加工工艺规程基本概念等。

本书可作为高等职业院校、高等专科院校、成人高校及本科院校举办的二级职业技术学院机械制造与自动化、模具设计与制造、数控技术和机电一体化技术等专业的教材，也可作为机械、机电类技术人员的参考书或机械制造企业人员的培训教材。

◆ 主　　编　余小燕　胡绍平　刘明皓
　　副主编　雷黎明　王　欣　柳京成
　　责任编辑　韩旭光
　　责任印制　焦志炜

◆ 人民邮电出版社出版发行　　北京市丰台区成寿寺路 11 号
　　邮编　100164　电子邮件　315@ptpress.com.cn
　　网址　http://www.ptpress.com.cn

北京九州迅驰传媒文化有限公司印刷

◆ 开本：787×1092　1/16
　　印张：16.5　　　　　　　　　2013 年 10 月第 1 版
　　字数：411 千字　　　　　　　2022 年 8 月北京第 6 次印刷

定价：36.00 元

读者服务热线：(010)67132746　印装质量热线：(010)67129223
反盗版热线：(010)67171154

前　言

本书按照课程改革新体系要求编写，在编写过程中以培养应用性人才为目标，以技术为本位、够用为度，结合编者多年的实际生产、教学经验，吸收运用国内教育改革研究成果编写的。

目前，在高等院校的课程教学改革中，特别强调加强基础应用、扩大知识面以及增强实践操作技能的教学理念。《机械制造基础》教材的编写正是为了更好地实现这一教学思想而进行的。

本书编写的目标就是要在高校办学条件下，逐步形成体现高等教育特色的"机械制造基础"课程教学模式。全书采用任务式体例编写，每个任务模块后面附有应用训练和课后练习，真正实现基于工作过程的课程教学模式，以培养学生的创新精神和实践能力为重点，使学生具有全面素质和综合职业能力，能在生产、服务、技术和管理第一线工作，能为地方机械行业的相关职业群服务，成为高素质的应用技能型人才。

本书以提高学生综合技术素质为主线，着眼于学生的培养整体目标。整合课程教学内容，构建基于工作过程的理实一体化课程模块，以工作任务为主体，理论和技能相结合，解决理论与技能训练脱节的矛盾，着重培养学生的运用基础理论，综合分析问题、解决问题的能力，实现真正意义上的"通专结合"。推动"双证书"制度，拓宽就业渠道，提高学生就业竞争力。

本书编写过程中得到兄弟院校有关同志的大力支持和协助，引用了很多同行所编著的教材和著作中的大量资料，在此一并感谢。

由于编者水平有限，书中难免有不妥和错误之处，希望能得到广大师生、读者的批评指正。

目 录

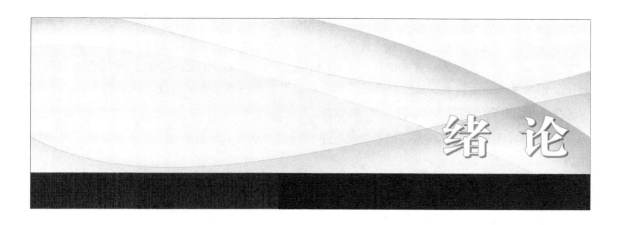

绪 论

1. 我国机械制造工业的现状和今后的任务

物质生产始终是人类社会生存发展的基础，没有制造业的发展就没有人类现代物质文明。据统计，美国财富的 68%来自于制造业，2000 年中国财政的 50%来自于制造业。机械制造工业是国民经济的装备部，在国民经济中具有十分重要的地位和作用。无论是传统产业还是新兴产业，都离不开各种各样的机械设备，机械制造工业的规模和水平是反映国民经济实力和科学技术水平的标志。世界各国都把机械制造工业作为振兴和发展国民经济的战略重点之一。

自 20 世纪 80 年代改革开放以来，我国机械制造业得到稳步健康发展，已经形成能提供具有先进水平的大型成套技术设备的工业体系，机械制造工业已成为我国最大的产业部门之一。已经建立了一个完整的机械工业体系，全国电力、钢铁、石油、交通、矿山等基础工业所拥有的机械产品总量中的 80%是我国自己制造的，我国已经成为名副其实的机械工业生产大国。复合式板材加工中心、液压式回转头数控压力机等都已达到国际先进水平，国产的工位压力机也出现在我国汽车生产企业；我国的工具行业在超硬材料、复杂刀具等方面也取得了一定的进步，高精度、高效率、高寿命的刀具、磨具市场占有率不断提高，数控刀具的生产、应用也初具规模。如果没有强大而完整的现代化机械制造工业，就无法成为国富民强的现代化强国，机械制造工业的规模和发展水平是反映国民经济实力和科学技术水平的重要标志。

我国的机械制造业虽然取得了很大的成绩，但与国民经济发展的需要，与世界先进水平相比还存在一定的差距。

首先是产业结构上差距，中国的技术密集型产业明显落后于工业发达的大国。虽然中国机械产品的出口额已大大超过轻纺产品，但出口的机械电子产品大多是单价低、附加值低的产品。

生产经营规模上的差距。中国电子信息产业的产值已排位世界第五位，移动电话数量已居世界第一位，但电子信息产业的关键元器件大规模集成电路每年进口量是内地需求的六成以上。

新技术新产品研发能力上的差距。中国目前只能说在劳动密集型的轻纺产品和加工组装型的家电及电子通信组装产品具有比较优势，在技术密集型产业还不具备成为世界工厂的水平。

总之，我国的机械制造工业获得了巨大的发展，但与世界先进水平相比，还有很大的差距，整个水平与国外先进水平相比，至少落后 15 年左右，今后机械制造业的发展战略是：适应国民经济发展的要求，以基础机械的关键制造技术、柔性化和自动化制造技术、重大成套技术装备、大批量制造技术为重点，把研究开发优质、高效精密工艺与装备，为新一代产品投产和规模生产提供新工艺、新装备作为总目标，加强基础技术研究、积极消化、掌握引进技术，提高自主开发能力，抓好工艺与装备紧密结合、常规制造技术与精密检测技术、数控技术综合应用两个环节，形成常规制造技术、现代制造技术和高新技术并存的多层次制造技术发展结构。

2． 本课程的研究内容

机械制造技术基础课程是一门有关机械零件制造方法及其用材的综合技术基础课。其内容由以下几个部分组成：

（1）金属材料及热处理　主要介绍各种常用材料的性能、使用及热处理工艺对金属材料的影响。

（2）毛坯成型的基本方法　主要介绍毛坯成型的三种基本方法，揭示毛坯成型的基本原理、常见缺陷的原因和预防措施，同时对零件的结构工艺性也进行了分析。

（3）金属切削原理及切削加工方法　主要揭示金属切削过程中的切削规律、常用机床的工作原理、组成、常用刀具的结构特点及使用，重点分析比较各种表面加工方法的特点及应用。

（4）机械制造工艺　主要包括机械加工工艺规程的制定及工艺尺寸链的计算、典型零件的加工工艺等。

3． 本课程的特点和学习方法

（1）实践性强　本学科内容源于生产和科学实践，而技术理论的发展又促进和指导生产的发展。学习技术的目的在于应用，在于提高技术水平。因此，要坚持理论与实践并重，特别是注重实训、实验、专项设计等实践教学。多下工厂和实习车间，可以帮助消化和理解有关概念、原理和加工方法。多动手、多实践，可以更好地掌握机械加工技术。

（2）涉及面广、内容丰富　本课程涉及的内容有材料、热处理、毛坯成型、切削原理、机床、刀具和制造工艺等，因此，要学会抓主要矛盾，解决问题。

任务一　认识金属材料的力学性能

【任务描述】

正确地选用检测仪器、装备和试样，确定合理的金属力学性能判据，依据相应标准，准确而尽可能快速地进行金属力学性能测试。

【学习目标】

掌握材料的主要力学性能指标，及其测量方法。

【相关知识】

金属材料的性能对零件的使用和加工有十分重要的作用，表 1.1 为金属材料性能的主要种类。在机械制造领域选用材料时，大多以力学性能为主要依据。

表 1.1　　　　　　　　　　　金属材料的性能

性能种类	主要指标
力学性能	强度、塑性、硬度、冲击韧度、疲劳强度等
物理性能	密度、熔点、导热性、导电性、热膨胀性等
化学性能	耐腐蚀性、抗氧化性、化学稳定性等
工艺性能	铸造性能、锻造性能、焊接性能、切削加工性能和热处理工艺性能等

力学性能是指材料在各种载荷作用下表现出来的抵抗力。主要的力学性能指标有：强度、塑性、硬度、冲击韧度、疲劳强度等。

1.1.1 强度

强度是金属材料在载荷作用下抵抗塑性变形或断裂的能力。根据载荷作用方式不同，强度可分为抗拉强度（σ_b）、抗压强度（σ_{bc}）、抗弯强度（σ_{bb}）和抗剪强度（σ_τ）等。一般情况下多以抗拉强度作为判断金属强度大小的指标。

抗拉强度指标是通过金属拉伸试验测定的。按照标准规定，把标准试样装夹在拉伸试验机上，然后对试样逐渐施加拉伸载荷，随载荷不断增加，试样逐渐产生变形而被拉长，直至试样被拉断为止。在试验过程中，试验机将自动记录下每一瞬时所施加载荷 F 和试样发生相应伸长变形量 Δl，并绘制出载荷与变形间变化关系的曲线—拉伸曲线。

1. 拉伸曲线

图 1.1 为低碳钢的拉伸曲线图，以此为例说明拉伸过程中几个变形阶段。

（1）oe—弹性变形阶段　试样的伸长量与载荷成正比增加，此时若卸载，试样能完全恢复原状。F_e 为能恢复原状的最大拉力。

（2）es—屈服阶段　当载荷超过 F_e 后，试样除产生弹性变形外，开始出现塑性变形。当载荷增加到 F_s 时，图形上出现平台，即载荷不增加，试样继续伸长，材料丧失了抵抗变形的能力，这种现象叫屈服。F_s 称为屈服载荷。

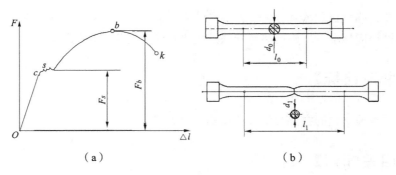

图 1.1　低碳钢的拉伸曲线图

（3）sb—均匀塑性变形阶段　载荷超过 F_s 后，试样开始产生明显塑性变形，伸长量随载荷增加而增大。F_b 为试样拉伸试验的最大载荷。

（4）bk—缩颈阶段　载荷达到最大值 F_b 后，试样局部开始急剧缩小，出现"缩颈"现象，试样变形所需载荷也随之降低，k 点时试样发生断裂。

工程上使用的金属材料，并不是都有明显的 4 个阶段，对于脆性材料，没有明显的四个阶段，弹性变形后马上发生断裂。

2. 强度指标

金属材料的强度是用应力来度量的。常用的强度指标有屈服点和抗拉强度。

（1）屈服点 σ_s。在拉伸过程中，载荷不增加，试样还继续发生变形的最小应力，单位为 MPa。

$$\sigma_s = F_s/A_0$$

式中　F_s——屈服时的最小载荷（N）；

　　　A_0——试样原始截面积（mm²）。

对于无明显屈服现象的金属材料（如铸铁、高碳钢等），通常规定产生 0.2%塑性变形时的应力作为条件屈服点，用 $\sigma_{0.2}$ 表示。

（2）抗拉强度 σ_b。金属材料在拉断前所承受的最大应力，单位为 MPa。

$$\sigma_b = F_b/A_0$$

式中　F_b—试样拉断前所承受的最大载荷（N）。

屈服点和抗拉强度都是机械零件设计和选材的重要依据。机械零件在工作时，一般不允许产生明显的塑性变形。

1.1.2　塑性

塑性是金属材料在载荷作用下产生塑性变形（或永久变形）而不断裂的能力，塑性指标也是通过拉伸试验测定的。常用塑性指标是断后伸长率和断面收缩率。

1.　断后伸长率 δ

拉伸试验试样拉断后，标距长度的相对伸长值，即：

$$\delta = (l_1 - l_0)/l_0 \times 100\%$$

式中　l_0——试样原始标距长度（mm）。

　　　l_1——试样被拉断时标距长度（mm）。

2.　断面收缩率 ψ

拉伸试样拉断后试样截面积的收缩率，即：

$$\psi = (A_0 - A_1)/A_0 \times 100\%$$

式中　A_1——试样被拉断时缩颈处的最小截面积（mm²）。

断面收缩率不受试样尺寸的影响，因此能更可靠的反映材料的塑性大小。

断后伸长率和断面收缩率数值愈大，表明材料的塑性愈好。良好的塑性是保证顺利完成轧制、锻造、拉拔、冲压等成型工艺的必要条件，亦可避免机械零件在使用中万一超载而发生突然折断。

1.1.3　硬度

硬度是指金属材料抵抗外物压入其表面的能力，即金属材料抵抗局部塑性变形或破坏的能力。硬度是衡量金属材料软硬程度的指标，实际上硬度是金属材料力学性能的一个综合物理量。常用的硬度指标有布氏硬度、洛氏硬度和维氏硬度等。

1.　布氏硬度

将一定直径的压头，在一定的载荷下垂直压入试样表面，保持规定的时间后卸载，压痕表面所承受的平均应力值称为布氏硬度值，以 HB 表示。图 1.2 为布氏硬度试验原理图。

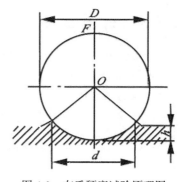

图 1.2　布氏硬度试验原理图

$$HB = F/S_压 = 0.102 \times 2F/\pi D \left(D - \sqrt{D^2 - d^2} \right)$$

式中　F——试验力（N）；

　　　$S_压$——压痕表面积（mm）^{2}；

　　　D——球体直径（mm）；

　　　d——压痕直径（mm）。

当试验压头为淬硬钢球时，硬度符号为 HBS，适于测量布氏硬度值小于 450 的材料；当试验压头为硬质合金钢球时，硬度符号为 HBW，适于测量布氏硬度值小于 650 的材料。HBS 或 HBW 之前数字为硬度值，例如，120HBS、450HBW。

布氏硬度压痕面积较大，能较真实反映出材料的平均性能，而不受个别组成相和微小不均匀度的影响，具有较高的测量精度。布氏硬度计主要用来测量灰铸铁、有色金属以及经退火、正火和调质处理的钢材等材料。因压痕较大，布氏硬度不适宜检验薄件或成品。

2．洛氏硬度

用规定的载荷，将顶角为 120° 的圆锥形金刚石压头或直径为 1.588mm 的淬火钢球压入金属表面，取其压痕深度计算硬度的大小，这种硬度称为洛氏硬度 HR。

洛氏硬度试验原理图如图 1.3 所示。0-0 为金刚石压头没有与试件表面接触时的位置；1-1 为加初载后压头压入深度 ab；2-2 为压头加主载后的位置，此时压头压入深度 ac；卸除主载后，由于恢复弹性变形，压头位置提高到 3-3 位置。最后，压头受主载后实际压入表面的深度为 bd，洛氏硬度用 bd 大小来衡量。

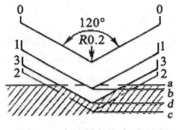

$$HR = K - bd/0.002$$

式中　K——常数（金刚石作压头，$K=100$；钢球作压头，$K=130$）

图 1.3　洛氏硬度试验原理图

洛氏硬度计采用 A、B、C 三种标度对不同硬度材料进行试验，硬度分别用 HRA、HRB、HRC 表示。HRA 主要用于测量硬质合金、表面淬火钢等；HRB 主要用于测量软钢、退火钢、铜合金等；HRC 主要用于测量一般淬火钢件。

3．维氏硬度

用 49N～981N 的载荷，将顶角为 136° 的金刚石四方角锥体压头压入金属表面，以其压痕面积除载荷所得之商称为维氏硬度 HV。它适用于测定厚度为 0.3mm～0.5mm 的薄层材料，或厚度为 0.03mm～0.05mm 的表面硬化层的硬度。

1.1.4　冲击韧度

冲击韧度是金属材料抵抗冲击载荷作用而不破坏的能力，通常用一次摆锤冲击试验来测定。

摆锤冲击试验原理如图 1.4 所示。将标准试样安放在摆锤试验机的支座上，试样缺口背向摆锤，将具有一定重力 G 的摆锤举至一定高度 H_1，使其获得一定势能 GH_1，然后由此高度落下将试样冲断，摆锤剩余势能为 GH_2。冲击吸收功（A_K）除以试样缺口处的截面积 S_0，即可得到材料的冲击韧度 α_K，计算公式如下：

$$\alpha_K = A_K/S_0 = G(H_1 - H_2)/S_0$$

式中　A_K——冲击吸收功（J）；

G——摆锤的重力（N）；

H_1——摆锤举起的高度（cm）；

H_2——冲断试样后，摆锤的高度（cm）；

α_K——冲击韧度（J/cm²）；

S_0——试样缺口处截面积（cm²）。

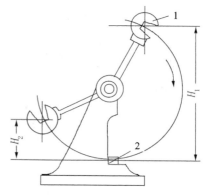

使用不同类型的标准试样（U 型缺口或 V 型缺口）进行试验时，冲击韧度分别以 α_{KU} 或 α_{KV} 表示。冲击韧度 α_K 值愈大，表明材料的韧性愈好，受到冲击时不易断裂。

1.1.5 疲劳强度

许多机械零件，例如轴、齿轮、轴承、弹簧等，在工作中承受的是交变载荷。在这种载荷作用下，虽然零件所受应力远低于材料的屈服点，但在长期使用中往往会突然发生断裂，这种破坏过程称为疲劳断裂。

图 1.4 冲击试验示意图

1—摆锥　2—试样

工程上规定，材料经无数次重复交变载荷作用而不发生断裂的最大应力称为疲劳强度。

图 1.5 是通过试验测定的材料交变应力 σ 和断裂前应力循环次数 N 之间的关系曲线（疲劳曲线）。曲线表明，材料受的交变应力越大，则断裂时应力循环次数（N）越少，反之，则 N 越大。当应力低于一定值时，试样经无限周次循环也不破坏，此应力值称为材料的疲劳强度，用 σ_r 表示；对称循环 $r=-1$，疲劳极限用 σ_{-1} 表示。实际上，工程上规定，钢在经受 10^7 次、有色金属经受 10^8 次交变应力作用下，不发生破坏时的应力作为材料的疲劳强度。

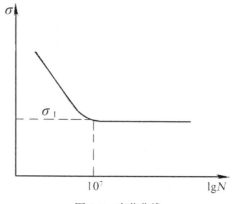

图 1.5 疲劳曲线

材料的疲劳强度与其合金化学成分、内部组织及缺陷、表面划痕及零件截面突然改变等有关。设计零件时，为了提高零件的疲劳强度，应改善结构设计避免应力集中；提高加工工艺减少内部组织缺陷；还可以通过降低零件表面粗糙度和表面强化方法（如表面淬火、表面液压、喷丸处理等）来提高表面加工质量。

【应用训练】

实验一　金属材料静态力学性能测试

一、实验目的和内容

1. 测定金属材料的拉伸、压缩和扭转时力学性能参数，如屈服极限，强度极限等。

2. 观察实验现象，并比较金属材料在拉伸、压缩和扭转时的变形及破坏形式。

3. 比较金属材料在拉伸、压缩和扭转时的力学性能特点。

二、实验名称

拉伸试验，压缩试验，扭转试验。

三、实验设备

电子式万能材料试验机（WDW3100 型）、电子扭转试验机、游标卡尺。

四、试件

1．拉伸试验所采用的试件

试件采用两种材料：低碳钢和铸铁。低碳钢属于塑性材料；铸铁属于脆性材料。试件的外形如图 1.6 所示。本实验采用的试件是 GB228—87 规定的"标准试件"中的一种。试件的标距等截面测试部分长度 $10d$，直径 d。

2．压缩试验所采用的试件

试件的形状如图 1.7 所示，本实验采用的试件是国际规定的"标准试件"中的一种。

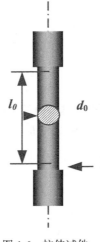

图 1.6　拉伸试件

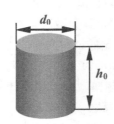

图 1.7　压缩试件

3．扭转试验所采用的试件

采用标准试件，类似拉伸试件。

五、实验方法及步骤

（一）拉伸试验

测定一种材料的力学性能，一般应用一组试件（3～6 根）来进行，而且应该尽可能每一根试件都测出所要求的性能。我们主要是学习试验方法，所以我们测定低碳钢 σ_s、σ_b、δ、ψ 的拉伸试验只用一根试件来进行。其试验步骤如下。

1．测量试件尺寸，主要是测量试件的直径和标距。

在标距部分取上、中、下三个截面，对每一个截面用游标卡尺（精度 0.02mm）测量互相垂直方向的直径各一次，取其平均值最小截面处的平均直径作为试件的直径。

2．顺时针旋转钥匙打开试验机。

3．用远控盒调整上下夹头的位置，将试件装在实验机的夹具上。

4．打开实验软件，先点联机按钮，然后设置参数。

点击参数录入按钮，输入试验编号及试样参数等。点击参数设置按钮，输入试验开始点、横梁速度及方向等。

5．选择试验编号和实验曲线，将负荷与位移清零。

6．点击"试验开始"按钮，开始试验，同时仔细观察试样在试验过程中的各种现象。

7．试件被拉断后取下试件，量取拉断后的标距和颈缩处的直径。填入到软件中出现的对话框里。

8．查看并保存数据。

9. 实验结束后，点击"脱机"按钮，关闭实验软件。然后关闭试验机及计算机

（二）压缩试验

1. 测量试件的尺寸

用游标卡尺测量相互垂直方向的直径各一次，取其平均值作为试件的直径。

2. 将试件放在实验机上下两个压头之间，开动试验机进行实验

3. 打开实验软件，先点联机按钮，然后设置参数

点击参数录入按钮，输入试验编号及试样参数等。点击参数设置按钮，输入试验开始点、横梁速度及方向等。

4. 选择试验编号和实验曲线，将负荷与位移清零。

5. 点击"试验开始"按钮，开始试验，同时仔细观察试样在试验过程中的各种现象

6. 试件被压断（铸铁压断，而低碳钢过屈服或规定的载荷值）点击"试验结束"按钮，停止实验，查看并保存数据

7. 上升移动横梁取下试件

实验结束后，点击"脱机"按钮，关闭实验软件，然后关闭试验机及计算机。

（三）扭转试验

1. 测量试件直径 d_0，打开试验机电源预热仪器。

2. 将试件安装于机器夹头中，并夹紧。

3. 打开实验软件，点击试样录入按钮输入试验材料、试验方法、试验编号、试样参数等。点击参数设置按钮，输入试验速度和转动夹头的转动方向、选择是否计算、试验结束条件等。

4. 选择试验编号，将扭矩、扭角、转角清零。点击"试验开始"按钮开始试验。对于低碳钢试件在过屈服阶段后可逐渐加快试验速度。

5. 当试件被扭断时，停止实验，将试件取下。

6. 查看并保存数据。

7. 点击"脱机"按钮，关闭实验软件。关闭试验机及计算机。

六、实验数据

（一）拉伸试验

1. 试验数据记录

将测得的试件尺寸的原始数据填入表 1.2 中，将通过实验测得的试验数据填入表 1.3 中。

表 1.2　　　　　　　　　　　　试件尺寸原始数据　　　　　　　　（单位：mm）

材料	标距 10	原始直径 d_0						截面面积 A_0	拉断处直径 d_1			断口处截面积 A_1	拉断处的标距 l_1
		截面 I		截面 II		截面 III		最小处平均值					
		（1）	（2）	（1）	（2）	（1）	（2）		（1）	（2）	平均		
低碳钢													
铸铁													

表 1.3　　　　　　　　　　　　测试数据

材料	屈服载荷 P_s（N）	最大载荷 P_b（N）
低碳钢		
铸铁		

2. 写出实验数据的处理过程，并将实验结果填入表1.4。

数据的处理过程：

（1）屈服极限的计算过程

低碳钢：

（2）强度极限的计算过程

低碳钢：

铸铁：

（3）延伸率的计算过程

（4）断面收缩率的计算过程

表1.4 实验结果

材料	屈服极限 σ_s（MPa）	强度极限 σ_b（MPa）	延伸率 δ	断面收缩率 φ
低碳钢				
铸铁				

（二）压缩试验

1. 将试验测试数据填入表1.5。

2. 写出实验数据处理的过程。

（1）低碳钢的屈服极限的计算过程

（2）铸铁的强度极限的计算过程

3. 将计算结果填入表1.5。

表1.5 测试数据及实验结果

材料	原始直径 d_0（mm）			截面面积 A_0（mm²）	屈服极限 P_s（N）	屈服极限 σ_s（MPa）	最大载荷 P_b（N）	强度极限 σ_b（MPa）
	（1）	（2）	平均					
低碳钢								
铸铁								

（三）扭转试验

1. 试验数据记录。

试件尺寸的原始数据填入表1.6，通过实验测得的试验数据填入表1.7。

表 1.6　　　　　　　　　　试件尺寸原始数据（单位：mm）

材料	原始直径 d_0						最小处平均值	截面面积 A_0
	截面 I		截面 II		截面 III			
	（1）	（2）	（1）	（2）	（1）	（2）		
低碳钢								
铸铁								

2. 写出实验数据的处理过程，并将实验结果填入表 1.6。

（1）低碳钢的剪切屈服极限的计算过程

（2）低碳钢的剪切强度极限的计算过程

（3）铸铁的剪切强度极限的计算过程

表 1.7　　　　　　　　　　测试数据及实验结果

材料	屈服扭矩 M_{ns}（N·m）	剪切屈服极限 τ_s（MPa）	最大扭矩 M_{nb}（N·m）	剪切强度极限 τ_b（MPa）
低碳钢				
铸铁				

七、实验综合分析

综合三个实验的结果分析低碳钢和铸铁在拉伸、压缩和扭转时的力学性能。对现象、所留数据、材料不同变形的优缺点、强度指标、塑性指标进行比较。可以采用照片、图表等方法来表述。

【课后练习】

1. 何谓金属材料的力学性能?常用的力学性能指标有哪些?
2. 塑性好的材料和塑性差的材料，在超负荷承载造成断裂破坏时，有什么不同特点?
3. 常用的硬度测量方法有哪些?各适宜于何种场合的测量?

任务二　金属与合金的晶体结构与结晶

【任务描述】

能分析金属晶体结晶的过程；能运用细化晶粒的措施提高金属的力学性能。

【学习目标】

1. 了解金属晶体的结构
2. 理解金属晶体结晶的过程
3. 掌握细化晶粒，提高金属的力学性能的方法

1.2.1 金属的晶体结构

1. 晶体与非晶体

自然界的固态物质，根据原子在内部的排列特征可分为晶体与非晶体两大类。固态下原子在物质内部作有规则排列，即为晶体。绝大多数金属和合金固态下都属于晶体，例如，纯铝、纯铁、纯铜等。固态下物质内部原子呈现无序堆积状况，称为非晶体，例如，松香、玻璃、沥青等。

2. 晶格与晶胞

为了形象描述晶体内部原子排列的规律，将原子抽象为几何点，并用一些假想联线将几何点在三维方向连接起来，这样构成的空间格子称为晶格（见图1.8（b））。晶格中原子排列具有周期性变化的特点，通常从晶格中选取一个能够完整反映晶格特征的最小几何单元称为晶胞（见图1.8（c）），它应具有很高的对称性。

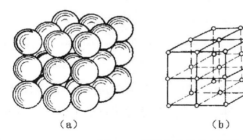

（a）　　　　　　　（b）　　　　　　（c）

图1.8　简单立方晶格与晶胞示意图

（a）晶体结构　　　（b）晶格　　　（c）晶胞

3. 三种典型的金属晶格类型

（1）体心立方晶格。体心立方晶格的晶胞是一个立方体，立方体的八个顶角和中心各有一个原子，如图1.9（a）所示。铁在912℃以下具有体心立方晶格。属于这类晶格的常见金属还有铬、钨、钼、钒等。

（2）面心立方晶格。面心立方晶格的晶胞也是一个立方体，原子位于立方体的八个顶角和立方体的六个面中心，如图1.9（b）所示。铁在912～1394℃具有面心立方晶格。属于该晶格类型的常见金属还有铝、铜、铅、金等。

（3）密排六方晶格。它的晶胞是一个正六方柱体，原子排列在柱体的每个顶角和上、下底面的中心，另外三个原子排列在柱体内，如图1.9（c）所示。属于密排六方晶格类型的常见金属有镁、锌、铍、镉、α钛等。

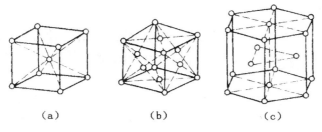

图 1.9 常见金属晶格的晶胞

（a）体心立方晶格 （b）面心立方晶格 （c）密排六方晶胞

1.2.2 纯金属的结晶

金属的结晶一般是指金属由液态转变为固态的过程。纯金属的晶体结构是在结晶过程中逐步形成的。研究结晶的规律对于探索改善金属材料性能的途径有重要意义。

1. 纯金属的冷却曲线

纯金属都有一个固定的熔点（或结晶温度），高于此温度熔化，低于此温度才能结晶成为晶体。金属的结晶温度通常用热分析等实验方法来测量。

图 1.10 为纯金属的冷却曲线，其原理是在液态纯金属的缓慢冷却过程中，每隔一定时间测量一次温度，直到冷却至室温。将测量结果绘制在温度—时间坐标上，便得到纯金属的冷却曲线，即温度随时间而变化的曲线。

由冷却曲线可见，液态金属随着冷却时间的延长，它所含的热量不断散失，温度也不断下降，但是当冷却到某一温度时，温度随时间延长并不变化，在冷却曲线上出现了"平台"。"平台"对应的温度就是纯金属实际结晶温度。出现"平台"的原因，是结晶时放出的潜热正好补偿了金属向外界散失的热量。结晶完成后，由于金属继续向环境散热，温度又重新下降。

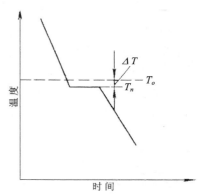

图 1.10 纯金属的冷却曲线

图中 T_0 为理论结晶温度，金属实际结晶温度（T_n）总是低于理论结晶温度（T_0）的现象，称为"过冷现象"；理论结晶温度和实际结晶温度之差称为过冷度，以 ΔT 表示，$\Delta T = T_0 - T_n$。金属结晶时过冷度的大小与冷却速度有关，冷却速度越大，过冷度就越大，金属的实际结晶温度越低。

2. 纯金属的结晶过程

金属的结晶包括晶核的形成和晶核的长大两个基本过程，并且这两个过程同时进行。

（1）晶核的形成。在过冷度存在的条件下，依靠产生微细小晶体形成晶核的过程，称为自发形核；而在实际金属中常有杂质的存在，这种依附于杂质或型壁而形成晶核的过程，称为非自发形核。自发形核和非自发形核在金属结晶时是同时进行的，但非自发形核常起优先和主导作用。

（2）晶核的长大。晶核形成后，会吸附其周围液态中的原子，不断长大。晶核长大使液态金属的相对量逐渐减少。开始时，各个晶核自由生长，并且保持着规则的外形。当各个生长着的小晶体彼此接触后，接触处的生长过程自然停止，晶体的规则外形遭到破坏。最后全部液态金属耗尽，结晶过程终止。

3. 晶体的缺陷

在金属晶体中，由于晶体形成条件、原子的热运动及其他各种因素影响，原子规则排列在局部区域受到破坏，通常把这种区域称为晶体缺陷。根据晶体缺陷的几何特征，可分为点缺陷、线缺陷和面缺陷三类。

（1）点缺陷。最常见的点缺陷有空位、间隙原子和置换原子等，如图 1.11 所示。由于点缺陷的出现，使周围原子发生"撑开"或"靠拢"现象，这种现象称为晶格畸变。晶格畸变的存在，使金属产生内应力，从而使强度和硬度增高，塑性、韧性降低，它也是强化金属的手段之一。

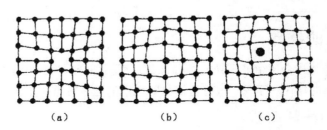

图 1.11　点缺陷示意图

（a）晶格空位　（b）置换原子　（c）间隙原子

（2）线缺陷。线缺陷主要指的是位错。最常见的位错形态是刃型位错，如图 1.12 所示。这种位错的表现形式是晶体的某一晶面上，多出一个半原子面，它如同刀刃一样插入晶体，故称刃型位错，在位错线附近一定范围内，晶格发生了畸变。

（3）面缺陷。通常指的是晶界和亚晶界。实际金属材料都是多晶体结构，多晶体中两个相邻晶粒之间晶格位向是不同的，所以晶界处是不同位向晶粒原子排列无规则的过渡层，如图 1.13 所示。

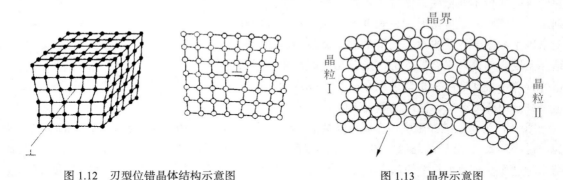

图 1.12　刃型位错晶体结构示意图　　　　　图 1.13　晶界示意图

4. 晶粒大小及其控制

实际金属结晶后形成多晶体，晶粒的大小对力学性能影响很大。一般情况下，晶粒愈细小，金属的强度、硬度就愈高，塑性、韧性也愈好，即综合力学性能好。

结晶后的晶粒大小主要取决于形核率 N（单位时间、单位体积内所形成的晶核数目）与晶核的长大速率 G（单位时间内晶核向周围长大的平均线速度）。为了细化晶粒，改善其性能，常采用以下方法。

（1）增加过冷度。形核率和长大速率都随过冷度增大而增大，但在很大范围内形核率比晶核长大速率增长得更快。增加过冷度是细晶强化的常用方法，适用于中、小型铸件。

（2）变质处理。在液态金属结晶前加入一些细小变质剂，使结晶时形核率 N 增加，而长大速率 G 降低，这种细化晶粒方法称为变质处理。通常向钢液中加入铝、钒、硼；向铸铁中加入 Si-Fe、Si-Cu；向铝液中加入钛、锆等。变质处理成为大型铸件细化晶粒改善性能的重要手段。

此外，采用机械振动、超声波振动和电磁振动等，增加结晶动力，使枝晶破碎，也间接增加晶核数，同样可细化晶粒。

1.2.3 合金的晶体结构

纯金属虽然具有优良的导电、导热等性能，但它的力学性能较差，并且价格昂贵，因此在使用上受到很大限制。机械制造领域中广泛使用的金属材料是合金，如钢和铸铁等。

1. 合金的基本概念

（1）合金。一种金属元素与其他金属或非金属元素，经熔炼、烧结或其他方法结合成具有金属特性的物质，称为合金。例如碳钢就是铁和碳组成的合金。

（2）组元。组成合金的最基本的独立物质称为组元，简称元。组元可以是金属元素或非金属元素，也可以是稳定化合物。由二个组元组成的合金称为二元合金，三个组元组成合金称为三元合金。

（3）合金系。由二个或二个以上组元按不同比例配制成一系列不同成分的合金，称为合金系。例如，铜和镍组成的一系列不同成分的合金，称为铜镍合金系。

（4）相。合金中具有同一聚集状态、同一结构和性质的均匀组成部分称为相。例如，液态物质称为液相；固态物质称为固相；同样是固相，有时物质是单相的，而有时是多相的。

（5）组织。用肉眼或借助显微镜观察到材料具有独特微观形貌特征的部分称为组织。组织反映材料的相组成、相形态、大小和分布状况，因此组织是决定材料最终性能的关键。在研究合金时通常用金相方法对组织加以鉴别。

2. 合金的组织

多数合金组元液态时都能互相溶解，形成均匀液溶体。固态时由于各组分之间相互作用不同，形成不同的组织。通常固态时合金中形成固溶体、金属化合物和机械混合物三类组织。

（1）固溶体。合金由液态结晶为固态时，一组元溶解在另一组元中，形成均匀的相称为固溶体。占主要地位的元素是溶剂，而被溶解的元素是溶质。固溶体的晶格类型保持着溶剂的晶格结构。

根据溶质原子在溶剂晶格中所占位置的不同，固溶体可分为置换固溶体和间隙固溶体两种。

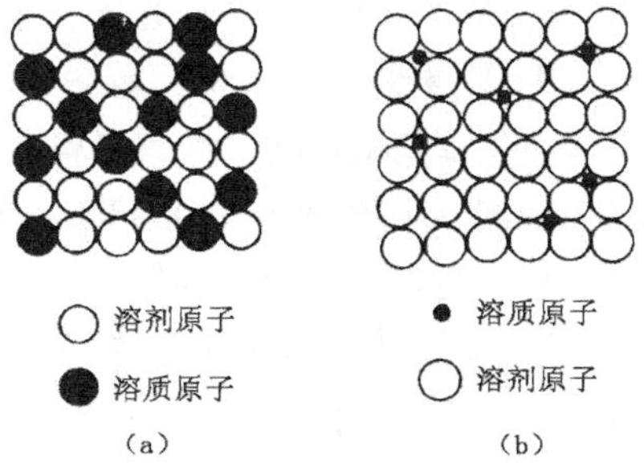

溶剂结点上的部分原子被溶质原子所替代而形成的固溶体，称为置换固溶体，如图 1.14（a）所示。按固溶体溶解度不同，置换固溶体可分为有限固溶体和无限固溶体两类。置换固溶体中溶质在溶剂中的溶解度主要取决于两组元的晶格类型、原子半径和原子结构特点。溶质原子溶入溶剂晶格之中而形成的固溶体，称为间隙固溶体，如图 1.14（b）所示。由于溶剂晶格的间隙有限，通常形成间隙固溶体的溶质原子都是原子半径较小的非金属元素，间隙固溶体的溶解度都是有限的。

○ 溶剂原子　　　　● 溶质原子
● 溶质原子　　　　○ 溶剂原子
（a）　　　　　　（b）

图 1.14　固溶体的两种类型
（a）置换固溶体　（b）间隙固溶体

无论是置换固溶体还是间隙固溶体，都是均匀的单相组织，晶格类型保持溶剂的晶格类型，但由于溶质原子的溶入使晶格畸变。畸变的存在使位错运动阻力增加，从而提高了合金的强度和硬度，而塑性下降，这种现象称为固溶强化。固溶强化是提高金属材料力学性能的重要途径之一。

（2）金属化合物。合金组元间发生相互作用而形成一种具有金属特性的物质称为金属化合物，它的晶格类型和性能完全不同于任一组元，一般可用化学分子式表示，如 Fe_3C，TiC，$CuZn$ 等。

金属化合物通常具有复杂的晶体结构，熔点高、硬度高而脆性大。在合金中主要作为强化相，可以提高材料的强度、硬度和耐磨性，但塑性和韧性有所降低。

（3）机械混合物。两种和两种以上的相按一定质量百分数组合成的物质称为机械混合物。混合物其性能主要取决于各组成相的性能以及相的分布状态。

工程上使用的大多数合金的组织都是固溶体和少量金属化合物组成的机械混合物。通过调整固溶体中溶质含量和金属化合物的数量、大小、形态和分布状况，可以使合金的力学性能在较大范围变化，从而满足工程上的多种需求。

1.2.4 铁碳合金

铁碳合金是以铁和碳为基本组元组成的合金，它是目前现代工业中应用最为广泛的金属材料。要熟悉并合理地选择铁碳合金，就必须了解铁碳合金的成分、组织和性能之间的关系。

1. 铁碳合金基本组织

（1）纯铁的同素异构转变。自然界中大多数金属结晶后晶格类型都不再变化，但少数金属，如铁、锰、钴等结晶后随着温度或压力的变化，晶格会有所不同，金属这种在固态下晶格类型随温度（或压力）变化的特性称为同素异构转变。纯铁的同素异构转变可概括如下：

δ-Fe 和 α-Fe 都是体心立方晶格，γ-Fe 为面心立方晶格。纯铁具有同素异构转变的特性，是钢铁材料能够通过热处理改善性能的重要依据。纯铁在发生同素异构转变时，由于晶格结构发生变化，体积也随之改变，这是加工过程中产生内应力的主要原因。

$$\delta-Fe \xrightleftharpoons{1394℃} \gamma-Fe \xrightleftharpoons{912℃} \alpha-Fe$$

（2）铁碳合金的基本组织。铁碳合金中含有质量分数为 0.10%～0.20%杂质称之为工业纯铁，工业纯铁虽然塑性、导磁性能良好，但强度不高，不适宜制作结构零件。为了提高纯铁的强度、硬度，常在纯铁中加入少量碳元素，由于铁和碳的交互作用，可形成下列五种基本组织：铁素体、奥氏体、渗碳体、珠光体和莱氏体。

① 铁素体。铁素体是碳溶于 α-Fe 中所形成的间隙固溶体，用符号 F 表示，它仍保持 α-Fe 的体心立方晶格结构。因其晶格间隙较小，所以溶碳能力很差，在 727℃时最大溶解度 ω_c 仅为 0.0218%，室温时降至 0.0008%。铁素体由于溶碳量小，力学性能与纯铁相似，即塑性和冲击韧度较好，而强度、硬度较低。

② 奥氏体。奥氏体是碳溶于 γ-Fe 中所形成的间隙固溶体，用符号 A 表示，它保持 γ-Fe 的面心立方晶格结构。由于其晶格间隙较大，所以溶碳能力比铁素体强，在 727℃ 时 ω_c 为 0.77%，1148℃时 ω_c 达到 2.11%。奥氏体的强度、硬度较低，但具有良好塑性，是绝大多数钢高温进行压力加工的理想组织。

③ 渗碳体。渗碳体是铁和碳组成的具有复杂斜方结构的间隙化合物，用化学式 Fe_3C 表示。渗碳体中的碳的质量分数为 6.69%，硬度很高（800HBW），塑性和韧性几乎为零。主要作为铁

碳合金中的强化相存在。

④ 珠光体。珠光体是铁素体和渗碳体组成的机械混合物，用符号 P 表示。在缓慢冷却条件下，珠光体中 ω_c 为 0.77%，力学性能介于铁素体和渗碳体之间，即综合性能良好。

⑤ 莱氏体。莱氏体是 ω_c 为 4.3% 的合金，缓慢冷却到 1148℃ 时从液相中同时结晶出奥氏体和渗碳体的共晶组织，用符号 L_d 表示。冷却到 727℃ 温度时，奥氏体将转变为珠光体，所以室温下莱氏体由珠光体和渗碳体组成，称为变态莱氏体，用符号 L_d' 表示。莱氏体中由于大量渗碳体存在，其性能与渗碳体相似，即硬度高、塑性差。

2. 铁碳合金相图

铁碳合金相图是用实验的方法制得的，它表示在缓慢冷却的条件下，不同成分的铁碳合金在不同温度下所具有的组织状态的一种图形，是选择材料和制定有关热加工工艺时的重要依据。图 1.15 是简化的 Fe-Fe$_3$C 相图。

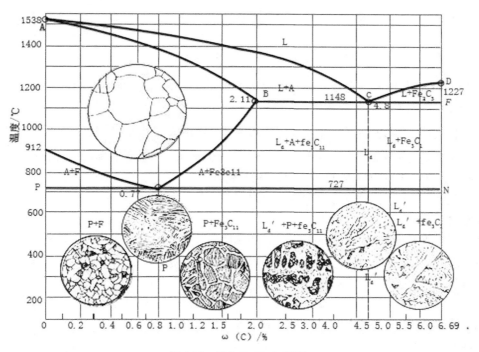

图 1.15　简化 Fe-Fe$_3$C 相图

简化的 Fe-Fe$_3$C 相图纵坐标为温度，横坐标为碳的质量百分数，其中包含共晶和共析二种典型反应。

（1）Fe-Fe$_3$C 相图中典型点的含义见表 1.8。

表 1.8　　　　　　　　　　　　Fe-Fe$_3$C 相图中的几个特性点

符　　号	温度/℃	含碳量（%）	说　　　明
A	1538	0	纯铁的熔点
C	1148	4.3	共晶点，$L_C = A+Fe_3C$
D	1227	6.69	渗碳体的熔点
E	1148	2.11	碳在 γ-Fe 中的最大溶解度

符　号	温度/°C	含碳量（%）	说　明
G	912	0	纯铁的同素异构转变点 α-Fe = γ-Fe
P	727	0.0218	碳在 α-Fe 中的最大溶解度
S	727	0.77	共析点 A_S = Fe+Fe_3C

（2）Fe-Fe_3C 相图中特性线的意义见表1.9。

表 1.9　　　　　　　　　　简化的 Fe-Fe_3C 相图中的特性线

特性线	含义
ACD	液相线
AECF	固相线
GS	常称 A_3 线，冷却时，不同含量的奥氏体中结晶铁素体的开始线
ES	常称 A_{cm} 线，碳在奥氏体中的固溶线
ECF	共晶线，L_C = A+Fe_3C
PSK	共析线，A_1 线，A_S = Fe+Fe_3C

（3）Fe-Fe_3C 相图相区分析　依据特性点和线的分析，简化 Fe-Fe_3C 相图主要有四个单相区：L、A、F、Fe_3C；五个双相区：L+A、A+F、L+Fe_3C、A+Fe_3C、F + Fe_3C。

3. 含碳量对铁碳合金组织和力学性能的影响规律

（1）含碳量对平衡组织的影响　铁碳合金在室温的组织都是由铁素体和渗碳体两相组成，随着含碳量增加，铁素体不断减少，而渗碳体逐渐增加，并且由于形成条件不同，渗碳体的形态和分布有所变化。

室温下随着含碳量增加，铁碳合金平衡组织变化规律如下：

$$F \rightarrow F+P \rightarrow P \rightarrow P+Fe_3C_{II} \rightarrow P+Fe_3C_{II}+L_{d'} \rightarrow$$
$$L_{d'} \rightarrow Fe_3C+L_{d'}$$

（2）含碳量对力学性能的影响　图 1.16 为含碳量对碳钢的力学性能的影响。由图可见，随着钢中含碳量增加，钢的强度、硬度升高，而塑性和韧性下降，这是由于组织中渗碳体量不断增多，铁素体量不断减少的缘故。但当 ω_c = 0.9%时，由于网状二次渗碳体的存在，强度明显下降。

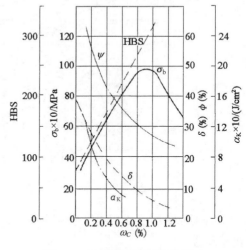

图 1.16　含碳量对钢的性能影响

【应用训练】

实验二　材料的金相显微组织观察

一、实验目的

1. 了解金相显微镜的结构及原理；
2. 熟悉金相显微镜的使用与维护方法。

二、金相显微镜的原理、构造和操作方法

金相分析是研究工程材料内部组织结构的主要方法之一，特别是在金属材料研究领域占有很重要的地位。而金相显微镜是进行金相分析的主要工具，利用金相显微镜在专门制备的试样上观察材料的组织和缺陷的方法，称为金相显微分析。显微分析可以观察，研究材料的组织形貌、晶粒大小、非金属夹杂物在组织中的数量和分布情况等问题，可以研究材料的组织结构与其化学成分之间的关系，确定各类材料经不同加工工艺处理后的显微组织，可以判别材料质量的优劣等。

1. 金相显微镜的工作原理

显微镜的简单基本原理，如图 1.17 所示。它包括两个透镜：物镜和目镜。对着被观测物体的透镜，成为物镜；对着人眼的透镜，成为目镜。被观测物体 AB，放在物镜前较焦点 F_1 略远一点的地方。物镜使 AB 形成放大倒立的实像 A_1B_1，目镜再把 A_1B_1 放大成倒立的虚像 $A_1'B_1'$，它正在人眼明视距离处，

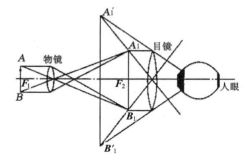

图 1.17 显微镜成像光学简图

即距人眼 250mm 处，人眼通过目镜看到的就是这个虚像 $A_1'B_1'$。显微镜的主要性能有：

（1）显微镜的放大倍数：它等于物镜与目镜单独放大倍数的乘积，即物镜放大倍数 $M_物 = A_1B_1/AB$；目镜放大倍数 $M_目 = A_1'B_1'/A_1B_1$；显微镜的放大倍数 $M = A_1'B_1'/AB = M_物 \times M_目$。

（2）显微镜的鉴别率：指显微镜能清晰地分辨试样上两点间的最小距离 d 的能力，d 值越小，鉴别率就越高。它是显微镜的一个重要性能，取决于物镜数值孔径 A 和所用光线的波长 λ，可用如下的式子表示：

$$d = λ/2A$$

（3）物镜的数值孔径：它表示物镜的聚光能力，其大小为：

$$A = n \times \sin α$$

式中：n 为物镜与试样之间介质的折射率。

α 为物镜孔径角的一半（见图 1.18）。

n 或 α 角越大，A 越大。由于 α 角总是小于 90°，当介质为空气时（n＝1），A 一定小于 1；当介质为松柏油时（n＝1.5），A 值最高可达 1.4。通常，物镜上都刻有 A 值，如 0.25、0.65 等。

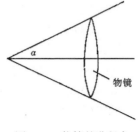

图 1.18 物镜的孔径角

2. 4XB/4XI 倒置式金相显微镜的光学原理

4XB/4XI 系倒置式金相显微镜，由于试样观察表面与工作台表面重合，因此与试样高度无关，使操作比较方便。

该仪器的基本光学原理，如图 1.19 所示，灯源 1 的灯光经聚光镜 2 与反光镜 3 成像在孔径光阑 4 上，接着由照明辅助透镜 5、7，辅助物镜 9 成像在物镜 10 的后焦面附近，然后经物镜以近于平行的光束照明试样，视场光阑 6 位于照明辅助透镜 7 的焦面上，经辅助物镜 9 和物镜 10 成像在试样面 11 上。因此，仪器满足柯勒照明原理，照明均匀，且可减少有害的杂质光，提高成像衬度。

试样 11 经物镜 10 和辅助物镜 9 以平行光束射向半透反光镜 8，然后，由辅助物镜 12、棱镜 13，双筒棱镜组 14，成像在目镜 15 的前焦面上，最后以平行光束射向人眼供观察。

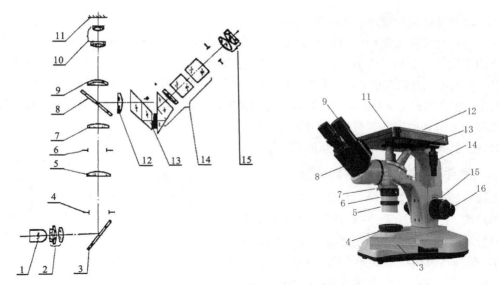

图 1.19 倒置式金相显微镜的光源原理图

1—灯源 2—聚光镜 3—反光镜 4—孔径光阑 5、7—照明辅助透镜 6—视场光阑 8—半透半光镜
9、12—辅助透镜 10—物镜 11—试样 13—棱镜 14—双筒棱镜组 15—目镜

3. 4XB/4XI 金相显微镜的结构

该仪器结构紧凑，外形美观大方，仪器底座支撑面积较大，弯臂坚固，使仪器的重心较低，安放平稳可靠。

（1）调焦装置。调焦机构采用钢球行星机构，粗、细微动同轴，粗调手轮 15 和微调手轮 16 共轴地安装在弯臂两侧。

转动粗调手轮时，物镜相对于工作台作上下迅速移动；

转动微调手轮时，由于滚动摩擦，钢球作行星运动，带动了粗动轴使物镜相对于工作台作上下微动。

（2）物镜及其他转换。该仪器的各种物镜分别标明放大倍数，并用颜色加以区别。在 40X 和 100X 物镜内设有弹簧保护装置，能向后退缩，可使物镜与试样接触时两者都能得到保护。

物镜转换器上可安装三个物镜，在使用转换器由低倍物镜依次转换到高倍物镜时，视场中心像不会越出视野且轮廓像至少隐约可见，若使用微调手轮可迅速使像调焦清楚，同时利用载物台的滑动可使像回复到视场中央。

（3）单筒目镜、双筒目镜。该仪器的 4XI 型装单筒目镜，4XB 型装双筒目镜，拆卸目镜时，只需将目镜管连接座下的固定滚花螺钉 7 旋松即可。

在作金相显微摄影时，显微镜应安装在摄影装置的底座上，并使单筒目镜管旋至水平位置，利用目镜管连接座侧面对准标记进行定位。

（4）载物台。载物台 11 为机械工作台，固定在弯臂上，并和光学系统轴线垂直，右下侧装有同轴手轮，采用齿轮齿条结构作横向、纵向移动，调节横向、纵向手轮可使试样移动 76cm×50cm。

4. 金相显微镜的操作方法

（1）接通电源，旋转拔盘 3 开亮灯源，在孔径光阑 4 处观察灯丝成像情况，若灯丝左右位置有偏差，则旋松滚花螺钉 1，转动照明灯座 2，校正好灯丝左右位置偏差以后即可旋紧滚花螺钉；若灯丝前后位置不正确，则需在底座后盖板逆时针取下照明灯组，将灯泡上下移动，以改变灯丝的上下位置，使灯丝居中。

（2）将目镜 12 安装在转换器 13 上。

（3）将双筒目镜 8 镜管口中插入需要倍数的目镜。

（4）转动粗调手轮 15 及微调手轮 16 进行调焦，直到所观察到的像清楚为止。

（5）旋转视场光阑的滚花圈 5，使光阑缩小直至视场中出现比目镜视场光阑略小的可变光阑像，转动滚花螺丝 6 使视场光阑居中，再放大可变视场光阑像，使目镜的视场光阑内切于可变视场的光阑像。

（6）在双筒目镜 8 中取出目镜 9，可直接用肉眼观察到物镜的孔径光阑，旋转孔径光阑 4 的滚花圈，使光阑缩小，直至目视能观察到多边形的可变孔径光阑像，使可变孔径光阑像略小于物镜的孔径光阑，如图 1.20 所示。

① 为不正确的调节，可变孔径光阑太小，影响仪器的分辨能力；

② 为正确的调节，可变孔径光阑约为物镜孔径光阑直径的 3/4 左右。此时，成像的对比度较好且仪器的分辨能力可达到较高；

③ 为不正确的调节，可变孔径光阑过大，使成像的对比度急剧下降，仪器的实际分辨能力也随之迅速降低。

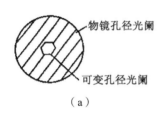

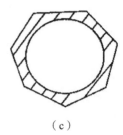

（a）　　　　　　　　　　（b）　　　　　　　　　　（c）

图 1.20　物镜孔径光阑与可变孔径光阑的关系
（a）不正确　　（b）正确　　（c）不正确

（7）将目镜 9 再插入双筒目镜管中即可进行正常的观察。

（8）对照明均匀性要求较高的场合，可在孔径光阑 4 处安置一块磨砂玻璃。

三、实验设备及材料

1. 光学金相显微镜。

2. 待观察金相组织的试样。

四、实验内容及步骤

1. 实验前仔细阅读实验教材的有关内容；

2. 认真听取实验指导老师讲解金相显微镜的构造，操作方法等，熟悉金相显微镜的构造及使用方法；

3. 熟悉金相显微镜的放大倍数与数值孔径，鉴别能力之间的关系；

4. 利用金相显微镜观察待测试样的显微组织特征。

五、实验报告的要求

1. 实验报告应首先写明实验名称及实验目的；

2. 简明扼要描述金相显微镜的工作原理和使用规程；

3．在直径为 150mm 的圆周内，画出被观测试样的显微组织图，并表明试样材料，组织类别和放大倍数等；

4．每个学生的观察试样不得低于 2 个，即最少要画出两个被观察试样的显微组织图。

【课后练习】

1．晶粒大小对材料的力学性能有何影响？如何细化晶粒？

2．金属化合物在结构和性能方面与固溶体有何不同？

3．何谓铁素体、奥氏体、渗碳体、珠光体和莱氏体，它们在结构、组织形态和性能上各有何特点？

4．画出铁碳合金相图，说明图中特性点、线的意义，并填写各相区的组织。

5．根据相图，说明下列现象产生的原因。

（1）在 1100℃，ω_c0.4%碳钢能进行锻造，ω_c4.0%铸铁不能锻造。

（2）钳工锯割 T10、T12 钢比锯 10、20 钢费力，锯条易磨钝。

（3）钢铆钉一般用低碳钢制作，锉刀一般用高碳钢制作。

（4）钢适宜采用压力加工成形，而铸铁只能采用铸造成形。

第二单元

钢的热处理

任务一　钢的正火和退火

【任务描述】

掌握正火和退火的热处理工艺及其应用。

【学习目标】

1. 熟知钢在加热和冷却时的组织转变规律。
2. 掌握钢的退火和正火工艺特点。

【相关知识】

退火和正火经常作为钢的预先热处理工序，安排在铸造、锻造和焊接之后或粗加工之前，以消除前一工序所造成的某些组织缺陷及内应力，为随后的切削加工及热处理做好组织上的准备。

研究钢在加热和冷却时的相变规律是以 Fe-Fe$_3$C 相图为基础。Fe-Fe$_3$C 相图临界点 A$_1$、A$_3$、A$_{cm}$ 是碳钢在极缓慢地加热或冷却情况下测定的。但在实际生产中，加热和冷却并不是极其缓慢的，因此，钢的相变过程不可能在平衡临界点进行。加热转变在平衡临界点以上进行，冷却转变在平衡临界点以下进行。升高和降低的幅度，随加热和冷却速度的增加而增大。通常把实际加热温度标为 Ac$_1$、Ac$_3$、Ac$_{cm}$，冷却时标为 Ar$_1$、Ar$_3$、Ar$_{cm}$，如图 2.1 所示。

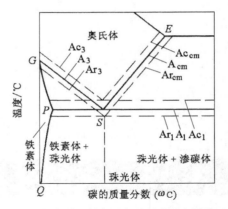

图 2.1　钢加热和冷却时各临界点的实际位置

2.1.1　钢在加热时的组织转变

钢加热到 Ac_1 点以上时会发生珠光体向奥氏体的转变，加热到 Ac_3 和 Ac_{cm} 点以上时，便全部转变为奥氏体。热处理加热最主要的目的就是为了得到奥氏体，因此这种加热转变过程称为钢的奥氏体化。

奥氏体晶粒的大小对随后冷却时的转变及转变产物的性能有重要的影响。在珠光体刚转变为奥氏体时，由于大量的晶核造就了细小的奥氏体晶粒。但随着加热温度的升高和保温时间的延长，奥氏体晶粒就会自发地长大。奥氏体晶粒愈粗大，冷却转变产物的组织愈粗大，冷却后钢的力学性能愈差，特别是冲击韧度明显降低，所以在淬火加热时，总是希望得到细小的奥氏体晶粒。因此，严格控制奥氏体的晶粒度，是热处理生产中一个重要的问题。奥氏体晶粒的大小是评定加热质量的指标之一。

在工程实际中，常从加热温度、保温时间和加热速度几方面来控制奥氏体晶粒的大小。在加热温度相同时，加热速度愈快，保温时间愈短，奥氏体晶粒愈小。因而利用快速加热、短时保温来获得细小的奥氏体晶粒。

2.1.2　钢在冷却时的组织转变

冷却过程是热处理的关键工序，其冷却转变温度决定了冷却后的组织和性能。实际生产中采用的冷却方式主要有连续冷却（如炉冷、空冷、水冷等）和等温冷却（如等温淬火）。

所谓等温冷却是指将奥氏体化的钢件迅速冷至 Ar_1 以下某一温度并保温，使其在该温度下发生组织转变，然后再冷却到室温，如图 2.2 中 a 所示。连续冷却则是指将奥氏体化的钢件连续冷却至室温，并在连续冷却过程中发生组织转变，如图 2.2 中 b 所示。

1.　过冷奥氏体的等温冷却转变

在不同的过冷度下，反映过冷奥氏体转变产物与时间关系的曲线称为过冷奥氏体等温转变的动力学曲线。由于曲线的形状像字母 C，故又称为 C 曲线。图 2.3 所示为共析碳钢过冷奥氏体等温转变曲线。

共析碳钢过冷奥氏体在 Ar_1 线以下不同的温度会发生三种不同的转变，即珠光体转变、贝氏体转变和马氏体转变。

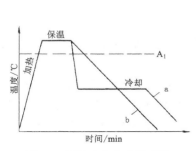

图 2.2　两种冷却方式示意图

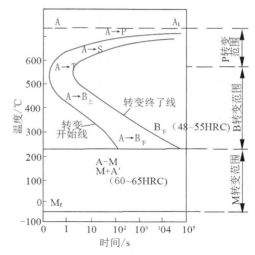

图 2.3　共析碳钢过冷奥氏体等温转变曲线

2.　过冷奥氏体连续冷却时组织转变规律

过冷奥氏体的连续冷却转变在实际生产中，过冷奥氏体大多是在连续冷却中转变的。如钢退火时的炉冷，正火时的空冷，淬火时的水冷等。因此，研究过冷奥氏体连续冷却时的组织转变规律有重要的意义。图 2.4 所示是通过实验方法测定的共析碳钢的连续冷却 c 曲线。由图可见，共析碳钢的连续冷却转变过程中，只发生珠光体和马氏体转变，而不发生贝氏体转变。珠光体转变区由三条线构成：P_s、P_f 线分别表示 A→P 转变开始线和终了线；K 线为 A→P 终止线，它表示冷却曲线碰到

K 线时，过冷奥氏体即停止向珠光体转变，剩余部分一直冷却到 Ms 线以下发生马氏体转变。过冷奥氏体在连续冷却过程中不发生分解而全部过冷到马氏体区的最小冷却速度，称为马氏体临界冷却速度，用 v_K 表示。钢在淬火时的冷却速度应大于 v_K。

过共析碳钢的连续冷却转变 C 曲线与共析碳钢相比，除了多出一条先共析渗碳体的析出线以外，其他基本相似。但亚共析碳钢的连续冷却转变 C 曲线与共析碳钢却大不相同，它除了多出一条先共析铁素体析出线以外，还出现了贝氏体转变区。因此，亚共析碳钢在连续冷却后可以出现由更多产物组成的混合组织。

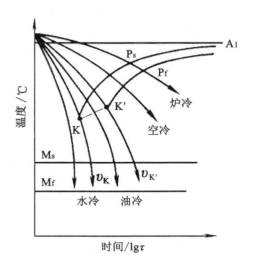

图 2.4　共析碳钢连续冷却转变曲线

2.1.3　钢的退火

退火是将钢材（或钢件）加热到适当温度，保温一定时间，随后缓慢冷却以获得接近平衡状态组织的热处理工艺。

退火的主要目的是降低或调整硬度以便于切削加工；消除或降低残余应力，以防变形、开裂；细化晶粒、改善组织，提高力学性能，并为最终热处理作好组织准备。生产中常用的退火种类有：完全退火、球化退火和去应力退火等。

完全退火是把钢加热到完全奥氏体化，保温后随之缓慢冷却的退火工艺。完全退火常用于含碳量小于 0.8%的碳素钢，45 号钢完全退火时的加热温度为 840℃～860℃。对于含碳量大于 0.8%的碳素工具钢、合金工具钢、轴承钢等常采用球化退火，能使钢中碳化物球状（或颗粒状）化，碳素工具钢球化退火的加热温度为 760℃～780℃。去应力退火时不改变钢的内部组织，只是为了消除或降低内应力，其加热温度较低（一般为 500℃～600℃）。

2.1.4 钢的正火

将钢材或钢件加热到 Ac_3（或 Ac_{cm}）以上 30℃～50℃，保温适当的时间后，在静止的空气中冷却的热处理工艺，称为正火。

正火的冷却速度比退火冷却速度较快，所以能获得较细的组织和较高的力学性能，而且生产周期较退火短。低碳钢可通过正火处理提高强度和硬度，以改善切削加工性能；中碳钢进行正火处理可直接用于性能要求不高零件的最终热处理或代替完全退火；对于含碳量大于 0.8%的钢，可用正火来消除二次网状渗碳体。

【应用训练】

车床主轴热处理工艺

在机床、汽车制造业中，轴类零件是用量很大且相当重要的结构件之一。轴类零件常承受着交变应力的作用，故要求轴有较高的综合力学性能；承受摩擦的部位还要求有足够的硬度和耐磨性。零件大多经切削加工而制成，为兼顾切削加工性能和使用性能要求，必须制定出合理的冷、热加工工艺。图 2.5 所示为车床主轴，材料为 45 号钢。热处理技术条件为：

1. 整体调质后硬度为 HBS220～250。
2. 内锥孔和外锥面处硬度为 HRC45～50。
3. 花键部分的硬度为 HRC48～53。

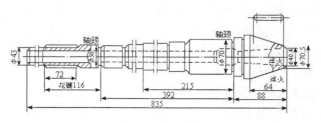

图 2.5　车床主轴

生产中车床主轴的工艺过程如下：备料—锻造—正火—粗加工—调质—半精加工—局部淬火（内锥孔、外锥面）、回火—粗磨（外圆、内锥孔、外锥面）—滚铣花键—花键淬火、回火—精磨。

其中正火、调质为预备热处理，内锥孔及外锥面的局部淬火、回火和花键的淬火、回火属最终热处理，它们的作用和热处理工艺分别如下。

1. 正火

正火是为了改善锻造组织，降低硬度（HBS170～230）以改善切削加工性能，也为调质处理作准备。

正火工艺：加热温度为 840℃～870℃，保温 1h～1.5h，保温后出炉空冷。

2. 调质

调质是为了使主轴得到较高的综合力学性能和抗疲劳强度。经淬火和高温回火后硬度为 HBS200～230。调质工艺如下：

（1）淬火加热：用井式电阻炉吊挂加热，加热温度为 830℃～860℃，保温 20min～25min；

（2）淬火冷却：将经保温后的工件淬入 15℃～35℃清水中，停留 1min～2min 后空冷；

（3）回火工艺：将淬火后的工件装入井式电阻炉中，加热至 550±10℃保温 1h～1.5h 后，出炉浸入水中快冷。

3. 内锥孔、外锥面及花键部分经淬火和回火是为了获得所需的硬度

内锥孔和外锥面部分的表面淬火可放入经脱氧校正的盐浴中快速加热，在 970℃～1050℃温度下保温 1.5min～2.5min 后，将工件取出淬入水中，淬火后在 260℃～300℃温度下保温 1h～3h（回火），获得的硬度为 HRC45～50。

花键部分可采用高频淬火，淬火后经 240℃～260℃的回火，获得的硬度为 HRC48～53。

为减少变形，锥部淬火与花键淬火分开进行，并在锥部淬火及回火后，再经粗磨以消除淬火变形，而后再滚铣花键及花键淬火，最后以精磨来消除总变形，从而保证质量。

【课后练习】

1. 退火的目的是什么？试述退火的种类及应用范围。
2. 正火和退火的主要区别是什么？生产中应如何选择正火与退火？

任务二　钢的淬火和回火

【任务描述】

掌握淬火和回火的热处理工艺及其应用。

【学习目标】

淬火工艺内涵，淬火加热温度与加热时间的确定，冷却介质的选择及其应用范围，不同淬火方法的工艺过程与应用场合，钢的淬硬性与淬透性的区分理解。

回火工艺内涵，低温回火、中温回火与高温回火后的组织、性能及应用，回火脆性的影响。

【相关知识】

机械零件使用状态下的性能，一般由淬火和回火获得，所以淬火和回火称为最终热处理。重要的机械零件通常都要经过淬火和回火热处理，以提高零件的性能，充分发挥钢的潜力。

2.2.1 钢的淬火

将钢件加热到 Ac_1（或 Ac_3）以上 30℃～50℃，保温一定的时间，然后以大于临界冷却速度冷却以获得马氏体或贝氏体组织的热处理工艺，称为淬火。其主要目的是为了获得马氏体，提高钢的硬度和耐磨性，是强化钢材最重要的工艺方法。

淬火质量取决于淬火三要素，即加热温度、保温时间和冷却速度。

1．淬火加热温度

淬火加热温度主要取决于钢的成分，其经验公式如下：

亚共析钢： $T=Ac_3+$（30～50）℃

共析、过共析钢： $T=Ac_1+$（30～50）℃

2．淬火冷却介质及冷却方法

为了获得马氏体组织，工件在淬火介质中的冷却速度必须大于其临界冷却速度。但冷却速度过大，会增大工件淬火内应力，引起工件变形甚至开裂。

淬火介质的冷却能力决定了工件淬火时的冷却速度。为减小淬火内应力，防止工件淬火变形甚至开裂，在保证获得马氏体组织的前提下，应选用冷却能力弱的淬火介质。

碳素钢常用的冷却介质为水溶液，而合金钢常用油作冷却介质。此外，还有一些效果较好的新型淬火剂，如水玻璃—苛性碱淬火剂、氯化锌—苛性碱淬火剂、过饱和硝酸盐水溶液淬火剂及聚合物淬火剂等。

3．钢的淬硬性与淬透性

钢的淬硬性是钢在理想条件下淬火硬化所能达到的最高硬度。淬硬性主要取决于马氏体中的含碳量，马氏体中含碳量越高，淬火后得到的马氏体中碳的过饱和程度越大，马氏体的晶格畸变越严重，钢的淬硬性越大。

钢的淬透性是指在规定条件下，决定钢材淬硬深度和硬度分布的特性。工程上规定淬透层的深度是从表面至半马氏体层的深度。由表面至半马氏体层的深度越大，则钢的淬透性越高。淬透性是合理选用钢材及制定热处理工艺的重要依据之一。

2.2.2 钢的回火

工件淬火后通常获得马氏体加残余奥氏体组织，这种组织不稳定，存在很大的内应力，因此必须回火。回火不仅能消除应力，稳定工件尺寸，而且能获得良好的性能组合。

钢件淬硬后，再加热到 Ac_1 点以下某一温度，保温一定时间后冷却到室温的热处理工艺，称为回火。一般淬火件（除等温淬火）必须经过回火才能使用，根据不同的回火温度，分为低温回火、中温回火和高温回火三种。

1．低温回火（150℃～250℃）

低温回火的组织为回火马氏体，硬度一般为 60HRC 以上，主要用于高碳钢或合金钢的刃具、量具、模具、轴承以及渗碳钢淬火后的回火处理。其目的是降低淬火应力和脆性，保持钢淬火后的高硬度和耐磨性。

2. 中温回火（350℃～500℃）

中温回火后的组织为回火托氏体，硬度为35～45HRC，主要用于各种弹簧和模具的回火处理，其目的是保证钢的高弹性极限和高的屈服点、良好的韧性和较高的硬度。

3. 高温回火（500℃～650℃）

高温回火后的组织为回火索氏体，硬度为28～33HRC，主要用于各种重要的结构件，特别是交变载荷下工作的连杆、螺柱、齿轮和轴类工件，也可用于量具、模具等精密零件的预先热处理。其主要目的是获得强度、塑性和韧性均较好的良好综合力学性能。通常将钢件淬火加高温回火的复合热处理工艺称为调质。

【应用训练】

圆拉刀的热处理工艺

拉刀是拉削加工所用的多齿刀具，外形较为复杂且精度要求较高，材料为W18Cr4V，热处理后刃部硬度为 HRC63～66，柄部硬度为 HRC40～55。允许热处理变形弯曲小于或等于0.40mm，拉刀外部形状特征，如图2.6所示。

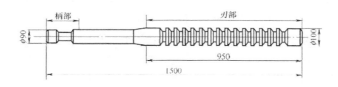

图 2.6　拉刀

圆拉刀的预备热处理可在一般性的任何炉型中进行。唯有淬火加热、分级淬火和回火必须谨慎选择炉型，目前大部分工厂都采用盐炉进行淬火加热和分级淬火，回火多采用带风扇的井式回火炉（也可用盐炉）。

进入热处理车间淬火回火的拉刀，其工艺路线一般是：预热（二次）—加热—冷却—热校直—清洗—回火—热校直—回火—热校直—回火—热校直—柄部处理—清洗—检验（硬度和变形量）—表面处理。

1. 预备热处理

（1）锻后退火　圆拉刀锻造后在电炉中等温退火的工艺见图2.7。

（2）消除应力退火　一般情况下，消除应力退火这道工序，应放在冷加工后淬火前进行。特殊情况下，如果拉刀毛坯的弯曲量大，冷加工前需要进行校直，这时经过校直的拉刀毛坯需经消

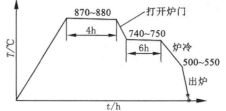

图 2.7　W18Cr4V 钢锻件在电炉中的退火工艺

除应力退火后方可进行冷加工，而在冷加工后，仍需按常规进行消除应力退火。

2. 淬火和回火

（1）装炉和预热。拉刀在炉中加热或者冷却，必须垂直悬挂，以减少拉刀的弯曲变形。目

前大部分工厂还没有专用夹具，只用铁丝捆扎拉刀柄部，再用铁钩悬挂，或用钳子夹住加热。

对于直径为100mm、长为1500mm的拉刀，应采用两次预热，第一次预热温度为550℃～650℃，预热时间为1h左右，可在空气电阻炉中进行。第二次预热温度为800℃～870℃，预热时间为30min左右，在中温盐浴炉中进行。

（2）高温加热。拉刀的切削速度一般很低，它工作时的表面温度常在400℃左右，可见拉刀不太需要过高的红硬性，主要需要强度和韧性，所以可选下限温度进行加热，这样既可减少拉刀的弯曲变形和开裂倾向，又可提高强度和韧性，对直径100mm的拉刀来说，适宜的加热温度为1270±10℃。至于加热时间，直径100mm的拉刀可按高速钢加热系数8mm～15s/mm选其下限，即13min左右，如果装炉量多，拉刀入炉后的压温时间超过8min，则应适当延长加热时间，以确保拉刀的热处理质量。

（3）淬火冷却。拉刀淬火冷却方式与拉刀产生弯曲、裂纹和是否易于校直有着密切的关系，对于直径为100mm、长为1500mm的拉刀，最好的冷却方案是二次分级加短时等温冷却，这样能控制残余奥氏体、贝氏体和马氏体的相对数量，以利于校直。第一次分级的盐浴为2-3-5盐，盐浴温度为580℃～650℃，分级冷却时间，以拉刀刃部冷到650℃～800℃为宜，约3min。第二次分级盐浴为100% KNO$_3$，分级温度为450℃～550℃，分级冷却时间为4min左右，最后温的盐浴成分为50% KNO$_3$+50% NaNO$_3$，等温温度为240℃～280℃，等温时间为40min。如果没有条件分级加等温冷却，也可采用油冷。将拉刀从高温炉中取出后，要进行延时，待拉刀表面温度冷到1050℃～1200℃时浸入80℃～120℃的油中，在油中冷到350℃左右出油，出油后在几秒钟内，要使粘在拉刀上的油自燃。无论是油冷或分级加等温淬火的拉刀，在冷至200℃左右时，将导向部分浸入中温盐浴中，加热几分钟（深约20mm）后取出，这样可减少顶针孔开裂的危险。

（4）回火。淬火冷却到室温后，放入沸水中清洗，然后在2h内及时回火。拉刀的回火温度为560℃，一般是回火三次，每次约90min，这是指到达回火温度的保温时间，第二次回火和第三次回火，间隔不得超过24h。

（5）柄部淬火。柄部淬火在拉刀回火后进行。用铁丝将拉刀绑扎起来，柄部朝下，悬挂于中温盐浴炉中，柄部加热温度为900℃±10℃，时间为25min左右，冷却是在油中或在230℃～300℃的硝盐中。

【课后练习】

1. 淬火的目的是什么？试述常用的淬火方法及应用范围。
2. 钢的淬透性和淬硬性有何区别？影响淬透性的因素有哪些？
3. 简述三种回火方法的组织、性能及应用。

任务三　钢的表面热处理

【任务描述】

结合钢的一般热处理，认识热处理的各类应用特点。理清不同工艺要求下材料热处理的方式及适用特点。

【学习目标】

钢的表面淬火、热处理工作机理、性能和应用。掌握钢的化学热处理的方法及适用范围。理解热处理后材料的组织成分变化。

2.3.1 钢的表面淬火

表面淬火是一种不改变表层化学成分，而改变表层组织的局部热处理方法。它是利用快速加热使钢件表层迅速达到淬火温度，不等热量传到心部就立即淬火冷却，从而使表层获得马氏体组织，心部仍为原始组织。常用的有感应加热表面淬火法和火焰加热表面淬火法两种。

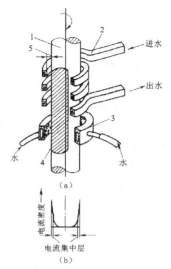

图 2.8　感应加热表面
淬火原理示意图
（a）感应加热器（b）电流分布
1—工件　2—加热感应圈
3—淬火喷水套　4—加热
淬火层　5—间隙

1. 感应加热表面淬火

感应加热表面淬火，是利用电磁感应、集肤效应、涡流和电阻热等电磁原理，使工件表层快速加热，并快速冷却的热处理工艺。将工件置于通有交变电流的感应线圈内，在交变磁场的作用下，工作内部产生感应电流。由于集肤效应和涡流的作用，工件表层的高密度交流电产生的电阻热，迅速加热工件表层，很快达到淬火温度，随即喷水冷却，工件表层被淬硬，如图 2.8 所示。交变频率愈高，则加热层愈薄，因此可选用不同频率来达到不同要求的淬硬层深度。根据所用电流频率不同，感应加热电流频率可分为高频（50～300kHz）、中频（1000—10000Hz）和工频 50Hz。感应加热表面淬火法的主要优点是：加热速度快，操作迅速，生产效率高；淬火后晶粒细小，力学性能好，不易产生变形及氧化脱碳。

2. 火焰加热表面淬火

火焰加热表面淬火是利用乙炔—氧或其他可燃气体火焰（约 3000℃以上），将工件表面迅速加热到淬火温度，然后立即喷水冷却的热处理工艺，如图 2.9 所示。

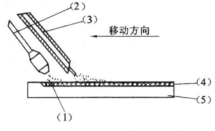

图 2.9　火焰表面淬火示意图

（1）加热层　（2）烧嘴　（3）喷水器　（4）淬硬层　（5）工件

火焰加热表面淬火的淬硬层深度一般为 2～6mm。它具有设备简单，淬火速度快，变形小等优点，适用于单件或小批量生产的大型零件和需要局部淬火的工具或零件，如大型轴、齿轮、轨道和车轮等。由于零件表面有不同程度的过热，淬火质量控制较难，因而使用上有一定的局限性。

2.3.2　钢的化学热处理

化学热处理是将工件置于一定温度的活性介质中保温，使一种或几种元素渗入它的表层，以改变其化学成分、组织和性能的热处理工艺。常用的化学热处理有渗碳、渗氮和碳氮共渗等。

1．钢的渗碳

为了增加钢件表层的含碳量和一定的碳浓度梯度，将钢件在渗碳介质中加热并保温，使碳原子渗入表面层的化学热处理工艺称为渗碳。渗碳的主要目的是提高钢件表层的含碳量和一定的碳浓度梯度，然后经淬火和低温回火，使工件的表面层获得高硬度、高耐磨性，而心部的含碳量低，具有良好的塑性和韧性。

进行渗碳热处理的钢常为低碳钢或低碳合金钢，主要牌号有 15、20、20Cr、20CrMnTi 等。渗碳热处理时的加热温度约为 900℃～950℃，保温时间愈长，则渗碳层厚度愈厚。渗碳后钢件表面层的含碳量可达 0.8%～1.0%，故经淬火后表面硬度可达 60HRC 以上。

根据渗剂的不同，渗碳方法可分为固体渗碳、气体渗碳和液体渗碳三种。气体渗碳的生产率较高，渗碳过程容易控制，渗碳层质量较好，易实现自动化生产，应用最为广泛。图 2.10 为气体渗碳法示意图。

渗碳热处理适用于表面要求高硬度、高耐磨性，而心部要求高韧性的零件。如表面易磨损且承受较大冲击载荷的齿轮轴、齿轮、活塞销、凸轮等。

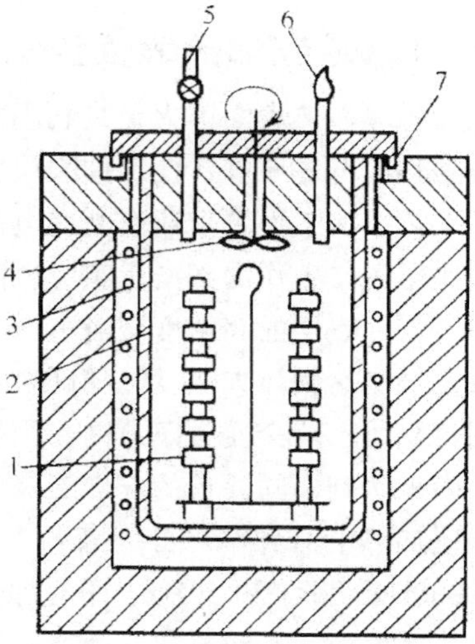

图 2.10　气体渗碳法示意图
1—渗碳工件　2—耐热罐　3—加热组件
4—风扇　5—液体渗碳剂
6—废气　7—砂封

2．钢的渗氮

在一定温度下（一般在钢的临界点温度以下）使活性氮原子渗入钢件表面的化学热处理工艺称为渗氮。其目的在于提高工件的表面硬度、耐磨性、疲劳强度、腐蚀性及热硬性。

渗氮处理有气体渗氮、离子渗氮等工艺方法，其中气体渗氮应用最广。

与渗碳相比，渗氮温度大大低于渗碳温度，工件变形小；渗氮层的硬度，耐磨性、疲劳度、耐蚀性及热硬性均高于渗碳层。但渗氮比渗碳层薄而脆，渗氮处理时间比渗碳长得多，生产效率低。渗氮处理常用于受冲击力不大的耐磨件，如精密机床主轴、镗床镗杆、精密丝杆、排气阀、高速精密齿轮等。

3．碳氮共渗

碳氮共渗是在一定温度下同时将碳、氮渗入工件表层奥氏体中并以渗碳为主的的化学热处理工艺。在生产中主要采用气体碳氮共渗。

碳氮共渗后，进行淬火加低温回火。共渗淬火后，得到含氮马氏体，耐磨性比渗碳更好。共渗层比渗碳层有较高的压应力，因而有更高的疲劳强度，耐蚀性也较好。

碳氮共渗工艺与渗碳工艺相比，具有时间短、生产效率高、表面硬度高、变形小等优点，但共渗层较薄，主要用于形状复杂、要求变形小的小型耐磨零件。

2.3.3 钢的热处理新工艺简介

为了不断提高钢材及零件的性能，缩短生产周期和改善劳动条件，经不断发展，出现了许多新的热处理工艺。以下简要介绍强韧化处理、形变热处理、真空热处理和激光热处理等方面的发展。

1. 强韧化处理

同时改善钢件强度和韧性的热处理，称为强韧化热处理。其主要措施包括：

（1）获得板条马氏体的热处理。

① 提高淬火加热温度。在正常淬火温度下，奥氏体晶粒内成分不均匀，低碳区形成板条马氏体，高碳区形成针片状马氏体。提高淬火加热温度，使奥氏体中碳均匀化，则淬火后可全部得到板条马氏体。

② 快速短时低温加热淬火。其目的是减少碳化物在奥氏体中溶解，尽量使高碳钢中的奥氏体处于亚共析成分，以利于得到板条马氏体。

③ 锻造余热淬火。锻造加热温度一般较高（1100℃以上），这足以使奥氏体均匀化。而锻造及随后的再结晶又可使加热时长大了的奥氏体晶粒重新细化，故锻后直接淬火可得到细晶粒的板条马氏体。

（2）超细化处理。它是将钢在一定的温度条件下，通过数次快速加热和冷却等方法以获得极细密的组织，从而达到强韧化目的。进行多次加热冷却的原因是每次加热和冷却都能细化组织。碳化物越细、裂纹源就越少。组织越细密，裂纹扩展通过晶界的阻碍越大，故能使金属材料强韧化。

（3）获得复合组织的淬火。复合组织是指调整热处理工艺，使淬火马氏体组织中同时存在一定数量的铁素体或下贝氏体（或残余奥氏体）。这类组织往往硬度稍低，但能大大提高韧性。它主要用于结构钢及其零件。

2. 形变热处理

将变形强化和热处理强化结合起来的热处理工艺称为形变热处理。该方法能够较大程度地提高金属材料的综合力学性能，成为目前强化金属材料的先进技术之一。

（1）高温形变热处理。在奥氏体区进行锻造或轧压，为了保留变形强化效果，随后立即淬火，这种操作称为高温形变热处理。这种处理方法能提高结构钢的塑性和韧性，显著减少回火脆性，也适用于弹簧钢、轴承钢和工具钢等。

（2）中温形变热处理。在亚稳定的奥氏体状态下进行塑性变形，随后快速冷却的操作称为中温形变热处理。这种方法有着更为显著的强化效果，可应用于结构钢、弹簧钢、轴承钢和工具钢等。

形变热处理的主要问题是难以适用于制造形状复杂的零件，经形变热处理后的工件将给焊接和切削加工带来一定困难。

3. 真空热处理

真空热处理是工件在低于一个大气压的封闭环境中进行的热处理工艺，包括真空退火、真空淬火和真空化学热处理等。真空热处理在工艺过程中不发生氧化、脱碳，表面光洁；加热升温平缓，工件温差小，变形小；有利于排除有害气体，减少了氢脆等危害，提高韧度；污染小，劳动环境好。但真空热处理设备复杂、成本高，维护调试要求高。多应用于工具、模具、精密零件以及一些特殊要求的工件的热处理。

4. 激光热处理

激光热处理是利用高能量密度的激光束扫描照射工件表面，以极快的加热速度迅速加热至相变温度以上，停止照射后，依靠工件自身传导散热迅速冷却表层而进行"自行淬火"。激光热处理加热速度快，加热区域准确集中，不需淬火冷却介质而能自行淬火，表面光洁，变形极小，表面组织晶粒细小，硬度和耐磨性好，还能对复杂形状工件及微孔、沟槽、盲孔等部位进行淬火热处理。

【应用训练】

20CrMnTi 变速箱齿轮的渗碳热处理工艺

汽车变速箱齿轮是汽车中的重要零件，齿轮可以改变发动机曲轴和传动轴的速度比，齿轮经常在较高的载荷（包括冲击载荷和交变弯曲载荷）下工作，磨损也较大。在汽车运行中，由于齿根受着突然变载的冲击载荷以及周期性变动的弯曲载荷，会造成轮齿的脆性断裂或弯曲疲劳破坏；由于轮齿的工作面承受着较大的压应力及摩擦力，会造成麻点接触疲劳破坏及深层剥落，由于经常换挡，齿的端部经常受到冲击，也会造成损坏。因此，要求汽车变速箱齿轮具有高的抗弯强度，接触疲劳强度和耐磨性，心部有足够的强度和冲击韧度，以保证有较长的使用寿命。

齿轮材料选用 20CrMnTi，渗碳层深度为 0.8mm～1.3mm。渗碳层含碳量为 0.8%～1.05%。热处理后齿面硬度为 HRC58～62，心部硬度为 HRC33～48。零件形状尺寸，如图 2.11 所示。

1. 20CrMnTi 的材料特点

20CrMnTi 是低合金渗碳钢，淬透性和心部强度均较碳素渗碳钢为高，化学成分是：含硅量为 0.20%～0.40%；含锰量为 0.80%～1.10%；含

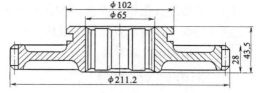

图 2.11　汽车变速箱齿轮

铬量为 1.00%～1.30%；含钛量为 0.06%～0.12%。经渗碳淬火处理后，具有良好的耐磨性能和抗弯强度，具有较高的抗多次冲击能力。该钢的含碳量较低，这是因为变速箱齿轮要求其心部需要有良好的韧性，合金元素铬和锰是为了提高淬透性，在油中的淬透直径可达 40mm 左右，这样齿轮的心部淬火后可得到低碳马氏体组织，增加了钢的心部强度。其中的铬元素还能促进齿轮表面在渗碳过程中大量吸收碳，以提高渗碳速度。锰不形成合金碳化物，锰的加入可稍微减弱铬钢渗碳时表面含碳量过高的现象。钢中加入 0.06%～0.12%的钛，使钢的晶粒不易长大，提高了钢的强度和韧性，并且改善了钢的热处理工艺性能，使齿轮渗碳后可直接淬火。

2. 渗碳操作

（1）设备选择与调整。设备选择 RQ3 型井式气体渗碳炉。

（2）渗碳剂的选用。选用煤油和甲醇同时滴入。

（3）加热温度的选择。20CrMnTi 钢的上临界点（Ac3）约为 825℃，渗碳时必须全部转变为奥氏体，因为 γ+Fe 的溶碳能力远比 α+Fe 要大，所以 20CrMnTi 的渗碳温度略高于 825℃，但综合考虑渗碳速度和渗碳过程中齿轮的变形问题，宜选在 920℃～940℃ 之间。

（4）渗碳保温时间。在齿轮材料已决定的前提下，渗碳时间主要取决于要求获得的渗碳层深度，对于要求渗碳层深度为 0.8mm～1.3mm 的汽车变速箱齿轮而言，需外加磨量才能获实际渗碳层深度，假设齿轮磨量单面为 0.15mm，则实际渗碳层深度为 0.95mm～1.45mm，因此选择强渗时间为 4h，扩散时间为 2h。

（5）渗碳过程中渗碳剂滴量变化的原则。渗碳操作时，以每分钟滴入渗碳剂的毫升数计算。对于具体炉子，再按实测每毫升多少滴折算成"滴/min"。以 75kW 井式炉为例，在每炉装的零件的总面积为 2～3m² 时，强渗阶段煤油的滴量应为 2.8mL/mim～3.2mL/min，甲醇的滴量应为 5mL/min。如果实测得煤油 1mL 有 28 滴，而甲醇 1mL 有 30 滴，那么操作时，煤油可按照 84 滴/min ± 5 滴/min 计，甲醇按 150 滴/min 计。

（6）工艺曲线。20CrMnTi 变速箱齿轮的渗碳工艺如图 2.12 所示，渗碳剂选用煤油和甲醇，同时直接滴入炉膛。工艺曲线的渗碳过程可分 4 个阶段，即排气、强渗、扩散及降温出炉（缓冷或直接淬火）。

3. 渗碳后的热处理

渗碳处理后，齿轮由表层的高碳（0.8%～1.05%）逐渐过渡到基体的低碳，渗碳后缓冷的组织由外向里一般是：过共析层+共析层+亚共析层。这种组织不能使齿轮获得必须的使用性能，只有渗碳后的热处理才能使齿轮获得高硬度、高强度的表面层和韧性好的心部。

（1）直接淬火。根据汽车变速箱齿轮的性能要求和渗碳零件的热处理特点，20CrMnTi 钢制齿轮在井式炉气体渗碳后常采用直接淬火。图 2.13 所示是渗碳后直接淬火的工艺规范。齿轮经渗碳后延时到一定温度（850℃～860℃）即进行直接油冷淬火。

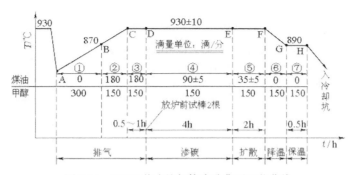

图 2.12   75kW 井式炉气体渗碳典型工艺曲线

至于延时温度，因为要保证齿轮的心部强度，故选 Ar3，这样可避免心部出现大量游离铁素体，20CrMnTi 钢的过热倾向小，比较适合于采用直接淬火，这样大大减少了齿轮的热处理变形和氧化退碳，也提高了经济效益。

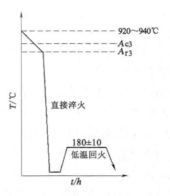

图 2.13   20CrMnTi 钢渗碳后直接淬火工艺规范

（2）回火。齿轮直接淬火后，还要经低温回火，回火温度视淬火后的硬度而定，一般在 180 ± 10℃，低温回火后，虽然渗碳层的硬度变化很小，但是，因为回火过程消除了应力，改善了组织，使得渗碳层的抗弯强度、脆断强度和塑性得到了提高。

4．质量检验

汽车变速箱齿轮经渗碳，淬火后的质量检查主要包括以下几方面。

（1）渗碳层厚度的测定。测定渗碳层厚度的方法很多，能得到行家认可的方法是显微分析法，对 20CrMnTi 制的渗碳齿轮讲，应从渗碳试样表面测至基体组织为止。

（2）金相组织检验。20CrMnTi 经渗碳+淬火+回火处理后，其表层组织应为回火马氏体+均匀分布的细粒状碳化物+少量残余奥氏体，心部组织为低碳马氏体+少量铁素体，各种组织的级别可按汽车渗碳齿轮专业标准进行。

（3）表面及心部硬度检查。表面硬度以齿顶的表面硬度为准，以轮齿端面三分之一齿高位置处的检测值作为心部硬度。

（4）渗碳层表面含碳量的检查。齿轮表面含碳量的检查一般采用剥层试样，将每层（一般为 0.10mm）铁屑剥下来进行定碳化验。

【课后练习】

1．化学热处理包括哪几个基本过程？常用的化学热处理方法有哪些？

2．什么是渗碳？为什么渗碳后要进行淬火和低温回火？

3．什么是渗氮？渗氮的主要目的是什么？

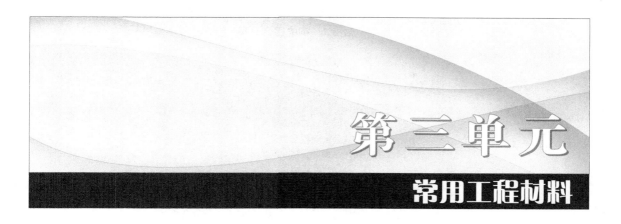

第三单元

常用工程材料

任务一　常用工业用钢

【任务描述】

正确认识不同种类材料的划分要点，材料分类的依据。结合分类依据，能够选择适合实际工作需求的材料种类。

【学习目标】

掌握各类钢的牌号及分类，理解牌号中各类数字及代号的含义。了解不同材料的应用特点。

【相关知识】

钢是铁中加入碳和其他元素所组成的合金材料。钢是通过冶炼获得的。首先是铁矿石、焦炭和溶剂等原材料经高炉冶炼而得生铁，然后生铁在高温的炼钢炉（转炉、平炉、电炉等）中，通过氧化作用降低生铁中的含碳量和杂质含量而炼成钢。炼钢时总会存在一些冶炼过程中无法除尽的杂质元素，如锰（Mn）、硅（Si）、硫（S）、磷（P）等。其中硫和磷对钢的性能有很不利的影响，必须严格控制其含量。根据钢中硫、磷含量的不同，钢可分为普通质量钢、优质钢、高级优质钢和特级优质钢。

3.1.1　钢的分类和编号

1. 钢的分类

钢的种类很多，有多种不同的分类方法：按钢的质量分类、按钢的化学成分分类、按钢的用途分类、按炼钢的方法分类、按钢的脱氧程度分类等。钢的综合分类情况见表3.1。

表 3.1　钢的综合分类

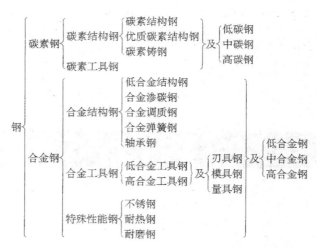

2. 钢的编号

各类钢的编号方法见表 3.2。

表 3.2　　　　　　　　各类钢的编号方法

分　类	典型牌号	编号说明
碳素结构钢	Q235-A.F 质量为 A 级的沸腾钢 屈服点 235MPa	"Q"为"屈"字的汉语拼音字首，后面的数字为屈服点； A、B、C、D 表示质量等级；F、b、Z、TZ 依次表示沸腾钢、半镇静钢、镇静钢、特殊镇静钢
优质碳素结构钢	45　平均 ω_c 为 0.45% 65Mn 平均 ω_c 为 0.65%，较高含锰量	两位数字表示钢的平均含碳量，以万分之几表示，化学元素符号 Mn 表示钢的含锰量较高
一般工程用铸造碳钢	ZG200-400 碳素铸钢 抗拉强度为 400 MPa 屈服点为 200 MPa	"ZG"代表铸钢，其后面第一组数字为屈服点（MPa）；第二组数字为抗拉强度（MPa）
合金结构钢	60Si2Mn 平均 $\omega_{Mn}\leq1.5\%$ 平均 $\omega_{Si}2\%$　平均 $\omega_c0.6\%$ GCr15SiMn 平均 ω_{Cr} 为 1.5%	数字+化学元素符号+数字，前面的数字表示钢的平均 ω_c，以万分之几表示；后面的数字表示合金元素的含量，以平均该合金元素的质量分数的百分之几表示，质量分数少于 1.5% 时，一般不标明含量
碳素工具钢	T8A 平均 ω_c 为 0.8% 高级优质钢	"T"为"碳"字的汉语拼音字首，后面的数字表示钢的平均含碳的质量分数，以千分之几表示；"A"表示高级优质钢
合金工具钢	5CrMnMo 平均 ω_c 为 0.5% 平均 ω_{Cr}、ω_{Mn}、ω_{Mo} 小于 1.5%	平均 ω_c 为<1.0% 时以千分之几表示，≥1.0% 时不标出；高速钢例外，其平均含量<1.0% 时也不标出；合金元素含量的表示方法与合金结构钢相同
特殊性能钢	2Cr13 平均 ω_c 为 0.2% 平均 ω_{Cr} 为 13%	平均 ω_c 以千分之几表示，但当平均 $\omega_c\leq0.03\%$ 及 $\leq0.08\%$ 时，钢号前分别冠以 00 及 0 表示；合金元素含量的表示方法与合金结构钢相同

3.1.2　碳素钢

碳素钢简称碳钢，它是含碳量小于 2% 的铁碳合金。碳钢随着钢中含碳量的增多，铁素体数量逐渐减少，渗碳体的数量不断增多，因而碳钢的力学性能也随着变化。在退火状态下，碳钢中含碳量较低时，钢的内部组织中铁素体多、渗碳体少，故其塑性好、强度低。含碳量增加，钢的强度（小于 0.9%C 时）和硬度随着增加，而塑性和韧性下降。故应根据零件的受力情况不同，选择不同含碳量的碳钢。

碳钢可分为碳素结构钢、优质碳素结构钢、碳素铸钢和碳素工具钢。

1. 碳素结构钢

碳素结构钢的硫、磷的质量分数较高（P≤0.045%，S≤0.055%），大部分用于工程结构，小部分用于机械零件。

碳素结构钢一般在供应状态下使用，必要时可进行锻造、焊接等热加工，亦可通过热处理调整其力学性能。碳素结构钢的化学成分、力学性能和用途见表 3.3。在这类钢中，以 Q235 钢在工业上应用最多，因为它既有一定的强度，又有较好的塑性。

表 3.3　　　　　　　　　　　碳素结构钢的成分、力学性能及用途

牌号	等级	化学成分/%				脱氧方法	力学性能			应用举例
		C	Mn	S	P		σ_s /MPa	σ_b /MPa	δ_s /%	
				不大于						
Q195	—	0.06～0.12	0.25～0.50	0.050	0.045	F、b、Z	195	315～390	33	薄板、焊接钢管、钉子、地脚螺钉和轻载荷的冲压件等
Q215	A	0.09～0.15	0.25～0.55	0.050	0.045	F、b、Z	215	335～410	31	
	B			0.045						
Q235	A	0.14～0.22	0.30～0.65	0.050	0.045	F、b、Z	235	375～460	26	薄板、中板、钢筋、型钢、焊接件、小轴、螺栓、螺母、连杆、拉杆、外壳、法兰等
	B	0.12～0.20	0.30～0.70	0.045						
	C	≤0.18	0.35～0.80	0.040	0.040	Z				
	D	≤0.17		0.035	0.035	TZ				
Q255	A	0.18～0.28	0.40～0.70	0.050	0.045	Z	255	410～510	24	拉杆、连杆、键、轴、销钉及强度要求较高的零件
	B			0.045						
Q275	—	0.28～0.38	0.50～0.80	0.050	0.045	Z	275	490～610	20	

2. 优质碳素结构钢

这类钢的硫、磷的质量分数≤0.035%，广泛用于较重要的机械零件。根据含碳量不同，优质碳素结构钢可分为：低碳钢、中碳钢和高碳钢三类。部分优质碳素结构钢的力学性能和用途见表 3.4，其中以 45 号钢应用最广。

3. 碳素铸钢

碳素铸钢是冶炼后直接铸造成毛坯或零件的，适用于形状复杂且韧性、强度要求较高的零件。碳素铸钢的 ω_c 一般在 0.15%～0.60%范围内，过高则塑性差，易产生裂纹。一般工程用铸钢件的成分、力学性能和用途见表 3.5。

4. 碳素工具钢

碳素工具钢的含碳量为 0.7%～1.3%。由于含碳量高，故该类钢的硬度高、耐磨性好，用于制造各种刃具、模具、量具和其他要求耐磨的机器零件。碳素工具钢的牌号、成分、性能及用途见表 3.6。

表 3.4 优质碳素结构钢的力学性能和用途

牌号	力学性能 ≥					用途
	σ_s/MPa	σ_b/MPa	δ_s/%	Ψ/%	A_K/J	
08	195	325	33	60	—	这类低碳钢由于强度低，塑性好，一般用于制造受力不大的冲压件，如螺栓、螺母、垫圈等。经过渗碳处理或氰化处理可用作表面要求耐磨、耐腐蚀的机械零件，如凸轮、滑块等
10	205	335	31	55	—	
15	225	375	27	55	—	
20	245	410	25	55	—	
25	275	450	23	50	71	
30	295	490	21	50	63	这类中碳钢的综合力学性能和切削加工性均较好，可用于制造受力较大的零件，如主轴、曲轴、齿轮等
35	315	530	20	45	55	
40	335	570	19	45	47	
45	355	600	16	40	39	
50	375	630	14	40	31	
55	380	645	13	35	—	这类钢有较高的强度、弹性和耐磨性，主要用于制造凸轮、车轮、螺旋弹簧和钢丝绳等
60	400	675	12	35	—	
65	410	695	10	30	—	

表 3.5 碳素铸钢的化学成分、力学性能和用途

铸钢牌号	化学元素最高含量（%）				室温下试样力学性能最小值 ≥					用途
	ω_C	ω_{Si}	ω_{Mn}	ω_S、ω_P	σ_s/MPa	σ_b/MPa	δ_s/%	Ψ/%	A_K/J	
ZG200-400	0.20	0.50	0.08	0.04	200	400	25	40	30	有良好的塑性、韧性和焊接性能，用于受力不大，要求韧性好的各种机械零件，如机座、变速箱壳等
ZG230-450	0.30		0.09		230	450	22	32	25	有一定强度和较好的塑性、韧性和焊接性能。用于受力不大，要求韧性好的各种机械零件，如外壳、轴承盖、底板等
ZG270-500	0.40				270	500	18	25	22	有较高的强度和较好的塑性，铸造性能良好。焊接性能尚好，切削性好，用作轴承座、箱体、曲轴和缸体等
ZG310-570	0.50	0.60			310	570	15	21	15	强度和切削性良好，塑性、韧性较低，用于载荷较高的零件，如大齿轮、缸体和制动轮等
ZG340-640	0.60				340	640	10	18	10	有高的强度、硬度和耐磨性，切削性、流动性好，焊接性较差。用作起重运输机齿轮、联轴器等重要零件

表 3.6 碳素工具钢的牌号、成分及用途

钢号	化学成分%					硬度		应用举例
	C	Mn	Si	S	P	供应状态 HBS（不大于）	淬火后 HRC（不小于）	
			不大于					
T7	0.65～0.74	≤0.40	≤0.35	≤0.030	≤0.035	187	62	承受冲击、要求韧性较好的工具，如凿子、风动工具、木工用锯和凿子等

续表

钢号	化学成分%					硬度		应用举例
	C	Mn	Si	S	P	供应状态 HBS（不大于）	淬火后 HRC（不小于）	
			不大于					
T8	0.75～0.84	0.40～0.60				187		用于冲击不大、要求硬度较高的工具，如小冲模、木工用铣刀、斧、凿、圆锯片及虎钳钳口等
T8Mn	0.80～0.90							
T9	0.85～0.94	≤0.40	≤0.35	≤0.030	≤0.035	192	62	用于硬度较高，有一定韧性要求、不受剧烈冲击的工具，如冲模、饲料机切刀等
T10	0.95～1.04					197		用于不受剧烈冲击、耐磨性要求较高的工具，如冲模、小钻头、手用丝锥、板牙、锯条和量具等
T11	1.05～1.14							
T12	1.15～1.24					207		用于不受冲击载荷、切削速度不高的工具或耐磨机件，如锉刀、刮刀等
T13	1.25～1.35					217		用于不受冲击、高硬度要求的工具，如剃刀、刮刀、刻字刀等

3.1.3 合金钢

所谓合金钢是为了改善或提高钢的性能，在碳钢基础上特意地加入一种或数种合金元素所制成的钢，常用的合金元素有 Si、Cr、Mn、Ni、W、Mo、Ti 和 V 等。合金钢根据用途不同可分为：合金结构钢、合金工具钢和特殊性能钢三类。

1. 合金结构钢

合金结构钢是合金钢中用途最广、用量最大的一类钢，常用于制造重要的零件。根据具体用途不同，合金结构钢可分为普通低合金钢、渗碳钢、调质钢、弹簧钢和滚动轴承钢等。常用合金结构钢的牌号、成分、性能和用途见表 3.7。

表 3.7 常用合金结构钢的牌号、成分、性能及用途

钢类	牌号	化学成分%						力学性能				应用举例
		C	Si	Mn	Cr	Mo	Ti	σ_s /MPa	σ_b /MPa	δ_s /%	a_K /J.cm^{-2}	
普通低合金钢	16Mn	0.12～0.20	0.20～0.55	1.20～1.60	—	—	—	350	520	21	59	桥梁、车辆、高压容器、船舶等
渗碳钢	20Cr	0.18～0.24	0.17～0.37	0.50～0.80	0.70～1.00	—	—	540	835	10	59	齿轮、齿轮轴、凸轮、活塞销等。受力较大的齿轮、轴、十字头、爪型离合器等
	20CrMnTi	0.17～0.23		0.80～1.60	1.00～1.30	—	0.04～0.10	835	1080	10	70	
调质钢	40Cr	0.37～0.44	0.17～0.37	0.50～0.80	0.80～1.10	—	—	785	980	9	60	齿轮、连杆、主轴、高强度紧固件等 锤杆、连杆、轧钢机曲轴、电机轴、紧固件等
	35CrMo	0.32～0.40		0.40～0.70	0.80～1.10	0.15～0.25	—	835	980	12	80	

续表

钢类	牌号	化学成分%						力学性能				应用举例
		C	Si	Mn	Cr	Mo	Ti	σ_s/MPa	σ_b/MPa	δ_s/%	a_K/J.cm^{-2}	
弹簧钢	65Mn	0.62~0.70	0.17~0.37	0.90~1.20	—	—	—	800	1000	—	—	8~15mm以下小型弹簧
	60Si2Mn	0.56~0.64	1.50~2.00	0.60~0.90	—	—	—	1200	1300	—	—	25~30mm的弹簧
滚动轴承钢	GCr15	0.95~1.05	0.15~0.35	0.20~0.40	1.30~1.65	—	—	—	—	—	—	滚动轴承元件

（1）普通低合金钢。低合金钢是在低碳钢的基础上，加入少量合金元素（Mn 为主加元素）发展起来的。具有良好的焊接性、较好的韧性、塑性，强度显著高于相同碳量的碳钢。

常用普通低合金钢的牌号有 Q295、Q345、Q390、Q420 等，其中 Q345（16Mn）钢应用最广泛。我国南京长江大桥、内燃机车车体、万吨巨轮及压力容器、载重汽车大梁等都采用 Q345 钢制造。对 Q345 钢可以进行低碳马氏体处理，使某些零件性能进一步提高。

（2）渗碳钢。渗碳钢主要用于制造高耐磨性，并承受动载荷的零件。这类钢采用低碳成分，经表面渗碳进行成分调整，再结合淬火+低温回火的热处理，能够使零件表面具有良好的耐磨性和疲劳强度，心部有良好的韧性和足够的强度。渗碳零件的使用性能远高于中碳钢表面淬火后的性能。

常用的渗碳钢有 15、20Cr、20CrMnTi、18Cr$_2$Ni$_4$W 等，它们主要用于制造中小齿轮、蜗杆、活塞销等，其中 20CrMnTi 是应用最广泛的渗碳钢。

（3）调质钢。调质钢为中碳成分，经淬火+高温回火的调质处理后，具有高强度和良好韧性，即具有良好的综合力学性能。

常用的调质钢有 45、40Cr、35SiMn、38CrMoAlA 等，主要用于制造重要的机器零件，如传动轴、机床齿轮、曲轴、连杆螺栓等，其中 40Cr 应用最为广泛。

（4）弹簧钢。弹簧钢采用中高碳成分以保证强度，通过淬火+中温回火的热处理，以满足高弹性极限、疲劳极限和足够的韧性的要求。

弹簧工作时表面层的应力最大，如果表面脱碳、贫碳，会使表面强度降低，寿命大大缩短。因此，尺寸较大或承受动载荷的重要弹簧，一般均应用弹簧钢制造。为了进一步提高弹簧的使用寿命，可以采用喷丸处理进行表面强化，采用形变热处理提高强韧性。常用的弹簧钢有 65、65Mn、60Si2Mn、50CrVA 等，最有代表性的是 60Si2Mn。

（5）滚动轴承钢。滚动轴承钢是制造各类滚动轴承的滚动体及内、外套圈的专用钢。滚动轴承在交变应力下工作，各部分之间因相对滑动而产生强烈摩擦，还受到润滑剂的化学浸蚀。因此，轴承钢必须具有高的硬度和耐磨性，高的弹性极限和接触疲劳强度，足够的韧性和抗蚀性。目前常用的是铬轴承钢（GCr9、GCr15、GCr15SiMn 等）。

2. 合金工具钢

合金工具钢主要用于制造刃具、模具和量具等。钢中的合金元素可增加钢的淬透性、耐磨性和热硬性。因此合金工具钢主要用于制造形状复杂、尺寸较大，要求变形小或切削速度较高的工模具。常用合金工具钢的牌号、成分及其用途见表3.8。合金工具钢按用途可分为刃具钢、模具钢和量具钢等。

表 3.8　　　　　　　　　常用合金工具钢的牌号、成分和用途

钢类	牌号	化学成分%							应用举例
		C	Si	Mn	Cr	W	Mo	V	
低合金工具钢	9SiCr	0.85~0.95	1.20~1.60	0.30~0.60	0.95~1.25	—	—	—	用作切削不剧烈的板牙、丝锥、铰刀、拉刀、冷冲模、冷轧辊等
	CrWMn	0.90~1.05	≤0.40	0.80~1.10	0.90~1.20	1.20~1.60	—	—	
高速工具钢	W18Cr4V	0.70~0.80	0.20~0.40	0.10~0.40	3.80~4.40	17.50~19.00	≤0.03	1.00~1.40	高速切削的钻头、车刀、铣刀、齿轮刀具、拉刀、刨刀和冷冲模等
	W6Mo5Cr4V2	0.80~0.90	0.20~0.45	0.15~0.40	3.80~4.40	5.50~6.75	4.50~5.50	1.75~2.20	
热作模具钢	5CrMnMo	0.50~0.60	0.25~0.60	1.20~1.60	0.60~0.90	—	0.15~0.30	—	中型锻模等
	3Cr2W8V	0.30~0.40	≤0.04	≤0.40	2.20~2.70	7.50~9.00	—	0.20~0.50	压铸模、热剪切刀、热锻模等
冷作模具钢	Cr12	2.00~2.30	≤0.40	≤0.40	11.50~13.00				冷冲模、冷剪切刀、螺纹滚模、拉丝模等
	Cr12MoV	1.45~1.70	≤0.40	≤0.40	11.00~12.50		0.40~0.60	0.15~0.30	工作条件繁重的冷冲模、冷剪切刀、搓丝板、圆锯等

（1）刃具钢。刃具切削时受切削力作用且切削发热，还会有一定的冲击和震动。因此要求有高强度（特别是抗弯、抗压）、高硬度、高耐磨性、高热硬性、足够的塑性和韧性。

合金刃具钢（Cr06、9SiCr 等）的 ω_C 一般在 0.9%~1.1%之间，加入 Cr、Mn、Si、W、V 等合金元素，这类钢的最高工作温度不超过 300℃；高速钢（W18Cr4V）的 ω_C 在 0.7%以上，最高可达 1.5%左右，加入 ω_{Cr} 为 4%的 Cr 可使钢具有最好的切削加工性能，加入 W、Mo 保证高的热硬性，加入 V 提高耐磨性。

9SiCr 钢中因加入了合金元素，提高了淬透性。因此多用作丝锥、板牙、钻头、铰刀等；W18Cr4V 钢因热硬性高、加工性好，广泛应用于一般高速切削刀具，如车刀、铣刀、刨刀、钻头等刀具。

（2）模具钢。模具钢分为冷模具钢和热模具钢。冷模具钢工作时有很大压力、弯曲力、冲击载荷和摩擦。主要损坏形式是磨损，也常出现崩刃、断裂和变形等失效现象。因此，冷模具钢要求具有高硬度、高耐磨性、足够的韧性与疲劳抗力和热处理变形小的特性。冷模具钢（Cr12、Cr12MoV 等）用于制造各种冷冲模、冷挤压模和拉丝模等，工作温度不超过 200℃~300℃。

热模具钢工作中有很大的冲击载荷、摩擦、剧烈的冷热循环所引起的不均匀热应变和热应力以及高温氧化，常出现崩裂、塌陷、磨损、龟裂等失效现象。因此，热模具钢要求具有高的热硬性、高温耐磨性、高的抗氧化性能、高的热强性和足够高的韧性。热模具钢（5CrMnMo、5CrNiMo 等）用于制造各种热锻模、热挤压模和压铸模等，工作时型腔表面温度可达 600℃ 以上。

（3）量具钢。量具在使用过程中主要受磨损，对量具钢性能要求是：高的硬度（不小于 56HRC）和耐磨性，高的尺寸稳定性。量具钢的成分高碳（ω_C 为 0.9%~1.5%），并常加入 Cr、W、Mn 等元素。量具钢的热处理关键在于保证量具的尺寸稳定性，因此常采用下列措施：

① 尽量降低淬火温度，以减少残余奥氏体量；

② 淬火后立即进行-70℃~-80℃的冷处理，使残余奥氏体尽可能地转变为马氏体，然后进行低温回火；

③ 精度要求高的量具，在淬火、冷处理和低温回火后尚需进行时效处理。

量具钢用于制造各种测量工具，如卡千分尺、螺旋测微仪、块规和塞规等。量具钢没有专用钢。尺寸小、形状简单、精度较低的量具，用高碳钢制造；复杂的较精密的量具一般用低合金刃具钢制造；CrWMn的淬透性较高，淬火变形很小，可用于精度要求高且形状复杂的量规及块规；GCr15耐磨性、尺寸稳定性较好，多用于制造高精度块规、螺旋塞头、千分尺。

3. 特殊性能钢

（1）不锈钢。不锈钢是指在大气、水、酸、碱和盐溶液或其他腐蚀性介质中具有高度化学稳定性的合金钢的总称。

不锈钢按正火状态的组织可分为马氏体型不锈钢（Cr13型）、铁素体型不锈钢（Cr17型）、奥氏体型不锈钢（18-8型）。Cr13型不锈钢（1Cr13应用最广）一般用来制造即能承受载荷又需要耐蚀性的各种阀、机泵等零件以及一些不锈刀具；Cr17型不锈钢（1Cr17应用最广）主要用于制造耐蚀零件，广泛用于硝酸和氮肥工业中；18-8型不锈钢（1Cr18Ni9Ti应用最广）广泛用于制造化工生产中的某些设备零件或构件及管道等。

（2）耐热钢。耐热钢是指在高温下具有热化学稳定性和热强性的特殊钢。热化学稳定性为钢在高温下对各类介质化学腐蚀的抗力，热强性为钢在高温下的强度性能。

耐热钢常分为热化学稳定钢（3Cr18Ni25Si2等）和热强钢（Cr12型、Cr13型、1Cr18Ni9Ti、1Cr17等）。耐热钢主要用于石油化工的高温反应设备和加热炉、火力发电设备的汽轮机和锅炉、汽车和船舶的内燃机、飞机的喷气发动机以及热交换器等设备。

（3）耐磨钢。对耐磨钢的主要性能要求是很高的耐磨性和韧性。高锰钢能很好地满足这些要求，它是目前最重要的耐磨钢。

高锰钢室温为奥氏体组织，加热冷却并无相变。其热处理工艺一般都采用水韧处理，即将钢加热到1000℃~1100℃，保温一段时间，使碳化物全部溶解，然后迅速水淬，在室温下获得均匀单一的奥氏体组织。此时钢的硬度很低而韧性很高，当在工作中受到强烈冲击或强大压力而变形时，表面层产生强烈的形变硬化，并且还发生马氏体转变，使硬度显著提高，心部则仍保持为原来的高韧性状态。

耐磨钢主要用于运转过程中承受严重磨损和强烈冲击的零件，如车辆履带板、挖掘机铲斗等。应当指出，Mn13是较典型的高锰钢，它只在工作中受力较大时相变诱发马氏体，从而充分发挥其高耐磨性这一潜能。

【应用训练】

汽车变速箱齿轮的选材及热处理工艺

齿轮传动是机器和仪器仪表中最常用的一种传动，它用于传递两轴间的动力和运动，以及用来改变运动的形式和速度。齿轮传动是劳动人民在生产实践中创造出来的。早在两千多年前我国劳动人民就首先发明和应用了直线形齿轮，经过不断地发展和完善，目前在工业中已广泛应用各种类型的齿轮。

齿轮的工作条件、失效形式及性能要求如下。

齿轮是汽车中应用最广的零件之一，主要用于传递扭矩和调节速度。汽车变速箱中的齿轮是齿轮的典型，如图3.1所示。

（1）工作条件。

① 由于传递扭矩，齿根承受较大的交变弯曲应力。

② 齿面相互滑动和滚动，承受较大的交变接触力及强烈的摩擦。

③ 由于换档、启动或啮合不良，齿部承受一定的冲击。

（2）主要失效形式。

① 疲劳断裂。主要发生在齿根。它是齿轮最严重的失效形式。

② 齿面磨损。

③ 齿面接触疲劳破坏。

④ 过载断裂。

（3）性能要求。

① 高的弯曲疲劳强度。

② 高的接触疲劳强度和耐磨性。

③ 齿轮心部要有足够的强度和韧性。

图3.1　汽车变速箱中的齿轮

齿轮材料选择：

轻载、低中速，冲击力小，精度低齿轮：碳钢（Q255、Q275、45、50Mn 等）。正火或调质成软面齿轮。如减速箱齿轮等。

中载、中速、中等冲击、运动平稳齿轮：中碳（合金）钢（45、40Cr、42SiMn、55Tid 等）。感应淬火回火硬齿面（50～55HRC）。如机床齿轮。

重载、中高速、大冲击载荷齿轮：低碳（合金）钢（20Cr、20MnB、20CrMnTi）。渗碳（碳氮共渗）及淬火低温回火，齿面 58～63HRC。如汽车、拖拉机变速齿轮和后桥齿轮。

精密传动齿轮或硬面内齿轮，要求热处理变形小：38CrMoAl、35CrMo 等。调质及气体氮化。如非重载、工作平稳的精密齿轮。

汽车变速箱齿轮：工作条件恶劣。受力大，超载和受冲击频繁，要求较高的表面耐磨、抗疲劳性能，心部强韧性高。一般选合金渗碳钢。

选材：20CrMnTi

热处理技术要求：渗层 0.8～1.3mm，齿面硬度 HRC58～62，心部硬度 HRC35～45。

热处理方法：锻后正火 950℃～970℃空冷，HB179～217

渗碳 920℃～940℃，4～6h，预冷至 830℃～850℃直接油淬，170℃～190℃低温回火 2h

工艺路线：下料→锻造→正火→机加→渗碳（内孔防渗）、预冷淬火+低温回火→喷丸→校正花键孔→磨齿。

【课后练习】

1. 按含碳量的划分，钢可以划分为哪几类？

2. 碳素结构钢与碳素工具钢的主要区别是什么？

3. 合金钢的牌号中合金元素含量是如何表示？

任务二　铸铁

【任务描述】

联系钢材的力学性能，结合工作条件的需求分析铸铁的应用及种类的划分。正确认识铸铁。

【学习目标】

掌握铸铁的石墨化及其影响因素，理解铸铁的分类方法及常用铸铁。了解合金铸铁的性能特点。

【相关知识】

铸铁是指 ω_C 为 2%～4% 的铁碳合金，并且还含有较多的 Si、Mn、S、P 等元素。铸铁有良好的减振、减磨作用，良好的铸造性能及切削加工性能，且价格低。

3.2.1　铸铁的石墨化

铸铁的石墨化就是铸铁中碳原子析出和形成石墨的过程。一般认为石墨既可以由液体铁水中析出，也可以自奥氏体中析出，还可以由渗碳体分解得到。

1. 铸铁冷却和加热时的石墨化过程

按 Fe-C 系相图进行结晶，铸铁冷却时的石墨化过程应包括：从液体中析出一次石墨；由共晶反应而生成的共晶石墨；由奥氏体中析出二次石墨；由共析反应而生成的共析石墨。

铸铁加热时的石墨化过程：亚稳定的渗碳体，当在比较高的温度下长时间加热时，会发生分解，产生石墨化，即 $Fe_3C \rightarrow 3Fe+C$ 加热温度越高，分解速度相对就越快。

2. 影响铸铁石墨化的因素

（1）化学成分的影响。碳、硅、锰、磷对石墨化有不同的影响。其中碳、硅、磷是促进石墨化的元素，锰和硫是阻碍石墨化的元素。碳、硅的含量过低，铸铁易出现白口，力学性能和铸造性能都较差；碳、硅的含量过高，铸铁中石墨数量多且粗大，基体内铁素体量多，力学性能下降。

（2）冷却速度的影响。铸件冷却速度越缓慢，越有利于石墨化过程充分进行。当铸铁冷却速度较快时，原子扩散能力减弱，越有利于按 Fe-Fe$_3$C 系相图进行结晶和转变，不利于石墨化的进行。

3.2.2　常用铸铁

根据碳在铸铁中存在的形式及石墨的形态，可将铸铁分为灰铸铁、球墨铸铁、蠕墨铸铁、可锻铸铁等。灰铸铁、球墨铸铁、蠕墨铸铁中石墨都是自液体铁水在结晶过程中获得的，而可锻铸铁中石墨则是由白口铸铁通过加热在石墨化过程中获得的。

1. 灰铸铁

根据国家标准规定，灰铸铁牌号是由"HT"（"灰铁"的汉语拼音字首）加一组数字（最低抗拉强度σ_b）组成。

灰铸铁的组织是由片状石墨和钢的基体两部分组成。钢的基体则可分为铁素体、铁素体+珠光体、珠光体三种。

灰铸铁的性能与普通碳钢相比，具有力学性能低、耐磨性与消震性好和工艺性能好等特性。常用的灰铸铁牌号是 HT150、HT200，前者主要用于机械制造业承受中等应力的一般铸件，如底座、刀架、阀体、水泵壳等；后者主要用于一般运输机械和机床中承受较大应力和较重要零件，如气缸体、缸盖、机座、床身等。

2. 球墨铸铁

球墨铸铁牌号由"QT"（"球铁"的汉语拼音字首）加两组数字组成，前一组数字表示最低抗拉强度（σ_b），后一组数字表示最低断后伸长率（δ）。球墨铸铁中石墨呈球状。

球墨铸铁兼有钢的高强度和灰铸铁的优良铸造性能，是一种有发展前途的铸造合金，用来制造受力复杂、力学性能要求高的铸件。常用的球墨铸铁牌号是 QT400-15、QT600-3，前者属铁素体型球墨铸铁，主要用于承受冲击、振动的零件，如汽车、拖拉机的轮毂、中低压阀门、电动机壳、齿轮箱等；后者属珠光体+铁素体型球墨铸铁，主要用于载荷大、受力复杂的零件，如汽车、拖拉机曲轴、连杆、气缸套等。

3. 蠕墨铸铁

蠕墨铸铁的牌号由"RuT"（"蠕铁"汉语拼音字首）加一组数字组成，数字表示最低抗拉强度值。

蠕墨铸铁是一种新型铸铁，其中碳主要以蠕虫状形态存在，其石墨形状介于片状和球状之间。蠕墨铸铁保留了灰铸铁工艺性能优良和球墨铸铁力学性能优良的共同特点，而克服了灰铸铁力学性能低和球墨铸铁工艺性能差的缺点，它在国内外日益引起重视，目前主要用于生产气缸盖、钢锭模等铸件。蠕墨铸铁的缺点在于生产技术尚不成熟和成本偏高。

4. 可锻铸铁

可锻铸铁的牌号由"KT"（"可铁"汉语拼音字首）及其后的 H（表示黑心可锻铸铁）或 Z（表示珠光体可锻铸铁），再加上分别表示其最低抗拉强度和伸长率的两组数字组成。

可锻铸铁的石墨呈团絮状，它对基体的割裂程度较灰铸铁轻，因此，性能优于灰铸铁；在铁液处理、质量控制等方面又优于球墨铸铁。

可锻铸铁的典型牌号 KTH350-10、KTH450-06 等，主要用于制造截面薄、形状复杂、强韧性又要求较高的零件，如低压阀门、连杆、曲轴、齿轮等零件。

3.2.3 合金铸铁

随着生产的发展，对铸铁要求不仅要具有较高的力学性能，而且有时还要求具有某些特殊的性能。合金铸铁与合金钢相比，熔炼简单，成本低廉，基本上能满足特殊性能的要求，但力学性能较差，脆性较大。

常用的合金铸铁有耐磨铸铁、耐热铸铁和耐蚀铸铁。

1. 耐磨铸铁

在无润滑干摩擦条件下工作的零件应具有均匀的高硬度组织。白口铸铁是较好的耐磨铸铁，但脆性大，不能承受冲击载荷，因此，生产上常采用冷硬铸铁（或称激冷铸铁）。

在润滑条件下工作的耐磨铸铁，其组织应为软基体上分布有硬的组织组成物，使软基体磨损后形成沟槽，保持油墨。珠光体灰铸铁基本上能满足这样的要求，其中铁素体为软基体，渗碳体层片为硬的组织组成物，同时石墨片起储油和润滑作用。

2. 耐热铸铁

铸铁的耐热性主要是指在高温下的抗氧化和抗热生长能力。在高温下工作的铸件，如炉底板、换热器、坩埚、炉内运输链条和钢锭模等，要求有良好的耐热性，应采用耐热铸铁。

耐热铸铁按其成分可分为硅系、铝系、硅铝系及铬系等。其中铝系耐热铸铁脆性较大，铬系耐热铸铁价格较贵，故我国多采用硅系和硅铝系耐热铸铁。主要用于制造加热炉附件，如炉底、烟道挡板、传递链构件等。

3. 耐蚀铸铁

耐蚀铸铁是指在腐蚀性介质中工作时具有耐蚀能力的铸铁。普通铸铁的耐蚀性差，加入 Al、Si、Cr、Mo 等合金元素，在铸铁件表面形成保护膜或使基体电极电位升高，可以提高铸铁的耐蚀性能。耐蚀铸铁主要用于化工机械，如制造容器、管道、泵、阀门等。

【应用训练】

内燃机曲轴选材及热处理工艺

内燃机（见图 3.2）曲轴选材原则主要根据内燃机的类型、功率大小、转速高低和相应轴承材料等条件而定，同时也需考虑加工条件、生产批量和热处理工艺及制造成本。

由于在滚动轴承中工作，要求轴颈部有较高的硬度和耐磨性。

通常可选用 QT700-2，其工艺路线如下：

铸造→高温正火→高温回火→切削加工→轮颈气体渗氮

图 3.2　内燃机

【课后练习】

1. 什么是铸铁的石墨化？
2. 合金铸铁有哪些分类？
3. 影响铸铁石墨化的因素有哪些？

任务三　其他合金

【任务描述】

对比钢的分类，结合铸铁的类型认识各类合金应用的场合。

【学习目标】

掌握铝及其合金的特点，掌握铜及其合金的特点。了解轴承合金及其应用。

3.3.1　铝及其合金

1. 工业纯铝

工业上使用的纯铝，其纯度（质量分数）为99.7%～98%。工业纯铝的牌号为：1070A、1060、1050A。

铝具有面心立方晶格，无同素异构转变，熔点为660℃。其特点是密度小、导电性和导热性好、抗蚀性好。工业纯铝塑性好，可进行各种加工，制成板材、箔材、线材、带材及型材，但强度低。适用于制造电缆、电器零件、装饰件及日常生活用品等。

2. 铝合金的分类及热处理特点

纯铝的强度低，不宜制作承受重载荷的结构件，当向铝中加入一定量的硅、铜、锰等合金元素，可制成强度高的铝合金。铝合金密度小，导热性好，比强度高。如果再经形变强化和热处理强化，其强度还能进一步提高。因此，铝合金广泛应用于民用与航空工业。

铝合金根据其化学成分和生产工艺分为变形铝合金和铸造铝合金两大类。

（1）变形铝合金。不可热处理强化的变形铝合金主要有防锈铝合金；可热处理强化的变形铝合金主要有硬铝、超硬铝和锻铝合金。

防锈铝合金属AL-Mn系合金及AL-Mg系合金。加入锰主要用于提高合金的耐蚀能力和产生固溶强化，加入镁用于起固溶强化作用和降低密度。防锈铝合金强度比纯铝高，并有良好的耐蚀性、塑性和焊接性，但切削加工性较差。因其不能进行热处理强化而只能进行冷塑性变形强化。防锈铝合金典型牌号是5A05、3A21，主要用于制造构件、容器、管道及需要拉伸、弯曲的零件和制品。

硬铝合金属Al-Cu-Mg系合金。加入铜和镁是为了在时效过程中产生强化相。这类合金既可通过热处理（时效处理）强化来获得较高的强度和硬度，还可以进行变形强化。硬铝合金典型牌号是2A01、2A11，主要用于航空工业中，如制造飞机构架、叶片、螺旋桨等，但其抗蚀性较差。

超硬铝合金属Al-Cu-Mg-Zn系合金。这类合金经淬火加人工时效后，可产生多种复杂的第二相，具有很高的强度和硬度，切削性能良好，但耐腐蚀性较差。超硬铝合金典型牌号是7A04，主要用于制造飞机上的主要受力部件，如大梁桁架、加强框和起落架等。

锻铝合金属Al-Cu-Mg-Si系合金。元素种类多，但含量少，因而合金的热塑性好，适于锻造，故称"锻铝"。锻铝通过固溶处理和人工时效来强化。锻铝合金典型牌号是2A05、2A07，主要用于制造外形复杂的锻件和模锻件。

（2）铸造铝合金。铸造铝合金是用于浇注成铸件的铝合金。铸造铝合金的代号由"ZL"（"铸铝"汉语拼音字首）加顺序号组成。顺序号的三位数字中：第一位数字为合金系列，1表示Al-Si系，2、3、4分别表示Al-Cu系、ALMg系、Al-Zn系；后两位数字为顺序号，如ZL102表示Al-Si系02号。

根据主加元素的不同，铸造铝合金分为Al-Si系、Al-Cu系、Al-Mg系及Al-Zn系四类，其中Al-Si系合金是工业中应用最广泛的铸造铝合金。

3.3.2　铜及其合金

1. 纯铜

工业用纯铜，含铜量ω_{Cu}高于99.5%，通常呈紫红色。纯铜具有优良的导电、导热、耐蚀和焊接性能，又有一定的强度，广泛用于导电、导热和耐蚀器件。

工业纯铜牌号有T1、T2、T3和T4四种，序号越大，纯度越低。

微量的杂质元素对铜的力学性能和物理性能影响较大。磷、硅、砷等显著降低纯铜的导电性；铅、铋与铜形成低熔点的共晶体，在进行压力加工时，晶界熔化，使工件开裂产生"热脆性"；氧和硫能与铜形成脆性化合物，使铜的塑性降低，冷加工时易开裂，称为"冷脆性"。

2. 铜合金

纯铜的强度低，不适于制作结构件，为此常加入适量的合金元素制成铜合金。铜合金按加入的合金元素，可分为黄铜、青铜和白铜。在机械生产中普遍使用的铜合金是黄铜和青铜。

（1）黄铜。黄铜是以锌为主加合金元素的铜合金，因呈金黄色故称黄铜。按其化学成分的不同，分为普通黄铜和特殊黄铜两种。

① 普通黄铜是以锌和铜组成的合金。普通黄铜的牌号由"H"（"黄"的汉语拼音字首）加数字（表示铜的平均含量）组成，如H68表示ω_{Cu}为68%，其余为锌。普通黄铜的力学性能、工艺性能和耐蚀性都较好，应用较为广泛。较典型牌号为H96，主要用于制造冷凝器、散热片及冷冲、冷挤零件等。

② 特殊黄铜是在普通黄铜的基础上加入其他合金元素的铜合金。特殊黄铜的典型牌号是HPb59-1，主要用于制造各种结构零件，如销、螺钉、螺母、衬套、热圈等。

（2）青铜。青铜原指铜锡合金，又叫锡青铜。但目前已将含铝、硅、铍、锰等的铜合金都包括在青铜内，统称为无锡青铜。锡青铜是以锡为主加元素的铜合金。按生产方法，锡青铜分为压力加工锡青铜和铸造锡青铜两类。

压力加工锡青铜含锡量一般小于10%，适宜于冷热压力加工，经形变强化后，强度、硬度提高，但塑性有所下降。其典型牌号是ZCuSn5Pb5Zn5，主要用于仪表上耐磨、耐蚀零件，弹性零件及滑动轴承、轴套等。

铸造锡青铜含锡量为10%～14%，只适宜于用来生产强度和密封性要求不高，但形状复杂的铸件。其典型牌号是 ZCuSn10Zn2，主要用于制造阀、泵壳、齿轮、蜗轮等零件。

无锡青铜是指不含锡的青铜，常用的有铝青铜、铍青铜、铅青铜、锰青铜、硅青铜等。铝青铜是无锡青铜中用途最广泛的一种，其强度高、耐磨性好，且具有受冲击时不产生火花之特性。铸造时，由于流动性好，可获得致密的铸件。铝青铜典型牌号是 ZCuAl9Mn2，常用于制造齿轮、摩擦片、蜗轮等要求高强度、高耐磨性的零件。

3.3.3 轴承合金

用于制作轴瓦和轴衬的合金称为轴承合金。当轴承支撑轴进行工作时，由于轴的旋转，使轴和轴瓦之间产生强烈的摩擦。为了减少轴承对轴颈的磨损，确保机器的正常运转，轴承合金应具有如下性能要求：

（1）足够的强度和硬度，以承受轴颈所施加的较大的单位压力。

（2）足够的韧性、韧性，以保证轴与轴承良好配合并耐冲击和振动。

（3）与轴之间有良好的磨合能力及较小的摩擦系数，并能保持住润滑油。

（4）有良好的导热性和抗蚀性。

（5）有良好的工艺性，容易制造且价格低廉。

为了满足以上性能要求，轴承合金的组织应是在软的基体上均匀分布着硬相质点，如图3.3所示。

最常用的轴承合金是锡基或铅基"巴氏合金"，其牌号是"ZCh"（"轴承"的汉语拼音字首）后附以基本元素和主加元素的化学符号，并标明主加元素和辅加元素的含量。

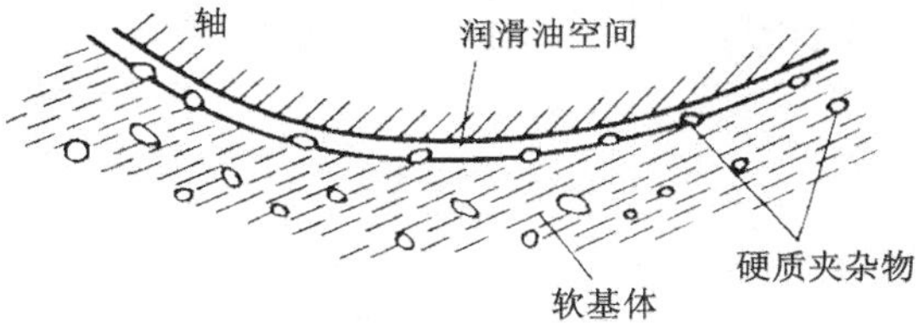

图 3.3　轴承合金结构示意图

1. 锡基轴承合金

锡基轴承合金是工业上广泛应用的轴承材料。它是以锡为基础加入锑、铜等元素组成的合金。锡基轴承合金具有较好的耐磨性能，塑性好，有良好的磨合性、镶嵌性和抗咬合性，耐热性和耐蚀性均好，适用于制造承受高速度、大压力和受冲击载荷的轴承。典型锡基轴承合金的牌号是 ZChSnSb11-6，主要用于制造汽车、拖拉机、汽轮机等高速轴瓦。

2. 铅基轴承合金

铅基轴承合金是以铅-锑为基础，加入锡、铜等元素组成的合金。其组织是在铅的软基体上均匀分布着硬相颗粒。典型铅基轴承合金的牌号是 ZChPbSb16-16-2，主要用于制造如汽车、拖拉机的曲轴轴承及电动机、破碎机轴承等。

3. 其他轴承合金

除了巴氏合金以外，还有铜基、铝基轴承合金，它们的特点是承载能力高、密度较小、导热性和疲劳强度好，工作温度高，价格便宜。也广泛应用于汽车、拖拉机、内燃机车等一般工业轴承。

3.3.4 粉末冶金与硬质合金

1. 粉末冶金简介

粉末冶金是利用金属粉末（或金属粉末与非金属粉末的混合物）作原料，将几种粉末混匀压制成型，并经过烧结而获得材料或零件的加工方法。粉末冶金在机械、冶金、化工、原子能、宇航等部门得到越来越广泛的应用。

2. 硬质合金

硬质合金是以碳化钨（WC）、碳化钛（TiC）等高熔点、高硬度的碳化物的粉末和起粘结作用的金属钴粉末经混合、加压成型、再烧结而制成的一种粉末冶金制品。硬质合金具有高硬度、高热硬性、高耐磨性和较高抗压强度。用它制造刀具，其切削速度、耐磨性与寿命都比高速钢高。硬质合金通常制成一定规格的刀片，装夹或镶焊在刀体上使用，它还用于制造某些冷作模具、量具及不受冲击、振动的高耐磨零件。

【课后练习】

1. 不同铝合金可通过哪些途径达到强化目的？
2. 为什么经压力加工的黄铜制品，在潮湿的环境下，易发生自裂现象（又称季裂）？采用何种措施可消除？
3. 简述轴承合金的组织特征。举例说明常用巴氏合金的成分、性能及用途。

任务四　非金属材料

【任务描述】

通过对非金属材料性能的了解，结合工艺条件需求，认识非金属材料适用的范畴。

【学习目标】

了解高分子材料的性能及特点，了解复合材料的性能。

【相关知识】

机械工业中使用的非金属材料可分为三大类：高分子合成材料（如塑料、胶粘剂、合成橡胶、合成纤维等）、陶瓷（如日用陶瓷、金属陶瓷等）、复合材料等。

3.4.1 高分子材料

高分子材料是指以高分子化合物为主要组分的材料。高分子化合物是指相对分子质量很大的化合物。高分子化合物按其来源分为天然的和合成的两大类。工程上的高分子材料主要指人工合成高分子化合物。根据其性质用途，高分子材料主要有塑料、橡胶及胶粘剂等。

1. 工程塑料

塑料是应用最广的有机高分子材料，它是以合成树脂为主要材料，再加入填料或增强材料、增塑剂、润滑剂、稳定剂、着色剂、阻燃剂等添加剂，在一定温度和压力的条件下聚合反应合成的高聚物。树脂在一定的温度、压力下可软化并塑造成形，它决定了塑料的基本属性，并起到粘结剂的作用。添加剂是为了弥补或改进塑料的某些性能。塑料具有密度小、耐腐蚀、良好的电绝缘性和较小的介电损耗、耐磨和减摩性好、良好的成形性和耐热性差等特性。塑料的不足之处是强度、硬度较低。根据塑料在加热和冷却时所表现的性质不同，可分为热塑性塑料和热固性塑料两类。

（1）热塑性塑料。热塑性塑料在受热时软化和熔融，冷却后成形固化，再受热时又软化和熔融，具有可塑性和重复性。常用的塑料有聚烯烃、聚氯乙烯、聚苯乙烯、ABS、聚酰胺、聚甲醛、聚碳酸酯、聚四氟乙烯和聚甲基丙烯酸甲酯等。

以 ABS 塑料为例，ABS 塑料是丙烯腈（A）、丁二烯（B）、苯乙烯（S）的三元共聚物，它具有三种组元的特性。丙烯腈可提高塑料的耐热、耐蚀性和表面硬度；丁二烯可提高弹性和韧性；苯乙烯赋于 ABS 较高的刚性，良好的加工工艺性和着色性。可见，ABS 具有较高的综合性能。此外，ABS 的性能还可以根据要求由改变其组成单体的含量来进行调整。目前，有三百多种不同性能的 ABS，热变形温度从 60℃～120℃不等。有些 ABS 能耐低温，在−40℃仍有很高的冲击韧度，还具有好的电绝缘性、尺寸稳定性、吸水性低、表面光滑、硬度高等特性。

ABS 的用途极广，在机械工业中可制造轴承、齿轮、叶片、叶轮、设备外壳、管道、容器、把手等，电气工业中仪器、仪表的各种零件等。近年来在交通运输车辆、飞机零件上的应用发展很快，如车身、方向盘、内衬材料等。

（2）热固性塑料。热固性塑料在一定温度（和压力或加入固化剂）下，经一段时间后变为坚硬制品，硬化后的塑料不溶于任何溶剂，再加热也不软化，所以热固性塑料不能回用。常用的有酚醛塑料、环氧塑料等。

酚醛塑料（PF）由酚类和醛类经缩聚反应而制成的树脂称为酚醛树脂。根据不同性能要求加入各种填料便制成各种酚醛塑料。常用的酚醛树脂是由苯酚和甲醛为原料制成的，简称 PF。

环氧塑料（EP）是由环氧树脂加入固化剂（胺类和酸酐类）后形成的热固性塑料。它强度较高，韧性较好，并具有良好的化学稳定性、绝缘性以及耐热、耐寒性，成形工艺性好。可制作塑料模具、船体、电子工业零部件。

2. 橡胶

橡胶与塑料不同之处是橡胶在室温下处于高弹态。

（1）工业橡胶的组成。工业橡胶的主要成分是生胶。生胶具有很高的弹性。但生胶分子链间相互作用力很弱，强度低，易产生永久变形。此外，生胶的稳定性差，如会发粘、变硬、溶于某些溶剂等。为此，工业橡胶中还必须加入各种配合剂。

（2）橡胶的性能特点。受外力作用而发生的变形是可逆弹性变形，外力去除后，只需要千分之一秒便可恢复到原来的状态。橡胶具有良好的回弹性（如天然橡胶可达 70%～80%）。经硫化处理和炭黑增强后，其抗拉强度达 25MPa～35MPa，并具有良好的耐磨性。

（3）常用橡胶材料。根据原材料的来源可分为天然橡胶和合成橡胶。

① 天然橡胶。天然橡胶是橡胶树上流出的胶乳，经过加工制成的固态生胶。天然橡胶具有很好的弹性，但强度、硬度并不高。为了提高其强度并使其硬化，要进行硫化处理。经处理后抗拉强度约为 17MPa～29MPa，用碳黑增强后可达 35MPa。

天然橡胶是优良的电绝缘体，并有较好的耐碱性。但耐油、耐溶剂性和耐臭氧老化性差，不耐高温，使用温度-70℃～110℃，广泛用于作轮胎、胶带、胶管等。

② 合成橡胶。合成橡胶分为丁苯橡胶（SBR）和顺丁橡胶（BR）。

丁苯橡胶是应用最广、产量最大的一种合成橡胶。它以丁二烯和苯乙烯为单体形成的共聚物。丁苯橡胶的性能主要受苯乙烯含量的影响，随苯乙烯含量的增加，橡胶的耐磨性、硬度增大而弹性下降。

丁苯橡胶比天然橡胶质地均匀，耐磨、耐热、耐老化性能好。但加工成型困难，硫化速度慢。这种橡胶广泛用于制造轮胎、胶布、胶版等。

3.4.2 陶瓷材料

陶瓷是一种无机非金属材料。一般可分为普通陶瓷（普通工业陶瓷、化工陶瓷）和特种陶瓷（氧化铝陶瓷、氮化硅陶瓷、氮化硼陶瓷、氧化镁陶瓷及氧化铍陶瓷等）两大类。普通陶瓷是以天然硅酸盐矿物（粘土、石英、长石等）为原料，经粉碎、压制成型和高温烧结而成，主要用于日用品、建筑和卫生用品，以及工业上的低压和高压瓷瓶、耐酸、过滤制品等。特种陶瓷是以人工制造的纯度较高的金属氧化物、碳化物、氮化物、硅酸盐等化合物为原料，经配制、烧结而成，这类陶瓷具有独特的力学、物理、化学等性能，能满足工程技术的特殊要求，主要用于化工、冶金、机械、电子、能源和一些新技术中。陶瓷的优点是：硬度极高，抗压强度高，耐磨性、耐蚀性好，耐高温和抗氧化能力强等。但缺点也较明显，如质脆易碎，延展性差，抗急冷急热性差等。

为了提高陶瓷强度，改善脆性，目前常采用如下的措施：

（1）制造微晶、高密度、高纯度的陶瓷，提高陶瓷中晶体的完整性；

（2）在陶瓷制品表面制造一层残余应力，以抵消部分外加拉力，减小应力峰值；

（3）用碳纤维、石墨纤维等复合强化陶瓷材料。

3.4.3 复合材料

复合材料是由两种或两种以上物理、化学性质不同的物质，经人工合成的多相固体材料。复合材料既保持了各组成材料的最佳性能特点，又具有组合后新的特性，这是单一材料所无法比拟的。

1. 复合材料的性能特点

（1）比强度和比模量高。比强度、比模量分别是指材料的抗拉强度σ_b和弹性模量E与相对密度之比。复合材料的比强度、比模量比其他材料要高得多。

（2）抗疲劳性能好。复合材料中基体和增强纤维间的接口能够有效的阻止疲劳裂纹扩展。当裂纹从基体的薄弱环节处产生开扩展到结合面时，受阻而停止，所以复合材料的疲劳强度比较高。

（3）减振性。纤维增强复合材料比模量高，自振频率也高，在一般情况下，不会发生因共振而脆断现象。此外，纤维与基体的按口具有吸振能力，所以具有很高的阻尼作用。

除了上述几种特性外，复合材料还具有较高的耐热性和断裂安全性，良好的自润滑和耐磨性等。但复合材料伸长率小，抗冲击性差，横向强度较低，成本较高。

2. 复合材料的分类

复合材料按照增强相的性质和形态可分为纤维增强复合材料、层状复合材料和颗粒复合材料三类。

（1）纤维增强复合材料。玻璃纤维增强复合材料是以玻璃纤维及制品为增强剂，以树脂为粘结剂而制成的，俗称玻璃钢。

以尼龙、聚烯烃类、聚苯乙烯类等热塑性树脂为粘结剂制成热塑性玻璃钢，具有较高的力学、介电、耐热和抗老化性能，工艺性能也好。与基体材料相比，强度和疲劳性能可提高 2～3 倍以上，冲击韧度提高 1～4 倍。可制造轴承、齿轮、仪表盘、壳体、叶片等零件。

以环氧树脂、酚醛树脂、有机硅树脂、聚酯树脂等热固性树脂为粘结剂制成的热固性玻璃钢，具有密度小，强度高，介电性和耐蚀性好及成形工艺简单的优点。可制造车身、船体、直升飞机旋翼等。

碳纤维增强复合材料是以碳纤维或其织物为增强剂，以树脂、金属、陶瓷等粘结剂而制成的。目前有碳纤维树脂、碳纤维碳、碳纤维金属、碳纤维陶瓷复合材料等。其中，以碳纤维树脂复合材料应用最为广泛。

碳纤维树脂复合材料中采用的树脂有环氧树脂、酚醛树脂、聚四乙烯树脂等。与玻璃钢相比，其强度和弹性模量高，密度小，以及较高的冲击韧度、疲劳强度和优良的减震性、耐磨性、导热性、耐蚀性和耐热性等。目前广泛用于制造要求比强度、比模量高的飞行器结构件，如导弹的鼻锥体、火箭喷嘴、喷气发动机叶片等。还可制造重型机械的轴瓦、齿轮、化工设备的耐蚀件等。

（2）层状复合材料。层状复合材料是由两层或两层以上的不同材料结合而成的，其目的是为了将组分层材料的最佳性能组合起来，以得到更为有用的材料。

这类复合材料的典型代表是 SF 型三层复合材料，它是以钢为基体，烧结铜网或铜球为中间层，塑料为表面层的一种自润滑材料，它的物理、力学性能主要取决于基体，而摩擦、磨损性能取决于表面塑料层。常用于表面层的塑料为聚四氟乙烯（如 SF—1 型）和聚甲醛（如 SF—2 型）。这种复合材料适用于制作高应力（140MPa）、高温（270℃）及低温（−195℃）和无油润滑或少油润滑的各种机械、车辆的轴承等。

（3）颗粒复合材料。颗粒复合材料是一种或多种颗粒均匀分布在基体材料内而制成的。颗粒起增强作用，常用的颗粒复合材料有两类：一类是颗粒与树脂复合，如塑料中加颗粒状填料，橡胶用碳黑增强等；另一类是陶瓷粒与金属复合，典型的有金属陶瓷颗粒复合材料。

【应用训练】

汽车启动继电器的选材

1. 用途及性能要求

继电器簧片是一种片簧，其外形如图 3.4 所示，其作用是使两电触点接触时，产生一定大小的力，以保证触头紧密接触良好导电。簧片材料要有好的弹性、导电性和耐腐蚀性。簧片所受弯曲应力很小。

2. 选材

黄铜（H70）、锡青铜（QSn6.5-0.1）、白铜（B19）黄铜的导电性好，抗疲劳性能高，弹性一般，价格较低。

锡青铜的导电性稍低，但抗疲劳性能高，弹性好，价格稍高。白铜的导电性好，抗腐蚀性高，弹性好，价格较贵。

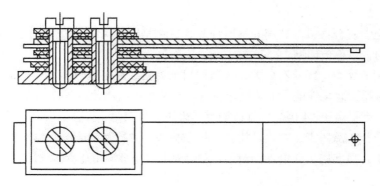

图 3.4　继电器簧片

【课后练习】

1. 高分子材料的性能与钢相比有什么特点？
2. 陶瓷材料的突出优点是什么？
3. 试为下列零件选择合适的材料：

机械式计数齿轮，热电偶套管，内燃机火花塞，汽车仪表盘，电视机壳。

第四单元

铸造成形及工艺基础

任务一　铸造成形实质与成形工艺基础

【任务描述】

正确认识铸造成形的特点及铸造成形的工艺特性。

【学习目标】

了解铸造成形的工艺性能。

【相关知识】

铸造在工业生产中应用广泛，铸件所占的比重较大。

4.1.1　铸造成形的实质

将熔化的金属或合金浇注到铸型中，经冷却凝固后获得一定形状和性能的零件或毛坯的成形方法称为铸造。铸造在工业生产中得到广泛应用，铸件所占的比重相当大，如机床、内燃机中，铸件占总重量的 70%～90%，拖拉机和农用机械中占 50%～70%。

4.1.2　铸造成形的主要特点及应用

1. 成形方便、适应性强

原则上讲，铸造成形方法对工件的尺寸形状没有限制。只要使金属材料熔化，并且制造出铸型，就能生产出各种各样的铸件。因此，形状复杂的以及大型构件，一般都可采用铸造方法成形。目前采用铸造方法可以生产出质量从几克到三百多吨、长度从几厘米到二十多米、厚度从 0.5mm～500mm 的各种铸件。如汽缸体、活塞、机床床身等。

2. 生产成本较低

铸造所用的原材料大多来源广泛、价格低廉，而且可以直接利用报废的机件、废钢和切屑；铸件的形状和尺寸与零件很接近，因而节省了金属材料和加工工时。精密铸件可省去切削加工，直接用于装配。

3. 铸造生产的缺点

铸件组织粗大，内部常出现缩孔、缩松、气孔、砂眼等缺陷，其力学性能不如同类材料的锻件高，使得铸件要做得相对笨重些，从而增加机器的重量；铸件表面粗糙，尺寸精度不高；工人劳动强度大，劳动条件较差。砂型铸造生产工序较多，有些工艺过程难以控制，铸件质量不够稳定，废品率较高。

近年来，由于精密铸造和新工艺、新设备的迅速发展，铸件质量有了很大的提高。

4.1.3 铸造成形工艺基础

合金在铸造过程中所表现出来的工艺性能，称为合金的铸造性能，合金的铸造性能主要是指流动性、收缩性、偏析和吸气性等。铸件的质量与合金的铸造性能密切相关，其中流动性和收缩性对铸件的质量影响最大。

1. 合金的流动性和充型能力

（1）流动性的概念。液态金属的流动能力称为流动性。它与金属的成分、温度、杂质含量及物理性质有关。在实际生产中，流动性是熔融合金充满铸型的能力，它对铸件质量有很大的影响。流动性好的合金，充型能力强，易获得形状完整、尺寸准确、轮廓清晰、壁薄和形状复杂的铸件；有利于液态合金中非金属夹杂物和气体的上浮与排除；有利于合金凝固收缩时的补缩作用。若流动性不好，充型能力就差，铸件就容易产生浇不到、冷隔、夹渣、气孔和缩松等缺陷；在铸件设计和制定铸造工艺时，必须考虑合金的流动性。

（2）影响流动性的因素。影响流动性的因素主要有合金种类、成分、结晶特征和其他物理性能。

① 不同的铸造合金具有不同的流动性。灰铸铁流动性最好，硅黄铜、铝硅合金次之，而铸钢的流动性最差。

② 同种合金中，成份不同的合金具有不同的结晶特点，流动性也不同。例如纯金属和共晶成分合金结晶是在恒温下进行，结晶过程是从表面开始向中心逐层推进。由于凝固层的内表面比较平滑，对尚未凝固的液态合金流动阻力小，有利于合金充填型腔，所以流动性好。其他成分合金的结晶是在一定温度范围内进行，即结晶区域为一个液相和固相并存的两相区。在此区域初生的树枝状枝晶使凝固层内表面参差不齐，阻碍液态合金的流动。合金结晶温度范围愈宽，液相线和固相线距离愈大，凝固层内表面愈参差不齐，这样流动阻力愈大，流动性愈差。

此外，合金液的粘度、结晶潜热、热导率等物理性能也对流动性有影响。

（3）合金的充型能力。合金的充型能力是指液态合金充满铸型型腔，获得形状完整、轮廓清晰铸件的能力。若充型能力不足，易产生浇不到、冷隔等缺陷，造成废品。

（4）影响充型能力的因素。合金的流动性对充型能力的影响最大，此外，铸型和工艺条件也会改变合金的充型能力。

① 铸型的影响　液态合金充型时，铸型的阻力将会阻碍合金液的流动，而铸型与合金液之间的热交换又将影响合金保持流动的时间。

a. 铸型的蓄热能力，即铸型从金属液中吸收和储存热量的能力。铸型的热导率和质量热容愈大，对液态合金的激冷作用愈强，合金的充型能力就愈差。如金属型铸造比砂型铸造容易产生浇不到等缺陷。

b. 铸型温度。提高铸型温度，减少铸型和金属液之间的温差，减缓冷却速度，可提高合金液的充型能力。

c. 铸型中的气体。在金属液的热作用下，型腔中的气体膨胀，型砂中的水分汽化，有机物燃烧，都将增加型腔内的压力，如果铸型的透气性差，将阻碍金属液的充填，导致充型能力下降。

② 浇注条件的影响　浇注条件主要是指浇注温度和充型压力。

a. 浇注温度对合金的充型能力有着决定性的影响。在一定范围内，随着浇注温度的提高，合金液的粘度下降，且在铸型中保持流动的时间增长，充型能力增加。因此，对薄壁铸件或流动性较差的合金，为防止产生浇不到和冷隔等缺陷，可适当提高浇注温度。但浇注温度过高，液态合金的收缩增大，吸气量增加，氧化严重，容易导致产生缩孔、缩松、气孔、粘砂、粗晶等缺陷，故在保证充型能力足够的前提下，尽量降低浇注温度。通常，灰铸铁的浇注温度为1230℃～1380℃，铸钢为1520℃～1620℃，铝合金为680℃～780℃。复杂薄壁铸件取上限，厚大件取下限。

b. 充型压力。液态合金在流动方向上所受的压力愈大，其充型能力愈好。砂型铸造时，充型压力是由直浇道所产生的静压力取得的，故增加直浇道的高度可有效地提高充型能力。特种铸造中（压力铸造、低压铸造和离心铸造等），是用人为加压的方法使充型压力增大，充型能力提高。

此外，铸件结构对充型能力也有影响。铸件壁厚过小，壁厚急剧变化，结构复杂，有大的水平面时，都将会影响合金的充型能力。

2. 合金的收缩

（1）合金收缩过程的三个阶段。液态金属在冷却凝固过程中，体积和尺寸减小的现象称为收缩。收缩是铸造合金本身的物理性质，是铸件中许多缺陷（如缩孔、缩松、裂纹、变形、残余内应力等）产生的基本原因。整个收缩过程，可分为以下三个互相联系的阶段。

① 液态收缩　是指合金液从浇注温度冷却到凝固开始温度之间的体积收缩，此时的收缩表现为型腔内液面的降低。合金液体的过热度越大，则液态收缩也越大。

② 凝固收缩　是指合金从凝固开始温度冷却到凝固终止温度之间的体积收缩，在一般情况下，这个阶段仍表现为型腔内液面降低。

③ 固态收缩，是指合金从凝固终止温度冷却到室温之间的体积收缩。固态体积收缩表现为三个方向线尺寸的缩小，即三个方向的线收缩。

液态收缩和凝固收缩是铸件产生缩孔和缩松的主要原因，固态收缩是铸件产生内应力、变形和裂纹等缺陷的主要原因。

（2）影响合金收缩的因素。影响合金收缩的因素主要有合金的化学成分、铸件结构与铸型条件、浇注温度等。

① 不同种类的合金，其收缩率不同。在常用的铸造合金中铸钢的收缩率最大，灰铸铁的最小。

② 由于铸件在铸型中各部分冷却速度不同，彼此相互制约，对其收缩产生阻力。又因铸型和型芯对铸件收缩产生机械阻力，因而其实际线收缩率比自由线收缩率小。所以在设计模样时，必须根据合金的种类，铸件的形状、尺寸等因素，选择适宜的收缩率。

③ 浇注温度愈高，液态收缩愈大。一般情况下浇注温度每提高100℃，体积收缩将会增加1.6%左右。

（3）缩孔和缩松的形成及防止。

① 缩孔与缩松的形成。缩孔是指铸件在凝固过程中，由于补缩不良产生的孔洞。缩孔的形状极不规则，孔粗糙并带有枝状晶，常出现在铸件最后凝固的部位。缩松是指铸件断面上出现的分散而细小的缩孔，有时借助放大镜才能发现。铸件有缩松的部位，在气密性试验时可能渗漏。

缩孔的形成过程如图4.1所示。合金液充满铸型后，由于散热开始冷却，并产生液态收缩。在浇注系统尚未凝固期间，所减少的合金液可从浇口得到补充，液面不下降仍保持充满状态，如图4.1（a）所示。随着热量不断散失，合金温度不断降低，靠近型腔表面的合金液很快就降低到凝固温度，凝固成一层硬壳。如内浇道已凝固，则形成的硬壳就像一个密封容器，内部包住了合金液，如图4.1（b）所示。温度继续降低，铸件除产生液态收缩和凝固收缩外，还有先凝固的外壳产生的固态收缩。由于硬壳内合金液的液态收缩和凝固收缩大于硬壳的固态收缩，故液面下降并与硬壳顶面脱离，产生了间隙，如图4.1（c）所示。温度继续下降，外壳继续加厚，液面不断下降，待内部完全凝固，则在铸件上部形成了缩孔，如图4.1（d）所示。已经形成缩孔的铸件自凝固终止温度冷却到室温，因固态收缩，其外廓尺寸略有减少，如图4.1（e）所示。

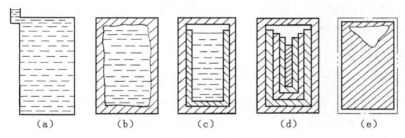

图4.1　铸件缩孔形成过程示意图

缩松的形成过程如图4.2所示。图4.2（a）所示为合金液浇注后的某一时刻，因合金的结晶温度范围较宽，铸件截面上有三个区域。图4.2（b）所示为铸件中心部分液态区已不存在，而成为液态和固态共存的凝固区，其凝固层内表面参差不齐，呈锯齿状，剩余的液体被凹凸不平的凝固层内表面，分割成许多残余液相的小区。这些小液相区彼此间的通道变窄，增大了合金液的流动阻力，加之铸型的冷却作用变弱，促使其余合金液温度趋于一致而同时凝固。凝固中金属体积减少又得不到液态金属的补充时，就形成了缩松，图4.2（c）所示。这种缩松常出现在缩孔的下方或铸件的轴线附近。一般用肉眼能观察出来，所以叫宏观缩松。

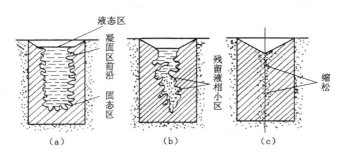

图 4.2 铸件缩松形成过程示意图

当合金液在很宽的结晶温度范围内结晶时，初生的树枝状枝晶很发达，以至于合金液被分隔成许多孤立的微小区域，若补缩不良，则在枝晶间或枝晶内形成缩松，这种缩松更为细小，要用显微镜才能看到，故称显微缩松。显微缩松在铸件中难以完全避免，它对一般铸件危害性较小，故不把它当作缺陷看待。但是，如铸件为防止在压力下发生泄漏要求有较高的致密性时，则应设法防止或减少显微缩松。

② 缩孔与缩松的防止。防止缩孔与缩松的主要措施是如下。

a. 合理选择铸造合金。生产中应尽量采用接近共晶成分或结晶范围窄的合金。

b. 合理选择凝固原则。铸件的凝固原则分为"定向凝固"和"同时凝固"两种。"定向凝固"就是使铸件按规定方向从一部分到另一部分逐步凝固的过程。经常是向着冒口方向凝固。即离冒口最远的部位先凝固，冒口本身最后凝固，按此原则进行凝固，就能保证各个部位的凝固收缩都能得到合金液的补充，从而可将缩孔转移到冒口中，获得完整而致密的铸件，一般收缩大或壁厚差较大的易产生缩孔的铸件，如铸钢、高强度铸铁和可锻铸铁等宜采用定向凝固的方法，如图 4-3 所示。铸件清理时将冒口切除后就可得到组织致密的铸件。

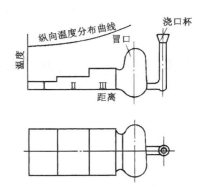

图 4.3 定向凝固示意图

c. 铸造内应力、变形与裂纹。铸件在凝固后继续冷却时，若在固态收缩阶段受到阻碍，则将产生内应力，此应力称为铸造内应力。它是铸件产生变形、裂纹等缺陷的主要原因。

（a）铸造内应力按其产生原因，可分为热应力、固态相变应力和收缩应力三种。热应力是指铸件各部分冷却速度不同，造成在同一时期内，铸件各部分收缩不一致而产生的应力；固态相变应力是指铸件由于固态相变，各部分体积发生不均衡变化而引起的应力；收缩应力是铸件在固态收缩时因受到铸型、型芯、浇冒口、箱挡等外力的阻碍而产生的应力。

减小和消除铸造内应力的方法有：采用同时凝固的原则，通过设置冷铁、布置浇口位置等工艺措施，使铸件各部分在凝固过程中温差尽可能小；提高铸型温度，使整个铸件缓冷，以减小铸型各部分温度差；改善铸型和型芯的退让性，避免铸件在凝固后的冷却过程中受到机械阻碍；进行去应力退火，是一种消除铸造内应力最彻底的方法。

（b）当铸件中存在内应力时，如内应力超过合金的屈服点，常使铸件产生变形。

为防止变形，在铸件设计时，应力求壁厚均匀、形状简单而对称。对于细而长、大而薄等易变形铸件，可将模样制成与铸件变形方向相反的形状，待铸件冷却后变形正好与相反的形状抵消（此方法称"反变形法"）。

（c）当铸件的内应力超过了合金的强度极限时，铸件便会产生裂纹。裂纹是铸件的严重缺陷。

防止裂纹的主要措施是：合理设计铸件结构；合理选用型砂和芯砂的粘结剂与添加剂，以改善其退让性；大的型芯可制成中空的或内部填以焦炭；严格限制钢和铸铁中硫的含量；选用收缩率小的合金等。

3. 合金的吸气性和氧化性

合金在熔炼和浇注时吸收气体的能力称为合金的吸气性。如果液态时吸收气体多，则在凝固时，侵入的气体若来不及逸出，就会使铸件出现气孔、白点等缺陷。

为了减少合金的吸气性，可缩短熔炼时间；选用烘干过的炉料；提高铸型和型芯的透气性；降低造型材料中的含水量和对铸型进行烘干等。

合金的氧化性是指合金液与空气接触，被空气中的氧气氧化，形成氧化物。氧化物若不及时清除，则在铸件中就会出现夹渣缺陷。

【课后练习】

1. 什么叫合金的流动性？影响流动性的因素有哪些？
2. 合金收缩过程有哪几个阶段？影响合金收缩的因素有哪些？
3. 简述缩孔和缩松的形成及防止措施。

任务二　砂型铸造

【任务描述】

正确认识砂型铸造成形方法及工艺过程。

【学习目标】

了解砂型铸造成形工艺过程。

【相关知识】

砂型铸造在实际工业生产中应用较广，各种砂型造型方法见表4.1。

4.2.1　砂型铸造

砂型铸造是实际生产中应用最广泛的一种铸造方法，主要工序为制造模样、制备造型材料、造型、造芯、合型、熔炼、浇注、落砂清理与检验等。

砂型铸造流程如图4.4所示。

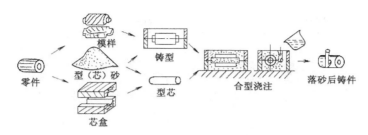

图 4.4 砂型铸造流程图

1. 制造模样

造型时需要模样和芯盒。模样是用来形成铸件外部轮廓的，芯盒是用来制造砂芯，形成铸件的内部轮廓的。制造模样和芯盒所用的材料，根据铸件大小和生产规模的大小而有所不同。产量少的一般用木材制作模样和芯盒。产量大的铸件，可用金属或塑料制作模样和芯盒。

在设计和制造模样与芯盒时，必须考虑下列问题。

（1）分型面的选择 分型面是指铸型组元间的接合表面，分型面选择要恰当。

（2）起模斜度的确定 一般木模斜度为 $1°\sim3°$，金属模斜度为 $0.5°\sim1°$。

（3）铸件收缩量的确定 考虑到铸件冷却凝固过程中体积要收缩，为了保证铸件的尺寸，模样的尺寸应比铸件的尺寸大一个收缩量。

（4）加工余量的确定 铸件上凡是需要机械加工的部分，都应在模样上增加加工余量，加工余量的大小与加工表面的精度、加工面尺寸、造型方法以及加工面在铸件中的位置有关。

（5）选择合适的铸造圆角 为了减少铸件出现裂纹的倾向，并为了造型、造芯方便，应将模样和芯盒的转角处都做成圆角。

（6）设置芯座头 当铸型有型芯时，为了能安放型芯，模样上要考虑设置芯座头。

2. 造型

造型是砂型铸造的最基本工序，通常分为手工造型和机器造型两种。

（1）手工造型。手工造型时，紧砂和起模两工序是用手工来进行的，手工造型操作灵活，适应性强，造型成本低，生产准备时间短。但铸件质量较差，生产率低，劳动强度大，对工人技术水平要求较高。因此，主要用于单件、小批量生产，特别是重型和形状复杂的铸件。在实际生产中，由于铸件的尺寸、形状、生产批量、铸件的使用要求，以及生产条件不同，应选择的手工造型方法也不同。各种手工造型方法的特点及适用范围见表 4.1。

表 4.1 各种手工造型方法的特点和应用

造 型 方 法		简 图	主 要 特 征	适 用 范 围
按砂型特征分	两箱造型		为造型最基本方法，铸型由成对的上型和下型构成，操作简单	适用于各种生产批量和各种大小的铸件
	三箱造型		铸型由上、中、下三型构成。中型高度须与铸件两个分型面的间距相适应。三箱造型操作费工，且需配有合适的砂箱	适用于具有两个分型面的单件、小批量生产的铸件

造型方法		简图	主要特征	适用范围
按砂型特征分	脱箱造型		采用活动砂箱来造型，在铸型合型后，将砂箱脱出，重新用于造型。金属浇注时为防止错箱，需用型砂将铸型周围填紧，也可在铸型上套箱	常用于生产小铸件，因砂箱无箱带，故砂箱一般小于400mm
	地坑造型		利用车间地面砂床作为铸型的下箱。大铸件需在砂床下面铺以焦炭，埋上出气孔，以便浇注时引气。地坑造型仅用或不用上箱即可造型，因而减少了造砂箱的费用和时间，但造型费工、生产率低，要求工人技术水平高	适用于砂箱不足，或生产批量不大、质量要求不高的中、大型铸件，如砂箱、压铁、炉栅、芯骨等
	组芯造型		用若干块砂芯组合成铸型，而无需砂箱，它可提高铸件的精度，成本高	适用于大批量生产形状复杂的铸件
按模样特征分	整模造型		模样是整体的，铸件分型面是平面，铸型型腔全部在半个铸型内，其造型简单，铸件不会产生错箱缺陷	适用于铸件最大截面在一端，且为平面的铸件
	挖砂造型		模样是整体的，但铸件分型面是曲面。为便于起模，造型时用手工挖去阻碍起模的型砂，其造型费工、生产率低，对工人技术水平要求高	用于分型面不是平面的单件、小批量生产铸件
	假箱造型		为克服挖砂造型的挖砂缺点，在造型前预先做个底胎（即假箱），然后在底胎上制下箱，因底胎不参与浇注，故称假箱，比挖砂造型操作简单，且分型面整齐	适用于成批生产中需要挖砂的铸件
按模样特征分	分模造型		将模样沿最大截面处分成两半，型腔位于上、下两个砂箱内，造型简单省工	适用于最大截面在中部的铸件
	活块造型		铸件上有妨碍起模的小凸台，肋条等。制模时将这些部分做成活动的（即活块）。起模时，先起出主体模样，然后再从侧面取出活块，其造型费工，且对工人技术水平要求高	主要用于单件、小批量生产带有突出部分、难以起模的铸件
	刮板造型		用刮板代替模样造型，它可降低模样成本，节约木材，缩短生产周期。但生产率低，对工人技术水平要求高	适用于有等截面或回转体的大、中型铸件的单件、小批量生产。如带轮

（2）机器造型。

① 机器造型按照不同的紧砂方式分为震实、压实、震压、抛砂、射砂造型等多种方法，其中以震压式造型和射砂造型应用最广。图 4.5 所示为震压式造型机工作原理。工作时打开砂斗门向砂箱中放型砂。压缩空气从震实进口进入震实活塞的下面，工作台上升过程中先关闭震实进气通路，然后打开震实排气口，于是工作台带着砂箱下落，与活塞的顶部产生了一次撞击。如此反复震击，可使型砂在惯性力作用下被初步紧实。为提高砂箱上层型砂的紧实度，在震实后还应使压缩空气从压实进气口进入压实气缸的底部，压实活塞带动工作台上升，在压头作用下，使型砂受到辅助压实。砂型紧实后，压缩空气推动压力油进入起模液压缸，四根起模顶杆将砂箱顶起，使砂型与模样分开，完成起模。

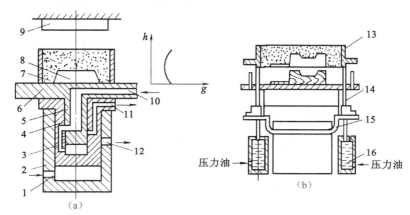

图 4.5　震压式造型机的工作过程

（a）震压式造型机　（b）顶杆式起模

1—压实进气口　2—压实汽缸　3—震实气路　4—压实活塞　5—震实活塞　6—工作台　7—砂箱
8—模样　9—压头　10—震实进气口　11—震实排气口　12—压实排气口　13—下箱
14—起模顶杆　15—同步连杆　16—起模液压缸　h—砂箱高度　g—型砂紧实度

图 4.6 所示为射砂造型原理图。它是利用压缩空气将型砂以很高的速度射入芯盒（或砂箱），从而得到预紧实，然后用压实法紧实，是一种快速高效的砂型造型法。

② 机器造型采用单面模样来造型，其特点是上、下型以各自的模板，分别在两台配对的造型机上造型，造好的上、下半型用箱锥定位而合型。对于小铸件生产，有时采用双面模样进行脱箱造型。双面模板把上、下两个模及浇注系统固定在同一模样的两侧，此时，上、下两型均在同一台造型机制出，铸型合型后将砂箱脱除（即脱箱造型），并在浇注前在铸型上加套箱，以防错箱。机器造型不能进行三箱造型，同时也应避免活块，因为取出活块时，使

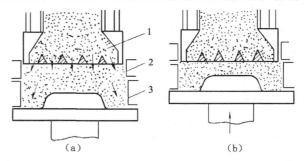

图 4.6　射砂造型原理

（a）射砂　（b）压实

1—射砂头　2—辅助框　3—砂箱

造型机的生产效率显著降低。因此，在设计大批量生产的铸件及其铸造工艺时，须考虑机器造型的这些工艺要求，并采取措施予以满足。

3. 造芯

造芯也可分为手工造芯和机器造芯。在大批量生产时采用机器造芯比较合理，但在一般情况下用得最多的还是手工造芯。手工造芯主要是用芯盒造芯。图 4.7 所示为芯盒造芯的示意图。

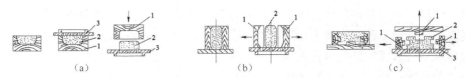

图 4.7　芯盒造芯示意图
（a）整体式芯盒造芯　　（b）对开式芯盒造芯　　（c）可拆式芯盒造芯
1—芯盒　2—砂芯　3—烘干板

为了提高砂芯的强度，造芯时在砂芯中放入铸铁芯骨（大芯）或铁丝制成的芯骨（小芯）。为了提高砂芯的透气能力，在砂芯里应作出通气孔。做通气孔的方法是：用通气针扎或埋蜡线形成复杂通气孔。

4. 浇注系统

浇注时，金属液流入铸型所经过的通道称浇注系统。浇注系统一般包括浇口盆、直浇道、横浇道和内浇道，如图 4.8 所示。

5. 砂型和砂芯的干燥及合箱

干燥砂型和砂芯的目的是为了增加砂型和砂芯强度、透气性、减少浇注时可能产生的气体。为提高生产率和降低成本，砂型只有在不干燥就不能保证铸件质量的时候，才进行烘干。将砂芯及上、下箱等装配在一起的操作过程称为合型。合型时，首先应检查砂型和砂芯是否完好、干净；然后将砂芯安装在芯座上；在确认砂芯位置正确后，盖上上箱，并将上、下箱扣紧或在上箱上压上压铁，以免浇注时出现抬箱、跑火、错型等问题。

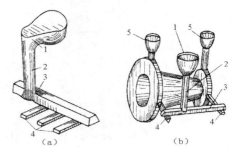

图 4.8　浇注系统图
（a）浇注系统　　（b）带有浇冒口的铸件
1—外浇口　2—直浇道　3—横浇道
4—内浇道　5—冒口

6. 浇注

将熔融金属从浇包注入铸型的操作过程称为浇注。在浇注过程中必须掌握以下两点：

（1）浇注温度的高低对铸件的质量影响很大。温度高时，液体金属的粘度下降、流动性提高，可以防止铸件产生浇不到、冷隔及某些气孔、夹渣等铸造缺陷。但温度过高将增加金属的总收缩量、吸气量和氧化现象，使铸件容易产生缩孔、缩松、粘砂和气孔等缺陷。因此在保证流动性足够的前提下，尽可能做到"高温出炉，低温浇注"。通常，灰铸铁的浇注温度为 1200℃～1380℃，碳素铸钢为 1500℃～1550℃。形状简单的铸件取较低的温度，形状复杂的或薄壁铸件则取较高的浇注温度。

（2）较快的浇注速度，可使金属液更好地充满铸型，铸件各部温差小，冷却均匀，不易产生氧化和吸气。但速度过快，会使铁液强烈冲刷铸型，容易产生冲砂缺陷。实际生产中，薄壁铸件应采取快速浇注；厚壁铸件则应按慢-快-慢的原则浇注。

7. 铸件的落砂和清理

铸件的落砂和清理一般包括：落砂、去除浇冒口和表面清理。

（1）落砂。用手工或机械使铸件与型砂、砂箱分开的操作过程称为落砂。落砂时铸件的温度不得高于500℃，如果过早取出，则会产生表面硬化或发生变形、开裂等缺陷。

在大量生产中应尽量采用机械方法落砂，常用的方法是：震动落砂机落砂和水爆清砂。所谓水爆清砂就是将浇注后尚有余热的铸件，连同砂型砂芯投入水池中，当水进入砂中时，由于急剧气化和增压而发生爆炸，使砂型和砂芯震落，以达到清砂的目的。

（2）去除浇冒口。对脆性材料，可采用锤击的方法去除浇冒口。为防止损伤铸件，,可在浇冒口根部先锯槽然后击断。对于韧性材料，可用锯割、氧气切割和电弧切割的方法。

（3）表面清理。铸件由铸型取出后，还需进一步清理表面的粘砂。手工清除时一般用钢刷和扁铲，这种方法劳动强度大，生产率低，且妨害健康。因此现代化生产主要是用震动机和喷砂喷丸设备来清理表面。所谓喷砂和喷丸就是用砂子或铁丸，在压缩空气作用下，通过喷嘴喷射到被清理工件的表面进行清理的方法。

8. 铸件检验及铸件常见缺陷

铸件清理后应进行质量检验，根据产品要求的不同，检验的项目主要有：外观、尺寸、金相组织、力学性能、化学成分和内部缺陷等。其中最基本的是外观检验和内部缺陷检验。

铸件常见缺陷的特征及其产生原因见表4.2。

表4.2　　　　　　　　　　几种常见铸件缺陷的特征及产生原因分析

类型	名称	特　征	示　意　图	主要原因分析
砂眼	砂眼	铸件内部或表面有充满砂粒的孔眼，孔形不规则		1. 型砂强度不够或局部没舂紧，掉砂 2. 型腔、浇口内散砂未吹净 3. 合箱时砂型局部挤坏，掉砂 4. 浇注系统不合理，冲坏砂型（芯）
	渣眼	孔眼内充满熔渣，孔形不规则		1. 浇注温度太低，熔渣不易上浮 2. 浇注时没有挡住熔渣 3. 浇注系统不正确，撇渣作用差
	缩孔	铸件厚截面处出现形状不规则的孔眼，孔的内壁粗糙		1. 冒口设置得不正确 2. 合金成分不合格，收缩过大 3. 浇注温度过高 4. 铸件设计不合理，无法进行补缩
	气孔	铸件内部或表面有大小不等的孔眼，孔的内壁光滑，多呈圆形		1. 砂型舂得太紧或型砂透气性太差 2. 型砂太湿，起模、修型时刷水过多 3. 砂芯通气孔堵塞或砂芯未烘干

续表

类型	名称	特 征	示 意 图	主要原因分析
表面缺陷	粘砂	铸件表面粘着一层难以除掉的砂粒,使表面粗糙		1. 未刷涂料或涂料太薄 2. 浇注温度过高 3. 型砂耐火性不够
	夹砂	铸件表面有一层突起的金属片状物,在金属片和铸件之间夹有一层湿砂	金属片状物	1. 型砂受热膨胀,表层鼓起或外裂 2. 型砂湿态强度太低 3. 内浇口过于集中,使局部砂型烘烤厉害 4. 浇注温度过高,浇注速度太慢
	冷隔	铸件上有未完全融合的缝隙,接头处边缘圆滑		1. 浇注温度过低 2. 浇注时断流或浇注速度太慢 3. 浇口位置不当或浇口太小
形状尺寸不合格	错箱	铸件在分型面处错开		1. 合型时上下箱未对准 2. 定位销火泥号标准线不准 3. 造芯时上下模样未对准
	偏芯	铸件局部形状和尺寸由于砂芯位置偏移而变动		1. 砂芯变形 2. 下芯时放偏 3. 砂芯未固定好,浇注时被冲偏
	浇不到	铸件未浇满,形状不完整		1. 浇注温度太低 2. 浇注时液态金属量不够 3. 浇口太小或未开出气口
裂纹	热裂	铸件开裂,裂纹处表面氧化,呈蓝色	裂纹	1. 铸件设计不合理,壁厚差别太大 2. 砂型(芯)退让性差,阻碍铸件收缩 3. 浇注系统开设不当,使铸件各部分冷却及收缩不均匀,造成过大的内应力
	冷裂	裂纹处表面未氧化,发亮		
其他		铸件的化学成分、组织和性能不合格		1. 炉料成分、质量不符合要求 2. 熔炼时配料不准或操作不当 3. 热处理不按照规范操作

9. 铸件的修补

当铸件的缺陷经修补后能达到技术要求,可作合格品使用时,可对铸件进行修补。铸件的修补方法如下。

（1）气焊和电焊修补。常用于修补裂纹、气孔、缩孔、冷隔、砂眼等。焊补的部位可达到与铸件本体相近的力学性能，可承受较大载荷。为确保焊补质量，焊补前应将缺陷处粘砂、氧化皮等夹杂物除净，开出坡口并使其露出新的金属光泽，以防未焊透、夹渣等。密集的缺陷应将整个缺陷区铲除，砂轮打磨，火焰或碳弧切割等。

（2）金属喷镀。在缺陷处喷镀一层金属。先进的等离子喷镀效果好。

（3）浸渍法。此法用于承受气压不高，渗漏又不严重的铸件。方法是：将稀释后的酚醛清漆、水玻璃压入铸件隙缝，或将硫酸铜或氯化铁和氨的水溶液压入黑色金属空隙，硬化后即可将空隙填塞堵死。

（4）填腻修补。用腻子填入孔洞类缺陷。但只用于装饰，不能改变铸件的质量。腻子用铁粉 5%+水玻璃 20%+水泥 5%。

（5）金属液熔补。大型铸件上有浇不到等尺寸缺陷或损伤较大的缺陷，修补时可将缺陷处铲除，造型，然后浇入高温金属液将缺陷处填满。此法适用于青铜、铸钢件修补。

【课后练习】

1. 砂型铸造的主要工序有哪些？
2. 在设计和制造模样与芯盒时，必须考虑哪些问题？
3. 砂型铸造时须确定哪些主要工艺参数？

任务三　特种铸造

【任务描述】

正确认识特种铸造的类型及工艺过程。

【学习目标】

了解特种铸造成形工艺过程。

【相关知识】

特种铸造是指与砂型铸造不同的其他铸造方法。常用的有：金属型铸造、熔模铸造、离心铸造、压力铸造和低压铸造。

4.3.1　金属型铸造

将液体金属浇入到用金属材料制成的铸型中，以获得铸件的方法，称为金属型铸造。

（1）金属型铸造的工艺特点。为适应各种铸件的结构，金属型根据分型面的位置不同可分为水平分型式、垂直分型式和复合分型式。如图 4.9 所示。由于金属型导热快，没有退让性，所以铸件易产生冷隔、浇不到、裂纹等缺陷，灰铸铁件常产生白口组织，因此，为了获得优质铸件，必须严格控制工艺。几种常见的铸件缺陷的特征及产生原因分析见表 4.2。

① 保持铸型合理的工作温度，其目的是减缓铸型对金属的激冷作用，减少铸件缺陷，延长铸型寿命。铸铁件为 250℃～350℃，非铁合金为 100℃～250℃。

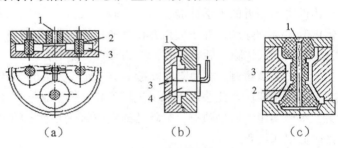

图 4.9 金属型的类型

（a）水平分型   （b）垂直分型   （c）复合分型

1—浇口   2—砂芯   3—型腔   4—金属芯

② 控制开型时间，铸件宜早些从铸型中取出，以防产生裂纹、白口组织和造成铸件取出困难。

③ 喷刷涂料，为减缓铸件的冷却速度及防止高温金属液对型壁的直接冲刷，型腔表面和浇冒口中要涂以厚度为 0.2～1.0mm 的耐火涂料，以使金属和型腔隔开。

④ 为防止铸铁产生白口组织，其壁厚不易过薄（一般大于 15mm），并控制铁液中的 ω_c，ω_{Si} 不高于 6%。采用孕育处理的铁液来浇注，对预防产生白口非常有效，对已产生的白口组织，应利用出型时的余热及时进行退火处理。

（2）金属型铸造的特点及应用范围。与砂型铸造相比，金属型铸造有以下主要优点。

① 实现"一型多铸"，不仅节约了工时，提高了生产率，而且还可节省大量的造型材料，同时便于实现机械化。

② 铸件尺寸精度高，表面质量好。金属型内腔表面光洁、尺寸稳定。

③ 铸件机械性能高。由于金属型铸造的铸件冷却速度快，铸件的晶粒细密，从而提高了机械性能。

金属型铸造的缺点是制造金属型的成本高，周期长，不适于小批量生产。

金属型铸造主要适用于大批量生产形状不太复杂、壁厚较均匀的有色金属铸件，如发动机中的铝活塞、气缸盖、油泵壳体等。

4.3.2 熔模铸造

熔模铸造是用易熔材料（如蜡料）制成模样，然后在表面涂覆多层耐火材料，待硬化干燥后，将蜡模熔去，而获得具有与蜡模形状相应空腔的型壳，再经焙烧后进行浇注而获得铸件的一种方法。

（1）熔模铸造的工艺过程。熔模铸造的工艺过程如图 4.10 所示。

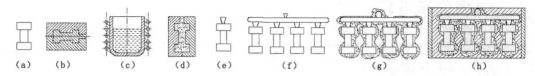

图 4.10 熔模铸造工艺过程

（a）母模   （b）压型   （c）熔模   （d）制造蜡模   （e）蜡模

（f）蜡模组   （g）结壳、熔化蜡模   （h）造型、浇注

① 母模。是铸件的基本模样，材料为钢或铜，用它制造压型。

② 压型。是用来制造蜡模的特殊铸型。为保证蜡模质量，压型必须有很高的精度和低粗糙度。当铸件精度高或大批量生产时，压型常用钢或铝合金加工而成；小批量时，可采用易熔合

金（Sn、Pb、Bi 等组成的合金）、塑料或石膏直接向模样（母模）上浇注而成。

③ 制造蜡模。制造蜡模的材料有石蜡、蜂蜡、硬脂酸和松香等，常用 50%石蜡硬脂酸的混合料。蜡模压制时，将蜡料加热至糊状后，在 2at～3at 下，将蜡料压入到压型中，待蜡料冷却凝固后可从压型中取出，然后修分型面上的毛刺，即可得到单个蜡模。为了一次能铸出多个铸件，还需将单个蜡模粘焊在预制的蜡质浇口棒上，制成蜡模组。

④ 结壳、熔化蜡模。结壳是在蜡模上涂挂耐火涂料层，制成具有一定强度的耐火型壳的过程。首先用粘结剂（水玻璃）和石英粉配成涂料，将蜡模组浸挂涂料后，在其表面撒上一层硅砂，然后放入硬化剂（氯化铵溶液）中，利用化学反应产生的硅酸溶胶将砂粒粘牢并硬化。如此反复涂挂 4～8 层，直到型壳厚度达到 5～10mm。型壳制好后，便可熔化蜡模。将其浸泡到90℃～95℃的热水中，蜡模熔化而流出，就可得到一个中空的型壳。

⑤ 焙烧。为了进一步排除型壳内的残余挥发物，蒸发其中的水分，提高型壳强度，防止浇注时型壳变形或破裂，可将型壳放在铁箱中，周围用干砂填紧，将装着型壳的铁箱在 900℃～950℃下焙烧。

⑥ 浇注。为了提高金属液的充型能力，防止产生浇不到、冷隔等缺陷，焙烧后立即进行浇注。

⑦ 铸件清理及热处理。待铸件冷却凝固后，将型壳打碎取出铸件，切除浇口，清理毛刺。对于铸钢件，还需进行退火或正火处理。

（2）熔模铸造的特点及适用范围。熔模铸造的特点是铸件的精度及表面质量高，减少了切削加工工作量，实现了少、无切削加工，节约了金属材料；能铸各种合金铸件，尤其是铸造那些熔点高、难切削加工和用别的加工方法难以成型的合金，如耐热合金、磁钢等，以及生产形状复杂的薄壁铸件；可单件也可大批量生产。但是熔模铸造生产工序繁多，生产周期长，工艺过程复杂，影响铸件质量的因素多，必须严格控制才能稳定生产。

熔模铸造主要用于生产汽轮机、涡轮机的叶片或叶轮，切削刀具，以及飞机、汽车、拖拉机、风动工具和机床上的小型零件。

4.3.3 离心铸造

离心铸造是将液体金属浇入旋转的铸型中，使之在离心力的作用下，完成充填铸型和凝固成型的一种铸造方法。根据旋转空间位置不同，离心铸造机可分为立式和卧式两类，如图 4.11和图 4.12 所示。

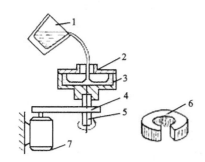 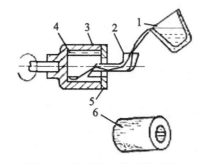

图 4.11　立式离心铸造示意图　　　　图 4.12　卧式离心铸造示意图

1—浇包　2—铸型　3—液态金属　4—带轮和带　　1—浇包　2—浇注槽　3—铸型　4—液态金属

5—旋转轴　7—铸件　8—电动机　　　　　　5—端盖　6—铸件

立式离心铸造机的铸型是绕垂直轴旋转的，铸件的自由表面（内表面）是抛物线形，因此它主要用于生产高度小于直径的圆环类铸件。卧式离心铸造机的铸型是绕水平轴旋转的，它主要用于生产长度大于直径的套筒类或圆环类铸件。

离心铸造的特点及应用范围　由于铸件结晶过程是在离心力作用下进行的，因此金属中的气体、熔渣等夹杂物由于密度较小而集中在铸件内表层，金属的结晶则从外向内呈方向性结晶（即定向凝固），因而铸件表层结晶细密，无缩孔、缩松、气孔、夹渣等缺陷，力学性能良好。离心铸造法铸造空心圆筒形铸件时可以省去型芯和浇注系统，这比砂型铸造节省工时。离心铸造还便于铸造"双金属"铸件，如钢套镶铜轴承等，其结合面牢固，耐磨，又节约金属材料。

离心铸造的不足之处在于：铸件的内孔不够准确，内表面质量较差，但这并不妨碍一般管道的使用要求，对于内孔需要加工的机器零件，则可采用加大内孔加工余量的方法来解决。

4.3.4　压力铸造

压力铸造是使液体或半液体金属在高压的作用下，以极高的速度充填压型，并在压力作用下凝固而获得铸件的一种方法。

（1）压铸机。压铸机是压铸生产最基本的设备。一般分为热压室和冷压室压铸机两大类。热压室压铸机的压室和坩埚联成一体，而冷压室压铸机的压室是与保温坩埚炉分开的。图4.13所示为热压室压铸机工作过程示意图。当压射冲头3上升时，液体金属1通过进口5进入压室4中，随后压射冲头下压，液体金属沿着通道口6经喷嘴7充入室中，然后打开压型8取出铸件。这样，就完成一个压铸循环。

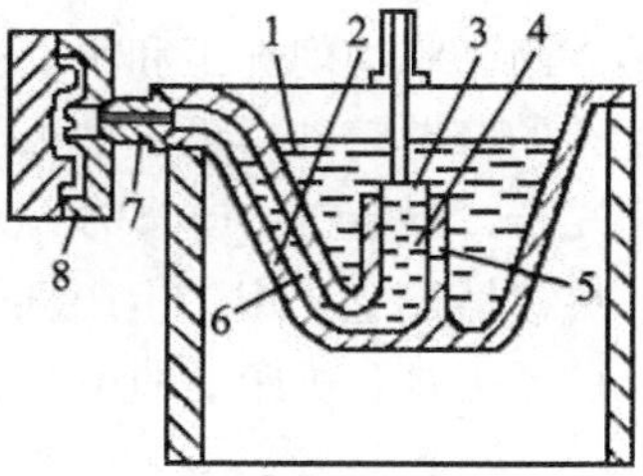

图4.13　热压室压铸机

1—液体金属　2—坩埚　3—压射冲头
4—压室　5—进口　6—通道
7—喷嘴　8—压型

（2）压力铸造的特点及应用范围。压力铸造的特点是能得到致密的细晶粒铸件，其强度比砂型铸造提高25%～30%；铸件质量高，可不经切削加工直接使用；可以压铸形状复杂的薄壁铸件；生产效率高，是所有铸造方法中生产率最高的。

由于压铸设备和压铸费用高，压铸型制造周期长，故只适用于大批量生产；另外，铁合金熔点高，压型使用寿命短，故目前铁合金压铸难以用于实际生产。用压铸法生产的零件有发动机缸体、汽缸盖、变速箱箱体、发动机罩、仪表和照相机的壳体及管接头、齿轮等。

4.3.5　低压铸造

低压铸造是液体金属在压力的作用下，完成充型及凝固过程而获得铸件的一种铸造方法。铸造压力一般为20kPa～60kPa，故称为低压铸造。

（1）低压铸造的工艺过程。低压铸造的基本原理，如图4.14所示。向储存金属液的密封坩埚中通入干燥的压缩气体，使金属液通过升液管自下而上进入型腔内，并保持一定压力，直到型腔内金属完全凝固，然后及时放掉坩埚内的气体，使升液管和浇口中尚未凝固的金属液流回坩埚中。最后打开铸型取出铸件。

（2）低压铸造的特点和应用范围　低压铸造有以下特点。

① 低压铸造设备简单，便于操作，容易实现机械化和自动化。

② 具有较强的适应性，适用于金属型、砂型、熔模型等多种铸型。

③ 液体金属自下而上平稳地充填铸型，型腔中液流的方向与气体排出的方向一致，因而避免了液体金属对型壁和型芯的冲刷作用，以及卷入气体和氧化夹杂物，从而防止了铸件产生气孔和非金属夹杂物等缺陷。

④ 由于提高了充型能力，有利于形成轮廓清晰、表面光洁的铸件，这对于大型薄壁铸件尤为有利。

⑤ 由于省去了补缩冒口，使金属的利用率提高到 90%～98%。

低压铸造目前主要用于生产铝、镁合金铸件，如汽缸体、缸盖及活塞等形状复杂、要求高的铸件。

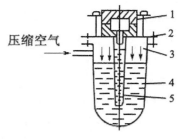

图 4.14　低压铸造

1—铸型　2—密封盖　3—坩埚
4—金属液　5—升液管

【课后练习】

1. 金属型铸造的特点及应用范围如何？
2. 熔模铸造的特点及应用范围如何？
3. 铸件常见缺陷有哪些？如何防止？
4. 铸件的修补方法有有哪些？

任务四　铸造成形工艺设计及铸件结构工艺性

【任务描述】

正确认识铸造成形工艺设计及零件结构工艺性。

【学习目标】

了解铸造成形工艺设计过程。

4.4.1　铸造成形工艺设计

铸件的工艺设计主要包括选择分型面、确定浇注位置、确定主要工艺参数和绘制铸造工艺图等。

1. 选择分型面

分型面的选择合理与否，对铸件质量及制模、造型、造芯、合型或清理等工序有很大影响。在选择铸型分型面时应考虑如下原则。

（1）便于起模。起模是指模样或模板与铸型分离以及芯与芯盒分离的操作。这是造型、造芯的关键工序。为了便于起模，分型面应选择在铸件最大截面处。

（2）简单、最少。选择平直的分型面使造型工艺简单。若只选择一个分型面，则可以采用简单的两箱造型方法。在大批量生产中，可增芯以减少分型面，采用机械造型。

（3）尽可能使铸件的全部或大部分置于同一砂型中。它有利于合型，又可防止错型，保证了铸件的质量。

（4）尽量使型腔及主要型芯位于下型，以便造型、下芯、合型和检验壁厚。但下型型腔也不宜过深，并应尽量避免使用吊芯。

（5）尽量减少型芯和活块的数量，以简化制模、造型、合型等工序。

2. 确定浇注位置

浇注位置是浇注时铸件相对铸型分型面所处的位置。分型面为水平、垂直或倾斜时分别称为水平浇注、垂直浇注和倾斜浇注。浇注位置是否正确对铸件质量有很大的影响，选择时应考虑以下原则。

（1）铸件的重要加工面或主要工作面应朝下。因为铸件的上表面容易产生砂眼、气孔、夹渣等缺陷，应将较大的平面朝下。例如车床床身，由于床身导轨面是关键表面，要求组织均匀致密和高硬度，不允许有任何缺陷，所以将导轨面朝下，如图 4.15 所示。

（2）铸件的宽大平面应朝下。型腔的上表面除了容易产生砂眼、气孔等缺陷外，还产生了夹砂缺陷。这是由于在浇注过程中，高温的金属液对型腔的上表面有强烈的热辐射，导致上表面型砂急剧膨胀和强度下降而拱起或开裂，使金属液进入表层裂缝中，形成夹砂缺陷，所以平板类、圆盘类铸件大平面朝下。

（3）铸件上薄壁而大的平面应朝下或垂直、倾斜，以防止产生冷隔或浇不到等缺陷，图 4.16 所示为箱盖的合理浇注位置。

（4）对于容易产生缩孔的铸件，应使铸件截面较厚的部分放在分型面附近的上部或侧面，以便在铸件厚壁处直接安装冒口，使之实现自上而下的定向凝固。如卷扬筒的浇注位置，如图 4.17 所示。

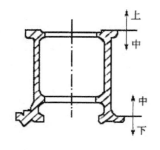

图 4.15　车床车身的浇注位置

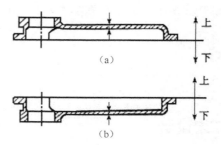

图 4.16　箱盖的浇注位置
（a）合理　　（b）不合理

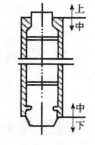

图 4.17　卷扬筒浇注位置

3. 确定主要工艺参数

（1）确定机械加工余量。在铸件加工表面留出的、准备切削的金属层厚度，称为机械加工余量；机械加工余量过大，浪费金属和机械加工工时，增加零件成本；过小，则不能完全去除铸件表面的缺陷，甚至露出铸件表皮，达不到设计要求。

机械加工余量的具体数值取决于铸件生产批量、合金的种类、铸件的大小、加工面与基准面的距离及加工面在浇注时的位置等。机器造型铸件精度高，余量小；手工造型误差大，余量应加大。灰铸铁表面平整，加工余量小；铸钢件表面粗糙，表面加工余量应加大。铸件的尺寸愈大或加工面与基准面的距离愈大，加工余量也应随着加大。灰铸铁的机械加工余量见表4.3。

表4.3　　　　　　　　　　　　　　灰铸铁的机械加工余量　　　　　　　　　　（单位：mm）

铸件最大尺寸	浇注时位置	加工面与基准面的距离					
		<50	50～120	120～160	260～500	500～800	800～1250
<120	顶面	3.5～4.5	4.0～4.5	—	—		
	底面、侧面	2.5～3.5	3.0～3.5	—	—		
120～260	顶面	4.0～5.0	4.5～5.0	5.0～5.5			
	底面、侧面	3.0～4.0	3.5～4.0	4.0～4.5			
260～500	顶面	4.5～6.0	5.0～6.0	6.0～7.0	6.5～7.0		
	底面、侧面	3.5～4.5	4.0～4.5	4.5～5.0	5.0～6.0		
500～800	顶面	5.0～7.0	6.0～7.0	6.5～7.0	7.0～8.0	7.5～9.0	
	底面、侧面	4.0～5.0	4.5～5.0	4.5～5.5	5.0～6.0	6.5～7.0	
800～1250	顶面	6.0～7.0	6.5～7.5	7.0～8.0	7.5～8.0	8.0～9.0	8.5～10
	底面、侧面	4.0～5.5	4.0～5.5	5.0～6.0	5.5～6.0	5.5～7.0	6.5～7.5

注：加工余量数值中下限用于大批量生产，上限用于单件小批量生产。

（2）确定铸件收缩率。由于合金凝固时产生收缩，铸件的实际尺寸要比模样的尺寸小，为确保铸件的尺寸，必须按合金收缩率放大模样的尺寸。合金的收缩中受多种因素的影响。一般考虑的是铸件的线收缩率。通常灰铸铁的线收缩率为0.7%～1.0%，铸钢为1.6%～2.0%，有色金属及其合金为1.0%～1.5%。

（3）确定起模斜度。为方便起模，在模样、芯盒的起模方向留有一定斜度，以免损坏砂型或砂芯，起模斜度的大小取决于立壁的高度、造型方法、模型材料等因素。对木模，起模斜度通常为15′～3°。一般来说，垂直壁越高，斜度越小；机器造型比手工造型的斜度要小一些；金属模比木模的斜度要小一些。

为了型砂能从模样内腔中脱出，形成自带"型芯"，模样内壁的起模斜度应比外壁大，通常为3°～10°。

（4）确定铸造圆角。设计铸造模样时，壁间连接或拐角处都要做成圆弧过渡，称为铸造圆角。一般中、小型铸件的铸造圆角半径为3～5mm。

（5）确定型芯头。它主要用于定位和固定砂芯，使砂芯在铸型中有准确的位置。芯头分为垂直芯头和水平芯头两类，如图4.18所示。垂直芯头一般都有上、下芯头，但短而粗的型

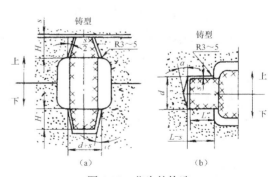

图4.18　芯头的构造
（a）垂直芯头　（b）水平芯头

芯也可以不留芯头。芯头高度 H 主要取决于芯头直径 d。为易于合型，上芯头的斜度大，高度 H 小。水平芯头的长度 L 主要取决于芯头的直径 d 和型芯的长度。为便于下芯和合型，铸型上的芯座端部也应有一定的斜度。

为便于铸型的装配，芯头、芯座之间应留有 1mm～4mm 的间隙。

（6）最小铸出孔及槽。零件上的孔、槽、台阶等，是否要铸出，应从工艺、质量及经济等方面全面考虑。一般来说，较大的孔、槽等应铸出，以便节约金属和加工工时，同时，还可避免铸件的局部过厚所造成的热节，提高铸件质量。若孔、槽尺寸较小而铸件壁较厚，则不易铸孔，直接依靠加工反而方便。有些特殊要求的孔，如弯曲孔，无法实现机械加工，则一定要铸出。可用钻头加工的受制孔最好不要铸，铸出后很难保证铸孔中心位置准确，再用钻头扩孔无法纠正中心位置。最小铸出孔的数值见表 4.4。

表 4.4　　　　　　　　　　　　铸铁件的最小铸出直径

生产批量	最小铸出孔直径（mm）	
	铸钢件	灰铸铁
单件、小批生产	50	30～50
成批生产	30～50	15～30
大量生产	—	12～15

4. 绘制铸造工艺图和铸件图

（1）绘制铸造工艺图。铸造工艺图是表示铸型分型面、浇注位置、型芯结构、浇注系统、控制凝固措施的图纸，是指导铸造生产的主要技术文件。分型线、加工余量、浇注系统都用红色表示。分型线用红色写出"上、下"字样；芯头边界用蓝色线表示；芯用蓝色"×"标注，铸件上不能铸出的孔用红色线打"×"。

（2）绘制铸件图。铸件图是指反映铸件实际形状、尺寸和技术要求的图样，是铸造生产、铸件检验与验收的主要依据。铸件图可根据铸造工艺图绘出。

4.4.2　零件结构的铸造工艺性

零件结构的铸造工艺性是指所设计的零件在满足使用性能要求的前提下铸造成形的可行性和经济性，即铸造成形的难易程度。

1. 铸造性能对结构的要求

（1）铸件壁厚要合理，壁厚过小，易产生浇不到、冷隔等缺陷。表 4.5 为常用合金的最小允许外壁、内壁和加强筋的厚度。

表 4.5　　　　　　　　　　　　铸件最小允许壁厚

铸件尺寸	灰铸铁	球墨铸铁	可锻铸铁	铸钢	铝合金	铜合金	镁合金
<200×200	5～6	6	5	6～8	3	3～5	—
200×200～500×5000	6～10	12	8	10～12	4	6～8	3
>500×500	15	—	—	15	5～7	—	—

（2）铸件壁厚应均匀，铸件各部分壁厚若相差太大，则在壁厚处易形成金属积聚的热节，

凝固收缩时在热节处易形成缩孔、缩松等缺陷。此外，因冷却速度不同，各部分不能同时凝固，易形成热应力，并有可能使厚壁与薄壁连接处产生裂纹。图 4.19（a）所示为不合理结构，图 4.19（b）所示为合理结构。

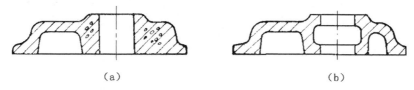

图 4.19　铸件的壁厚

（a）壁厚不均匀　　（b）壁厚均匀

（3）铸件的连接应采用逐步过渡连接。

① 结构圆角。铸件的壁间连接尽可能设计成结构圆角，以避免形成金属的聚集、产生缩孔、应力集中等缺陷。图 4.20（a）所示为不合理结构，图 4.20（b）所示为合理结构。

② 接头结构。接头结构应避免金属聚集，产生缩孔。例如肋的连接应尽量避免交叉，如图 4.21 所示。中、小型铸件的肋可选用交叉接头，大型铸件的肋宜选用环状接头。

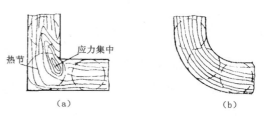

图 4.20　结构圆角

（a）直角结构　　（b）圆角结构

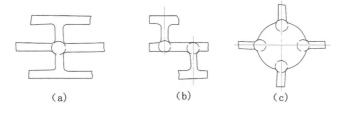

图 4.21　肋的接头

（a）交叉接头　　（b）交错接头　　（c）环状接头

铸件壁间连接应避免形成锐角，如图 4.22 所示。铸件薄、厚壁连接应采取逐步过渡。如图 4.23 所示。

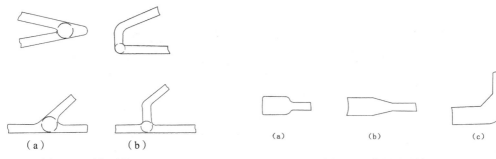

图 4.22　壁间连接

（a）锐角连接　　（b）非锐角连接

图 4.23　薄厚壁连接

（a）圆角过渡　　（b）倾斜过渡　　（c）复合过度

③ 大平面倾斜结构。铸件的大平面设计成倾斜结构形式，有利于金属填充和气体、夹杂物的排除，如图 4.24 所示。

④ 减少变形和自由收缩结构

壁厚均匀的细长铸件、面积较大的平板铸件等都容易产生变形。为减少变形，可采用对称式结构或增设加强肋，如图 4.25 所示。

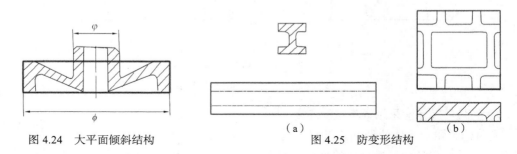

图 4.24　大平面倾斜结构　　　　图 4.25　防变形结构

2. 铸造工艺对结构的要求

（1）分型面应简单、最少　铸件的结构应具有平直的分型面，最好只有一个，从根本上简化铸造工艺。

（2）芯应最少。减少芯数也是简化铸造工艺的根本措施。在设计铸件结构时，可用开式结构代替闭式结构，如图 4.26 所示；凸缘外伸代替凸缘内伸，如图 4.27 所示，（a）图只能用芯，而（b）图用砂垛代芯，简化铸造工艺。

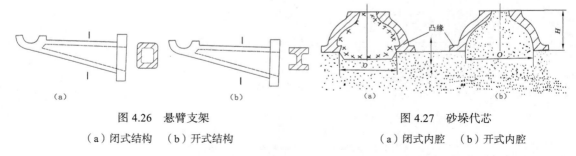

图 4.26　悬臂支架　　　　　　　　　图 4.27　砂垛代芯
（a）闭式结构　（b）开式结构　　　（a）闭式内腔　（b）开式内腔

（3）避免使用活块。在与分型面相垂直的表面上具有凸台时，通常采用活块造型，如图 4.28（a）所示。若凸台距离分型面较近，则可将凸台延伸到分型面，造型工艺则可省掉活块，如图 4.28（b）所示。

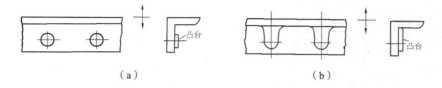

图 4.28　避免活块造型
（a）有凸台铸件　（b）凸台延伸

（4）结构斜度。铸件上凡垂直于分型面的不加工表面，均设计出结构斜度，如图 4.29 所示。结构斜度不仅使起模方便，而且使铸件更美观，同时具有结构斜度的内腔便于以砂垛代芯。

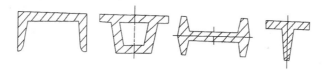

图 4.29　结构斜度

【课后练习】

1. 在选择铸型分型面时应考虑哪些原则？
2. 简述确定浇注位置时应考虑哪些原则。
3. 铸造性能对零件结构的要求有哪些？

任务一　锻压成形实质与成形工艺基础

【任务描述】

正确认识锻压成形的实质及锻压成形的工艺基础。

【学习目标】

了解锻压成形的主要工艺特点及成形基础。

【相关知识】

锻压成形是能够改善材料性能的一种加工方法，大多数受力复杂、承载大的重要零件，常采用锻件毛坯。

5.1.1　锻压成形的实质

锻压是指在加压设备及工（模）具的作用下，使坯料或铸锭产生局部或全部的塑性变形，以便获得一定几何尺寸，形状和质量的锻件的加工方法。锻件是指金属材料经锻压变形而得到的工件或毛坯。锻压属于金属塑性加工，实质是利用固态金属的塑性流动性能来实现成形的。

5.1.2　锻压成形的主要工艺特点及应用

1. 锻件的组织性能好

锻压不仅是一种成形加工方法，还是一种改善材料性能的一种加工方法。锻压时金属的形变和相变都会对锻件的组织结构造成影响。如果在锻压过程中对锻件的形变、相变加以控制，通常可获得组织性能好的锻件。因此，大多数受力复杂、承载大的重要零件，常采用锻件毛坯。

2. 成形困难，对材料的适应性差

锻压时金属的塑性流动类似于熔融金属的流动，但固态金属的塑性流动必须在施加外力，采取加热等工艺措施才能实现。形状复杂的工件难以锻压成形，塑性差的金属材料如灰铸铁也不能进行锻压加工。必须选择塑性优良的钢、加工铝合金、加工黄铜等材料，才能进行锻压加工。

3. 锻压成形的应用

锻压成形在机械制造、汽车、拖拉机、仪表、电子、造船、冶金工程、国防等工业中有着广泛的应用。以汽车为例，汽车上70%的零件均是由锻压加工成形的。

5.1.3 锻压成形工艺基础

1. 金属塑性变形的实质

金属在外力作用下首先要产生弹性变形，当外力增大到内应力超过材料的屈服点时，就产生塑性变形。锻压成形加工需要利用材料的塑性变形。

金属塑性变形是金属晶体每个晶粒内部的变形和晶粒间的相对移动、晶粒转动的综合结果。单晶体的塑性变形主要通过滑移的形式来实现。即在切应力的作用下，晶体的一部分相对于另一部分沿着一定的晶面产生滑移，如图5.1所示。

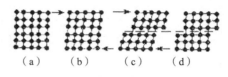

图 5.1　单晶体滑移示意图

（a）未变形　（b）弹性变形　（c）弹塑性变形　（d）塑性变形

单晶体的滑移是通过晶体内的位错运动来实现的，而不是沿滑移面所有的原子同时作刚性移动的结果，所以滑移所需要的切应力比理论值低很多。位错运动滑移机制的示意图见图5.2。

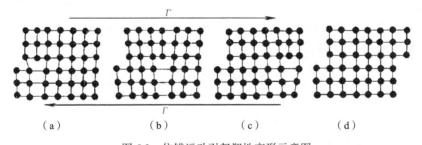

图 5.2　位错运动引起塑性变形示意图

（a）未变形　（b）位错运动　（c）弹塑性变形　（d）塑性变形

2. 冷变形强化

金属在塑性变形过程中，随着变形程度的增加，强度和硬度提高而塑性和韧性下降的现象称为冷变形强化或加工硬化。变形后形成的组织称为加工硬化组织。

加工硬化组织是一种不稳定的组织状态，具有自发向稳定状态转变的趋势。但在常温下多数金属的原子扩散能力很低，使得加工硬化组织能够长期维持，并不发生明显的变化。因此，冷变形强化在生产中具有非常重要的意义，它是提高金属材料强度、硬度和耐磨性的重要手段之一。如冷拉高强度钢丝、冷卷弹簧、坦克履带、铁路道叉等。但冷变形强化后由于塑性和韧性进一步降低，给进一步变形带来困难，甚至导致开裂和断裂，冷变形的材料各向异性，还会引起材料的不均匀变形。

3. 回复与再结晶

对加工硬化组织进行加热，变形金属将相继发生回复、再结晶和晶粒长大三个阶段的变化。

（1）回复。当加热温度较低（绝对温度小于 0.4 倍金属熔点的绝对温度），原子的活动能力较小，形变金属的显微组织无显著变化，金属的强度、硬度略有下降；塑性、韧性有所回升；内应力有较明显下降。这种变化过程称为回复。

（2）再结晶。当加热温度达到比回复阶段更高的温度时，变形金属的显微组织将发生显著的变化，金属的性能恢复到变形以前的水平，在金属内开始以碎晶或杂质为核心结晶出新的晶粒，这个过程称为再结晶。金属开始再结晶的温度称为再结晶温度，一般为该金属熔点绝对温度的 0.4 倍。

（3）晶粒长大。再结晶过程完成后，如再延长加热时间或提高加热温度，则晶粒会明显的长大，成为粗晶粒组织。导致材料力学性能下降，使锻造性能恶化。因此，必须严格控制再结晶温度。

4. 金属的冷加工和热加工

（1）冷加工。金属在再结晶温度以下进行的塑性变形称为冷加工。如钢在常温下进行的冷冲压、冷挤压等。在变形过程，有冷变形强化现象而无再结晶组织。冷变形工件没有氧化皮，可获得较高的公差等级，较小的表面粗糙度，强度和硬度较高。由于冷变形金属存在残余应力和塑性差等缺点，因此常常需要中间退火，才能继续变形。

（2）热加工。热加工是在结晶温度以上进行的，变形后只有再结晶组织而无冷变形强化现象。如热锻、热轧、热挤压等。热变形与冷变形相比，其优点是塑性良好，变形抗力低，容易加工变形，但高温下，金属容易产生氧化皮，所以制件的尺寸精度低，表面粗糙。

金属经塑性变形及再结晶，可使原来存在的不均匀、晶粒粗大的组织得以改善，或将铸锭组织中的气孔、缩松等压合，得到更致密的再结晶组织，提高金属的力学性能。

5. 锻造流线及锻造比

（1）锻造流线。热加工时，金属的脆性杂质被打碎，沿着金属主要伸长方向呈碎粒状分布；塑性杂质则随金属变形沿着主要伸长方向呈带状分布。热加工后的金属组织就具有一定的方向性，通常称为锻造流线。流线使金属性能呈现异向性。

在设计和制造机械零件时，必须考虑锻造流线的合理分布：使零件工作时的正应力与流线方向一致，切应力与流线方向垂直，这样才能发挥材料的潜力。使锻造流线与零件的轮廓相符合而不切断，是锻压成形工艺设计的一条原则。

（2）锻造比。在锻压生产中，金属的变形程度常以锻造比 Y 来表示，即以变形前后的截面比、长度比或高度比表示。当锻造比 $Y=2$ 时，原始铸态组织中的疏松、气孔被压合，组织被细化，锻件各个方向的力学性能均有显著提高；当 $Y=2\sim5$ 时，锻件的组织中流线明显，各向异性，沿流线方向的力学性能略有提高，但垂直于流线方向的力学性能开始下降；当 $Y>5$ 时，锻件沿流线方向的力学性能不再提高，垂直于流线方向的力学性能显著下降。

6. 影响金属锻造性能的因素

金属在压力加工时获得优质零件的难易程度称为合金的锻造性能。金属良好的锻造性能体现在低的塑性变形抗力和良好的塑性。低的塑性变形抗力使设备耗能少；良好的塑性使产品获得准确的外形而不遭受破坏。影响金属锻造性能的因素如下。

（1）化学成分及组织。

① 一般来说，纯金属的锻造性能好于合金。对钢来讲，含碳量愈低，锻造性能愈好；含合金元素愈多，锻造性能愈差；含硫量和含磷量愈多，锻造性能愈差。

② 纯金属与固溶体锻造性能好，金属化合物锻造性能差，粗晶粒组织的金属比晶粒细小而又均匀组织的金属难以锻造。

③ 细晶组织的锻造性能优于粗晶组织。

（2）工艺条件。主要指变形温度、变形速度和应力状态的影响。

① 变形温度对塑性及变形抗力影响很大。一般来说，提高金属的变形温度，会使原子的动能增加，从而削弱原子之间的吸引力，减少滑移所需要的力，使塑性增大，变形抗力减少，改善金属的锻造性能。因此，适当提高变形温度对改善金属的锻造性能有利。但温度过高会使金属产生氧化、脱碳、过热等缺陷，甚至使锻件产生过热而报废，所以应严格控制锻造温度。

② 变形速度。变形速度对锻造性能的影响有两个方面：一方面当变形速度较大时，由于再结晶过程来不及完成，冷变形强化不能及时消除，而使锻造性能变差，所以，一些塑性较差的金属，如高合金钢或大型锻件，宜采用较小的变形速度，设备选用压力机而不用锻锤；另一方面，当变形速度很高时，变形功转化的热来不及散发，锻件温度升高，又能改善锻造性能，但这一效应除高速锻锤或特殊成形工艺以外难以实现。因而，利用高速锻锤可以锻造在常规设备上难以锻造成形的高强度低塑性金属。

③ 应力状态。金属在挤压变形时，呈三向受压状态，表现出良好的锻造性能；在拉拔时则呈二向受压一向受拉的状态，锻造性能下降。实践证明，三个方向中压应力数目愈多，锻造性能愈好，拉应力数目愈多，锻造性能愈差。

【课后练习】

1. 锻压成形的主要工艺特点及应用如何？
2. 什么叫冷变形强化？冷变形强化有何意义？
3. 什么叫金属的冷加工和热加工？

任务二　自由锻

【任务描述】

正确认识自由锻的加工工序及锻压工艺性。

【学习目标】

了解自由锻的基本工序及结构工艺性。

【相关知识】

自由锻具有较大的通用性，应用较为广泛。自由锻的锻件分类及锻造工序见表5.2。

利用自由锻设备的上、下砧或一些简单的通用性工具，直接使坯料变形而获得所需的几何形状及内部质量的锻件，这种方法称为自由锻。

由于自由锻所用的工具简单，并具有较大的通用性，因而自由锻的应用较为广泛。生产的自由锻件质量可以从1kg的小件到200t～300t的大件。对于特大型锻件如水轮机主轴、多拐曲轴、大型连杆等，自由锻是唯一可行的加工方法，所以自由锻在重型工业中具有重要意义。自由锻的不足之处是锻件精度低，生产率低，生产条件差。自由锻使用于单件小批量生产。

5.2.1 自由锻的工序

自由锻的工序可分为基本工序、辅助工序和修整工序三大类。

（1）基本工序。使金属材料产生一定的塑性变形，以达到所需形状和尺寸的工艺过程。如拔长、镦粗、冲孔、切割、弯曲、扭转等，见表5.1。实际生产中最常用的是拔长、镦粗、冲孔三个基本工序。

表5.1　　　　　　　　　自由锻基本工序的主要特征及适用范围

工序名称	简　图	主　要　特　征	适　用　范　围
拔长		坯料横截面面积减小，长度增加	适用于锻造轴类、杆类锻件
镦粗		坯料横截面面积增大，高度减小	适用于锻造齿轮坯、法兰盘等圆盘类锻件
冲孔		用冲头在坯料上冲出通孔或不通孔	适用于圆盘类坯料镦粗后的冲孔
扩孔		减少空心坯料的壁厚而增大其内、外径	适用于各种圆环锻件
错移		将坯料的一部分相对另一部分错开，且保持这两部分平行	锻造曲轴类锻件
弯曲		将坯料弯成曲线或一定角度	适用于锻造吊钩、地脚螺栓、角尺和U形弯板

续表

工序名称	简　图	主　要　特　征	适　用　范　围
扭转		将坯料部分相对另一部分绕其共同轴线旋转一定角度	适用于锻造多拐曲轴和校正锻件
切割		切去坯料的一部分	适用于切除钢锭底部、锻件料头和分割锻件

（2）辅助工序。是为基本工序操作方便而进行的预先变形工序，如压钳口、压肩、钢锭倒棱等。

（3）修整工序。是用以减少锻件表面缺陷而进行的工序，如校正、滚圆、平整等。

5.2.2　自由锻工艺规程的制订

制定工艺规程、编写工艺卡是进行自由锻生产必不可少的技术准备工作，是组织生产过程、规定操作规范、控制和检查产品质量的依据。自由锻工艺规程的主要内容：根据零件图绘制锻件图，计算坯料的质量和尺寸，确定锻造工序，选择锻造设备，确定坯料加热规范和填写工艺卡片等。

（1）绘制锻件图　锻件图是制定锻造工艺过程和检验的依据，绘制锻件图时要考虑余块、余量及锻件公差。

① 某些零件上的精细结构，键槽、齿槽、退刀槽以及小孔、不通孔、台阶等，难以用自由锻锻出，必须暂时添加一部分金属以简化锻件形状。这部分添加的金属称为余块，如图 5.3 所示，它将在切削加工时去除。

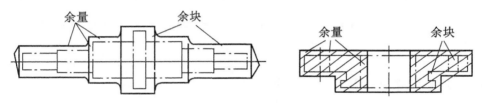

图 5.3　锻件的各种余块和余量

② 由于自由锻造的精度较低，表面质量较差，一般需要进一步切削加工，所以零件表面要留加工余量。余量大小与零件形状、尺寸等因素有关。其数值应结合生产的具体情况而定。

③ 锻件公差是锻件名义尺寸的允许变动量。公差的数值可查有关国家标准，通常为加工余量的 1/4～1/3。

（2）计算坯料质量及尺寸。

① 坯料质量的计算　其计算公式为

$$m_{坯}=m_{锻}+m_{烧}+m_{芯}+m_{切}$$

式中　$m_{坯}$——坯料质量；

　　　$m_{锻}$——锻件质量；

$m_{烧}$——加热时坯料表面氧化而烧损的质量；

$m_{芯}$——冲孔时芯料的质量；

$m_{切}$——端部切头损失质量。

② 确定坯料的尺寸，首先根据材料的密度和坯料质量计算出坯料的体积，然后再根据基本工序的类型（如拔长、镦粗）及锻造比计算坯料横截面积、直径、边长等尺寸。

③ 选择锻造工序。根据不同类型的锻件选择不同的锻造工序。一般锻件的大致分类及所用工序见表 5.2。

表 5.2　　　　　　　　　自由锻锻件分类及锻造工序

锻件类型	图　例	锻压工序	实　例
杆类零件		拔长、压肩、修整、冲孔	连杆等
轴类零件		拔长、压肩、滚圆	主轴、传动轴等
曲轴类零件		拔长、错移、压肩、扭转、滚圆	曲轴、偏心轴等
盘类、圆环类零件		镦粗、冲孔、扩孔、定径	齿圈、法兰、套筒、圆环等
筒类零件		镦粗、冲孔、扩孔、修整	圆筒、套筒等
弯曲类零件		拔长、弯曲	吊钩、弯杆

工艺规程的内容还包括所用工夹具、加热设备、加热规范、冷却规范、锻压设备和锻后热处理规范等。

5.2.3　零件结构的锻压工艺性

零件结构的锻压工艺性是指所设计的零件，在满足使用性能要求的前提下锻压成形的可行性和经济性，即锻压成形的难易程度。良好的锻件结构应与材料的锻压性能、锻件的锻压工艺相适应。

（1）锻压性能对结构的要求。不同的金属材料的锻压性能不同，对结构的要求也不同。例如含碳量小于等于 0.65% 的碳素钢塑性好，变形抗力较低，锻压温度范围宽，能够锻出形状较复杂、肋较高、腹板较薄、圆角较小的锻件；高合金钢的塑性差，变形抗力大，锻压温度范围窄，若采用一般锻压工艺，锻件的形状应较简单，锻件截面尺寸的变化应较平缓。

（2）锻压工艺对结构的要求。自由锻锻件结构设计的原则是：在满足使用性能的条件下锻件形状应尽量简单，易于锻造。自由锻锻件的结构工艺性要求见表 5.3。

表 5.3 自由锻锻件的结构工艺性

工艺要求	合 理	不 合 理
避免锥面及斜面		
避免加强肋及工字形、椭圆形等复杂截面		
避免非平面交接结构		
避免加强肋及表面凸台等结构		

【课后练习】

1. 自由锻的工序有哪些?
2. 锻压性能对结构的要求有哪些?

任务三　模型锻造

【任务描述】

正确认识模锻的特点、分类及结构设计。

【学习目标】

了解模锻的工艺规程制定及结构工艺性。

【相关知识】

模锻工艺生产效率高，劳动强度低，尺寸精确，加工余量小，并可锻制形状复杂的锻件，适用于批量生产。但模具成本高，需有专用的模锻设备，不适合于单件或小批量生产。

模型锻造是在高强度金属锻模上预先制出与锻件形状一致的模膛，使坯料在模膛内受压变形，由于模膛对金属坯料流动的限制，因而锻压终了时能得到和模膛形状相符的锻件。模型锻造简称为模锻。

5.3.1 模锻的特点

（1）模锻的优点 与自由锻相比，模锻有下列优点。

① 生产率较高，一般比自由锻高 10 倍以上。

② 锻件的尺寸和精度比较高，机械加工余量较小，节省加工工时，材料利用率高。

③ 可以锻造形状复杂的锻件。

④ 锻件内部流线分布合理。

⑤ 操作简便，劳动强度低。

（2）模锻的缺点 与自由锻相比，模锻有下列缺点。

① 模锻生产由于受到模锻设备吨位的限制，锻件质量不能太大，一般在 150kg 以下。

② 制造锻模比较困难，成本很高。因此，模锻不适合于单件小批量生产，而适合于中小型锻件的大批量生产。

模锻按使用设备的不同，可分为锤上模锻、胎膜锻、压力机上模锻。

5.3.2 锤上模锻

锤上模锻是将上模固定在模锻锤头上，下模紧固在砧座上，通过上模对置于下模中的坯料施以直接打击来获得锻件的模锻方法。模锻工作示意图，如图 5.4 所示。

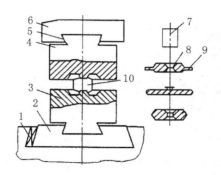

图 5.4 锤上模锻工作示意图

1—砧铁；2—模座；3—下模；4—上模；5—楔铁
6—锤头；7—坯料；8—连皮；9—毛边；10—锻件

根据模膛功用的不同，锻模可分为模锻模膛和制坯模膛两大类。

模锻模膛可分为终锻模膛和预锻模膛两种。

① 终锻模膛的作用是使坯料最后变形到锻件所要求的形状和尺寸，因此它的形状应和锻件的形状相同。但是由于锻件冷却时要收缩，终锻模膛的尺寸应比锻件尺寸放大一个收缩量。钢件的收缩量取 1.5%。沿模膛四周有飞边槽。锻造时部分金属先压入飞边槽内形成毛边，毛边很薄，最先冷却，可以阻碍金属从模膛内流出，以促使金属充满模膛，同时容纳多余的金属。对于具有通孔的锻件，由于不可能靠上、下模的凸起部分把金属完全挤压掉，故终锻后在孔内留下一薄层金属，称为冲孔连皮（见图 5.5）。把冲孔连皮和飞边冲掉后，才能得到有通孔的模锻件。

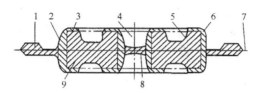

图 5.5　齿轮坯模锻件

1—毛边；2—模锻斜度；3—加工余量；4—不通孔
5—凹圆角；6—凸圆角；7—分模面；8—冲孔连皮；9—零件

② 预锻模膛的作用是使坯料变形到接近于锻件的形状和尺寸，这样再进行终锻时，金属容易充满终锻模膛，同时减少了终锻模膛的磨损，延长了锻模的使用寿命；预锻模膛的尺寸和形状与终锻模膛的相近似，只是模锻斜度和圆角半径稍大，没有飞边槽。对于形状简单或批量不大的模锻件可不设飞边槽。

对于形状复杂的模锻件，原始坯料进入模锻模膛前，先放在制坯模膛制坯，按锻件最终形状作初步变形，使金属合理分布和很好地充满模膛。制坯模膛有以下几种。

① 拔长模膛，用它来减少坯料某部分的横截面积，以增加该部分的长度。操作时一边送进坯料，一边翻转。

② 滚压模膛，用它来减少坯料某部分的横截面积，以增加另一部分的横截面积，使其按模锻件的形状来分布。操作时须不断翻转坯料。

③ 对于弯曲的杆状锻件需用弯曲模膛来弯曲坯料。

④ 切断模膛，它由上模与下模间设在锻模角上的一对刃口组成，用它从坯料上切下已锻好的锻件，或从锻件上切下钳口。

5.3.3　胎模锻

胎模锻是在自由锻设备上使用可移动模具生产模锻件的一种锻造方法。所用模具称为胎模，它结构简单，形式多样，但不固定在上下砧上。一般选用自由锻方法制坯，然后在胎模中终锻成形。常用的胎模结构主要有以下三种类型。

① 扣模。用来对坯料进行全面或局部扣形，主要生产杆状非回转体锻件（见图 5.6（a））。

② 套筒模。锻模呈套筒形，主要用于锻造齿轮、法兰盘等回转体锻件（见图 5.6（b）、（c））。

③ 合模。通常由上模和下模两部分组成（见图 5.6（d））。为了使上下模吻合及不使锻件产生错模，经常用导柱等定位。合模多用于生产形状较复杂的非回转体锻件，如连杆、叉形件等锻件。

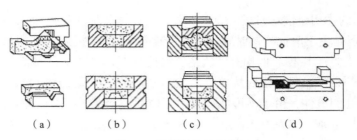

图 5.6　胎模的几种结构

图 5.7 所示为一个法兰盘胎模锻造过程。所用胎模为套筒模，它由模筒、模垫和冲头组成。原始坯料加热后，先用自由锻镦粗，然后将模垫和模筒放在下砧铁上，再将镦粗的坯料平放在模筒中，压上冲头后终锻成形，最后将连皮冲掉。

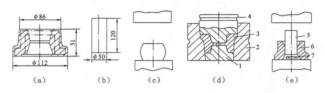

图 5.7　法兰盘胎膜锻造过程

（a）锻件图　　（b）下料　　（c）镦粗　　（d）终锻成形　　（e）冲掉连皮

1—模垫　2—模筒　3、6—锻件　4—冲头　5—冲子　7—连皮

5.3.4　压力机上模锻

由于模锻锤在工作中存在震动和噪声大，劳动条件差、能源消耗大等缺点，特别是大吨位的模锻锤，因此有被压力机取代的趋势，用于模锻生产的压力机有摩擦压力机，平锻机等。

（1）摩擦压力机上模锻。摩擦压力机是靠飞轮、螺杆和滑块向下运动所积蓄的能量使坯料变形的，其特点如下。

① 适应性好，行程和锻压力可自由调节，因而可实现轻打、重打，可在一个模腔内进行多次锻打。不仅能满足模锻各种主要成形工序的要求，还可以进行弯曲、热压、切飞边、冲连皮及精压、校正等工序。

② 滑块运行速度低，锻击频率低，金属变形过程中的再结晶可以充分进行。适合于再结晶速度慢的低塑性合金钢和有色金属的模锻。

③ 摩擦压力机承受偏心载荷能力低，通常只适用于单模腔模锻。

④ 生产率低，主要用于中小型锻件的批量生产。

⑤ 摩擦压力机结构简单、造价低、使用维修方便，适用于中小型工厂的模锻生产。

（2）曲柄压力机上模锻。曲柄压力机上的动力是电动机，通过减速和离合器装置带动偏心轴旋转，再通过曲柄连杆机构，使滑块沿导轨作上下往复运动。下模块固定在工作台上，上模块则装在滑块下端，随着滑块的上下运动，就能进行锻造。曲柄压力机上模锻其特点如下。

① 曲柄压力机作用于金属上的变形力是静压力，且变形抗力由机架本身承受，不传给地基。因此，曲柄压力机工作时震动与噪音小，劳动条件好。

② 曲柄压力机的机身刚度大，滑块导向精确，行程一定，装配精度高，因此能保证上下模

膛准确对合在一起，不产生错模。

③ 锻件精度高，加工余量和公差小，节约金属。在工作台及滑块中均有顶出装置，锻造结束可自动把锻件从模膛中顶出，因此锻件的模锻斜度小。

④ 因为滑块行程速度低，作用力是静压力，有利于低塑性金属材料的加工。

⑤ 曲柄压力机上不适宜进行拔长和滚压工步，这是由于滑块行程一定，不论用什么模膛都是一次成形，金属变形量过大，不易使金属填满终锻模膛所致。因此，为使变形逐渐进行，终锻前常采用预成形，预锻工步。

⑥ 曲柄压力机设备复杂，造价高，但生产率高，锻件精度高，适合于大批量生产。

（3）平锻机上模锻。平锻机的主要结构与曲柄压力机相同，只不过其滑块水平运动，故被称为平锻机。平锻机上模锻有如下特点。

① 锻件尺寸精确，表面粗糙度值小，生产率高。

② 节省金属，材料利用率高。

③ 扩大了模锻的范围，可以锻出锤上模锻和曲柄压力机上模锻无法锻出的锻件，还可以进行切飞边、切断和弯曲等工步。

④ 对非回转体及中心不对称的锻件较难锻造。平锻机的造价也较高，适用于批量生产。

5.3.5 模锻工艺规程

模锻工艺规程包括绘制模锻件图、计算坯料尺寸、确定模锻工步、选择设备、安排修整工序等。

模锻件图是设计和制造锻模、计算坯料及检验锻件的依据，绘制模锻件时应考虑下面几个问题。

① 选择模锻件的分模面 确定分模面原则为：

a. 保证锻件易于从模膛中取出，因此分模面应设在锻件最大截面处，并使模膛深度较浅。图 5.8 所示零件，选 a-a 截面作分模面时，锻件将无法从锻模中取出，显然是错误的。

b. 要使锻模制造方便，分模面应尽量选择平面而不是曲面、折面。

c. 为便于发现上、下模在模锻过程中产生错移，分模面应设在锻件侧面中部，尽量避免选在锻件形状过渡面上。图 5.8 所示为零件，应选 d-d 截面作分模面而不选 c-c 截面。

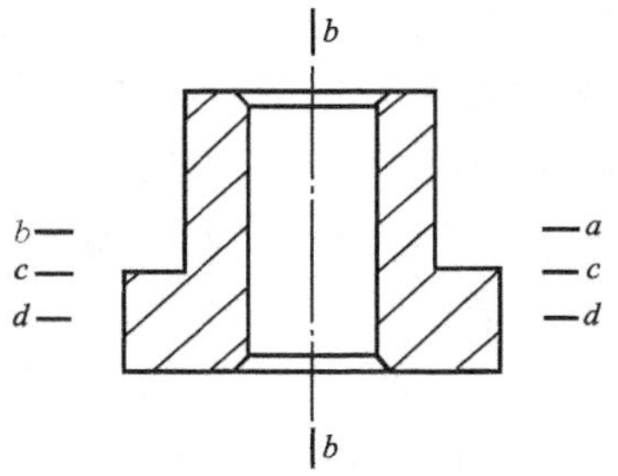

图 5.8 分模面的选择

② 计算坯料尺寸，步骤与自由锻同。坯料质量包括锻件质量、飞边质量、连皮质量及烧损质量。一般飞边是锻件质量的 20%～25%；烧损质量是锻件和飞边质量总和的 2.5%～4%。

③ 模锻工步主要是根据模锻件的形状和尺寸来确定的，模锻件按形状可分为两大类：一类是长轴类零件，如阶梯轴、连杆等；另一类是盘类零件，如齿轮、法兰盘等。

a. 长轴类模锻件，常采用拔长、滚压、弯曲、预锻工步。坯料的横截面积大于锻件的最大横截面积时，可选用拔长工步。而当坯料的横截面积小于锻件最大横截面积时，采用拔长的滚压工步。锻件的轴线为曲线时，应选用弯曲工步。

对于长轴类锻件，为了减少钳口料和提高生产率，常采用一根棒料锻造几个锻件的方法，利用切断工步，将锻好的锻件切离。

对于形状复杂的锻件，还需选用预锻工步，最后在终锻模膛中模锻成形。

b. 盘类模锻件，模锻时，坯料轴线方向与锤击方向相同，金属沿高度、宽度、长度方向同时流动。常采用镦粗、终锻工步。

对于形状简单的盘类锻件，可只用终锻工步成形。对于形状复杂，有深孔或有高筋的锻件，则应增加镦粗工步。

④ 常用的修整工序有切边、冲孔、精压等。模锻件上的飞边和冲孔连皮由压力机上的切边模和冲孔模将其切去；对于某些要求平行平面间尺寸精度的锻件，可进行平面精压；对要求所有尺寸精确的锻件，可用体积精压。

5.3.6 模锻件的结构设计

设计模锻件时，为便于模锻件生产和降低成本，应根据模锻特点和工艺要求使其结构符合下列原则。

（1）模锻件要有合理的分模画、模锻斜度和圆角半径。

（2）由于模锻件精度较高，表面粗糙度较低，因此零件的配合表面可留有加工余量；非配合表面一般不需要进行加工，不留加工余量。

（3）为了使金属容易充满模膛、减少加工工序，零件外形应力求简单、平直和对称，尽量避免零件截面间相差过大或具有薄壁、高筋、凸起等结构。

（4）应避免有深孔或多孔结构。

（5）减少余块，简化模锻工艺，应尽量采用锻—焊组合工艺。

5.3.7 锻压新工艺

随着工业的发展，对锻压加工提出了越来越高的要求，出现了许多先进的锻压工艺方法。其主要特点是使锻压件形状接近零件的形状，以便达到少切削或无切削的目的；提高尺寸精度和表面质量；提高锻压件的力学性能，节省金属材料，降低生产成本；改善劳动条件，大大提高生产率并能满足一些特殊工作的要求。

（1）精密模锻。精密模锻是锻造高精度锻件的一种先进工艺，能直接锻出形状复杂、表面光洁、锻后不必切削加工或仅需少量切削加工的零件。精密模锻工艺主要特点如下。

① 精确计算原始坯料的尺寸，严格按照坯料质量下料。

② 精细清理坯料表面。

③ 选用刚度大、精度高的锻造设备，如曲柄压力机、摩擦压力机或精锻机等。

④ 采用高精度的模具。

⑤ 采用无氧化或少氧化的保护气体加热。

⑥ 模锻时要很好地进行润滑和冷却模具。

（2）挤压。挤压是在强大压力作用下，使坯料从模具中的出口或缝隙挤出，使横截面积减少、长度增加，成为所需制品的方法，如图 5.9 所示。

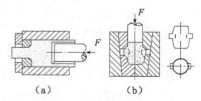

图 5.9 挤压示意图

（a）复合挤压 （b）径向挤压

按照挤压时金属坯料所处的温度，挤压可分为热挤压、温挤压和冷挤压。

① 热挤压。坯料变形温度高于其再结晶温度的挤压。热挤压时，坯料变形抗力小，但产品

表面粗糙，它广泛用于有色金属、型材、管材的生产。

② 温挤压。将坯料加热到再结晶温度以下的某个合适温度（100～800℃）进行的挤压。它降低了冷挤压时的变形抗力，同时产品精度比热挤压高。

③ 冷挤压。坯料在再结晶温度以下（通常是室温）完成的挤压。其产品的表面光洁，精度较高，但挤压时变形抗力较大，广泛用于零件及毛坯的生产。

（3）轧锻。金属坯料（或非金属坯料）在旋转轧辊的作用下，产生连续塑性变形，从而获得要求的截面形状并改变其性能的方法，称为轧锻。用轧锻的方法可将钢锭轧制成板材、管材和型材等各种原材料。近几年来，常采用的轧锻工艺有辊轧、横轧、旋轧、斜轧等。

① 辊轧。用一对相向旋转的扇形模具使坯料产生塑性变形，从而获得所需锻件或锻坯的锻造工艺方法。辊轧及辊轧机如图 5.10 所示，当坯料在一对旋转的辊锻模中通过时，将按照辊锻模的形状变形。

② 横轧。横轧是轧辊轴线与轧件轴线平行，且轧辊与轧件作相对转动的轧锻方法。齿轮的横轧如图 5.11 所示。横轧时，坯料在图所示位置被高频感应加热，带齿形的轧辊由电动机带动旋转，并作径向进给，迫使轧轮与坯料发生对碾。在对碾过程中，坯料上受轧辊齿顶挤压的地方变成齿槽，而相邻金属受轧辊齿部反挤而上升，形成齿顶。

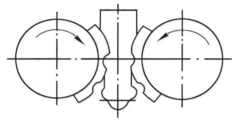 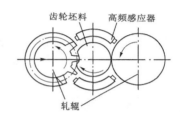

图 5.10　辊轧示意图　　　　　图 5.11　横轧齿轮示意图

③ 旋扎。旋扎是在毛坯旋转的同时，用简单的工具使其逐渐变形，最终获得零件的形状和尺寸的加工方法。图 5.12 所示为旋扎封头的过程。旋扎基本上是弯曲成形的，不像冲压那样有明显拉伸作用，故壁厚的减薄量小。

④ 斜轧。轧辊相互倾斜配置，以相同方向旋转，轧件在轧辊的作用下反向旋转，同时还作轴向运动，即螺旋运动，这种轧锻称为斜轧。图 5.13 所示为钢球斜轧。轧辊每转一周，即可轧锻出一个钢球，轧锻过程是连续的。

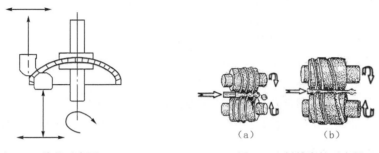

图 5.12　旋扎示意图　　　　　图 5.13　斜轧齿轮示意图

（4）超塑性成形。超塑性是指金属或合金在特定条件下进行拉伸试验，其断后伸长率超过100%以上的特性，如纯钛可超过 300%。

【课后练习】

1. 模锻的特点有哪些？
2. 常用的胎模结构主要有哪几种类型？
3. 摩擦压力机上模锻的特点是什么？
4. 曲柄压力机上模锻的特点是什么？
5. 模锻工艺规程包括哪些内容？
6. 模锻件的结构设计应符合哪些原则？

任务四 板料冲压

【任务描述】

正确认识板料冲压的特点及基本工序。

【学习目标】

了解冲压成形的基本工序。

【相关知识】

板料冲压是指使板料经分离或变形而得到制件的加工方法。板料冲压一般是在常温下进行的，故又称冷冲压，简称冲压。如板料厚度超过 8～10mm 时，才用热冲压。冲压也属于金属塑性加工。

5.4.1 板料冲压的特点及应用

板料冲压具有以下特点。

（1）冲压件尺寸精度高，表面粗糙度值小，互换性好。

（2）可冲出形状复杂的零件，废料较少，材料利用率高。

（3）冲压件尺寸精度高，表面粗糙度值小，互换性好。

（4）冲压操作简单，工艺过程便于实现自动化、机械化，生产率高。

（5）冲模制造复杂，要求高。

板料冲压在工业生产中有着广泛的应用，特别是在汽车、拖拉机、航空、电器、仪表等工业中占有极其重要的位置。这种工艺方法用于大批量生产时才能使冲压产品成本降低。

5.4.2 冲压成形的基本工序

板料冲压工序可分为分离工序和变形工序两大类。

（1）分离工序。分离工序是将坯料的一部分和另一部分分开的工序。如落料、冲孔、修整、剪切等。

① 落料和冲孔都是将板料沿封闭轮廓分离的工序，一般统称为冲裁。这两个工序的模具结构与坯料变形过程都是一样的，只是用途不同。落料是被分离的部分为成品或坯料，周边部分是废料；冲孔则是被分离的部分为废料，而周边部分是带孔的成品。

图 5.14 所示为落料与冲孔过程示意图，凸模与凹模都有锋利的刃口，两者之间留有间隙 z。为使成品边缘光滑，凹凸模刃口必须锋利，凹凸模间隙 z 要均匀适当，因为它不仅严重影响成品的断面质量，而且影响模具寿命、冲裁力和成品的尺寸精度。

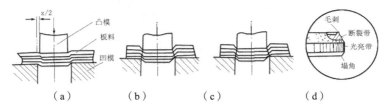

图 5.14　落料与冲孔过程示意图

（a）弹性变形　　（b）塑性变形　　（c）分离　　（d）断口

② 修整是使落料或冲孔后的成品获得精确的轮廓的工序。利用修整模沿冲压件外缘或内孔刮削一层薄薄的切屑或切掉冲孔或落料时在冲压件截面上存留的剪裂带和毛刺，从而提高冲压件的尺寸精度和降低表面粗糙度值，如图 5.15 所示。

③ 剪切是用剪刃或冲模将板料沿不封闭轮廓进行分离的工序。

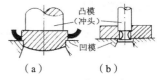

图 5.15　修整工序

（a）外缘修整　　（b）内孔修整

（2）变形工序。变形工序是使坯料的一部分相对于另一部分产生塑性变形而不破坏的工序，如拉深、弯曲、翻边和成型等。

① 拉深是使坯料变形成开口空心零件的工序。图 5.16 所示为拉深过程简图。当凸模压下时，与凸模底部接触的板料在拉深过程中基本上不变形，最后形成空心件的底；其余的环形部分坯料经变形后成为空心件的侧壁。

② 弯曲是使坯料的一部分相对于另一部分弯曲成一定角度的工序。图 5.17 所示为弯曲过程简图。当凸模压下时，板料的内侧产生压缩变形，处于压应力状态；板料外侧产生拉伸变形，处于拉应力状态。为防止弯裂，弯曲模的弯曲半径要大于限定的最小弯曲半径 r_{min}，通常取 $r_{min}=(0.25\sim1)\delta$。

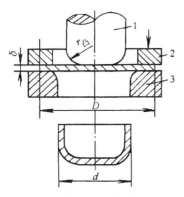

图 5.16　拉深过程简图

图 5.17　弯曲过程简图

塑性弯曲时，材料产生的变形由塑性变形和弹性变形两个部分组成。外载荷去除后，塑性变形保留下来，弹性变形消失，被弯曲材料的形状和尺寸发生与加载时变形方向相反的变化，从而消去一部分弯曲变形的效果。这种现象称为回弹，如图 5.18 所示。对于回弹现象，可在设计弯曲模具时，使模具角度比成品角度小一个回弹角。

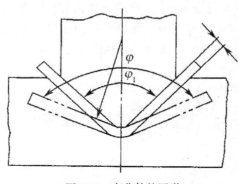

图 5.18　弯曲件的回弹

【 课后练习 】

1. 板料冲压具有哪些特点？
2. 冲压成形的基本工序有哪些？

焊接成形及工艺基础

任务一　金属焊接性能

【任务描述】

正确认识金属焊接的特点、类型及焊接性能。

【学习目标】

了解金属的焊接性的评定及各种金属的焊接性能。

【相关知识】

在近代的金属加工中，焊接比铸造、锻压工艺发展较晚，但发展速度很快。焊接结构的重量约占钢材产量的 45%，铝和铝合金焊接结构的比重也不断增加。

焊接是通过加热或加压，或两者并用，并且用或不用填充材料，使焊件达到原子间结合的加工方法。

1. 焊接成形的类型

焊接方法的种类很多，按焊接过程特点可分为如下三大类。

（1）熔焊。焊接过程中，将焊件接头加热至熔化状态，不加压力完成焊接的方法，称为熔焊。这类方法的共同特点是把焊件局部连接处加热至熔化状态形成熔池，待其冷却凝固后形成焊缝，将两部分材料焊接成一体。因两部分材料均被熔化，故称熔焊。

（2）压焊。焊接过程中必须对焊件施加压力（加热或不加热），以完成焊接的方法，称为压焊。

（3）钎焊。采用比母材熔点低的金属材料作钎料，将焊件和钎料加热到高于钎料熔点低于母材熔点的温度，利用液态钎料润湿母材，填充接头间隙，并与母材互相扩散，实现连接焊件的方法，称为钎焊。

2. 焊接成形的主要特点

（1）成形方便、适应性强　焊接方法灵活多样、工艺简单，能够很快生产出焊接结构。在实际生产中，焊件通常可选择板材、型材和管材；也可用铸件、锻件、冲压件，以充分发挥不同工艺的优点。采用化大为小，化复杂为简单的办法准备焊件；然后逐次装配焊接，拼小成大，从而扩大了企业的生产能力，解决了大型结构、复杂结构的成形问题。应用不同的焊接方法，还能实现异种金属材料的连接。现代的船体、各种桁架、锅炉、容器等，都广泛使用焊接结构。世界上主要工业国家每年生产的焊件结构约占钢产量的45%。

（2）焊接连接性能好、省工省料、成本低。

（3）焊接接头组织性能不均匀。焊接是一个不均匀加热和冷却过程，焊接接头组织性能不均匀程度远远超过了铸件和锻件。焊接生产的应力和变形也超过了铸造和锻造，从而影响了焊接结构的精度和承载能力。

目前焊接技术正向高温、高压、高容量、高寿命、高生产率方向发展，并正在解决具有特殊性能材料的焊接问题。如超高强度钢、不锈钢等特种钢及有色金属、异种金属及复合材料的焊接。另外，焊接的自动化程度也有了较大的进展，如焊接机器人和遥控全方位焊接机的焊接。

6.1.1　金属的焊接性能

1. 金属焊接性的概念

金属焊接性是金属材料对焊接加工的适应性。是指金属在一定的焊接方法、焊接材料、工艺参数及结构型式条件下，获得优质焊接接头的难易程度。它包括两个方面内容：一是工艺性能，即在一定工艺条件下，焊接接头产生工艺缺陷的倾向，尤其是出现裂纹的可能性；二是使用性能，即焊接接头在使用中的可靠性，包括力学性能及耐热、耐蚀等特殊性能。

金属焊接性是金属的一种加工性能。它决定于金属材料的本身性质和加工条件。就目前的焊接技术水平，工业上应用的绝大多数金属材料都是可以焊接的，只是焊接的难易程度不同而已。

随着焊接技术的发展，金属的焊接性也在改变。例如，铝在气焊和手工电弧焊条件下，难以达到较高的焊接质量；而氩弧焊出现以后，用来焊铝却能达到较高的技术要求。化学活泼性极强的钛的焊接也是如此。由于等离子弧、真空电子束、激光等新能源在焊接中的应用，使钨、钼、铌、钽、锆等高熔点金属及其合金的焊接都已成为可能。

2. 金属焊接性的评定

金属的焊接性可以通过估算或试验的方法来评定。

（1）用碳当量法评估钢材焊接性。钢中的碳和合金元素对钢的焊接性的影响程度是不同的，碳的影响最大，其他合金元素可以折合成碳的影响来估算被焊材料的焊接性。换算后的总和称为碳当量，把它作为评定钢材焊接性的参数指标。这种方法称为碳当量法。

碳当量有不同的计算公式。国际焊接学会（IIW）推荐的碳素结构钢和低合金结构钢碳当

量 C_E 的计算公式为：

$$C_E=C+Mn/6+(Ni+Cu)/15+(Cr+Mo+V)/5(\%)$$

式中化学元素符号都表示该元素在钢材中的质量百分数，各元素含量取其成分范围的上限。

经验证明，碳当量越大，焊接性越差。当 $C_E<0.4\%$ 时，焊接性能良好；$C_E=0.4\%\sim0.6\%$ 时，焊接性较差，冷裂倾向明显，焊接时需要预热并采取其他工艺措施防止裂纹；$C_E>0.6\%$ 时焊接性差，冷裂倾向严重，焊接时需要较高的预热温度和严格的工艺措施。

（2）焊接性能试验。焊接性能试验是评价金属焊接性能最为准确的方法。例如焊接裂纹试验、接头力学性能试验、接头腐蚀性试验等。

3. 铸铁的焊接性能

铸铁的焊接性很差，它不能以较大的塑性变形减缓焊接应力，容易产生焊接裂纹。并且在焊接过程中由于碳、硅等元素的烧损，在焊接快速冷却之下容易产生白口组织，影响切削加工。铸铁焊接只用于修补铸件缺陷和修复局部损坏的铸铁件。焊接时，常将焊件预热到 400℃～700℃。焊补过程中温度不低于 400℃，焊后要缓冷，以防止白口组织和裂纹产生。这种方法称为热焊法。焊前不预热或预热温度较低，采用铸铁或非铸铁（铜基、镍基等）焊条的焊接方法，称为冷焊法。冷焊法容易产生白口组织，只用于焊接非加工表面。

4. 铝及铝合金的焊接性

采用一般的焊接方法时，铝及铝合金的焊接性不好。铝极易被氧化形成难熔的氧化铝薄膜，其熔点为 2050℃。氧化铝膜包覆着熔化的铝滴，阻碍熔化的铝滴相互之间的熔合及铝滴与母材的熔合。并且氧化铝的密度大，容易残存在焊缝中形成夹渣。

铝焊缝中的气孔倾向大。主要是因为熔融态铝能溶解大量的氢，而固态铝中氢的溶解度又很小，凝固时来不及逸出的氢残存在焊缝中，形成气孔。氢的来源主要是焊件、焊丝表面的氧化铝膜吸附住的空气中水分。因此，必须仔细清理焊件、焊丝表面的氧化铝膜，并使之干燥。

铝及铝合金焊接接头形成裂纹的倾向性大，主要是因为铝焊缝的铸态组织晶粒粗大，另外，焊缝中若含有少量的硅，还会导致在晶界处形成易熔共晶体所致。因此，常需要通过调整焊丝成分，以达到细化焊缝晶粒及抵消硅的有害影响的目的。

5. 铜及铜合金的焊接性

采用一般的焊接方法时，铜及铜合金的焊接性不好。铜焊缝中的气孔倾向大，也是因为熔融状态铜能溶解大量的氢，而固态铜中氢的的溶解度又很小，凝固时，来不及逸出的氢残存在焊缝中而形成气孔。

铜及铜合金焊接接头形成热裂纹的倾向也较大，主要是因为氧在铜中以氧化亚铜（Cu_2O）形式存在，氧化亚铜能与铜形成易熔共晶体，沿晶界分布易导致热裂纹。另外，残存在固态铜中的氢与氧化亚铜发生反应生成水蒸气。水蒸气不溶于铜，以很高的压力分布在显微空隙中，引起所谓氢脆。冷却过程中的氢脆现象，也是产生裂纹的原因。

铜具有很高的导热性，焊件厚度超过 4mm 时，就必须预热到 300℃ 才能达到焊接温度。焊接黄铜的主要困难是锌的蒸发。锌的蒸发使黄铜焊缝的强度、耐蚀性下降。另外，锌蒸气有毒，必须对施焊场所进行通风。

【课后练习】

1. 焊接按焊接过程特点可分为哪三大类？
2. 焊接成形的主要特点是什么？
3. 什么叫金属焊接性？如何评价金属焊接性？

任务二　手工电弧焊

【任务描述】

正确认识手工电弧焊的特点，焊接电源选用及焊条的基本知识。

【学习目标】

掌握手工电弧焊的基本工艺。

【相关知识】

目前在生产上常用的焊接方法有手工电弧焊、埋弧自动焊、气体保护焊，电渣焊、电阻焊、钎焊等。

6.2.1　手工电弧焊

利用电弧作为热源的熔焊方法称为电弧焊。手工电弧焊是用手工操纵焊条进行焊接的电弧焊方法。

1. 焊接电弧

焊接电弧是由焊接电源供给的，具有一定电压的两电极间或电极与焊件间，在气体介质中产生的强烈而持久的放电现象。焊接电弧的阳极区产生的热量多，温度也高；阴极区产生的热量较少，温度也低。例如使用碳钢焊条焊接钢材时，阳极区的温度约为 2600K，阴极区的温度约为 2400K。因此，采用直流弧焊机焊接时有正接和反接之分。焊件接电源正极，焊条接电源负极时称为正接。正接时焊件获得的热量多，熔池深，易焊透，适用于焊接厚件。若焊件接电源负极，焊条接电源正极时称为反接。反接时不易烧穿，适于焊接薄件。

2. 手工电弧焊电源

（1）手工电弧焊对电源的要求。手工电弧焊电源应具有适当的空载电压和较高的引弧电压，以利于引弧，保证安全；当电弧稳定燃烧时，焊接电流增大，电弧电压应急剧下降；还应保证焊条与焊件短路时，短路电流不应太大；同时焊接电流应能灵活调节，以适应不同的焊件及焊条的要求。

（2）手工电弧焊电源种类。常用手工电弧焊电源有交流弧焊机、直流弧焊机和逆变焊机。

① 直流弧焊机。直流弧焊机有弧焊发电机（由一台三相感应电动机和一台直流弧焊发电机

组成）和焊接整流器（整流式直流弧焊机）两种类型。

弧焊发电机具有电弧稳定、容易引弧和焊接质量较好等优点，但结构复杂、噪声大、成本高、维修困难，且在无焊接负载时也要消耗能量，现已被淘汰。如型号为 AX—320 的弧焊机为下降特性，额定焊接电流为 320A。

焊接整流器比弧焊发电机结构简单、重量轻、噪声小和制造维修方便，是近年来发展起来的一种弧焊机。如型号为 ZX5—300 弧焊机为下降特性、硅整流，额定焊接电流为 300A。

② 交流弧焊机。它是一种特殊的降压变压器，具有结构简单、噪声小、成本低等优点，但电弧稳定性较差。如型号为 BXJ—330 的交流弧焊变压器，额定焊接电流为 330A。该焊机既适于酸性焊条焊接，又适于碱性焊条焊接。

③ 逆变焊机。逆变电源是近几年发展起来的新一代焊接电源，它从电网吸取三相 380V 交流电，经整流滤波成直流，然后经逆变器变成频率为 2000Hz～30000Hz 的交流电，再经单相全波整流和滤波输出。逆变电源具有体积小、重量轻、节约材料、高效节能和适应性强等优点，是更新换代的电源。现已逐渐取代目前的整流弧焊机。

3. 焊条

（1）焊条的组成和作用。焊条是涂有药皮的供手工电弧焊用的熔化电极，由焊芯和药皮两部分组成。

① 焊芯。焊芯在焊接过程中既是导电的电极，同时本身又熔化作为填充金属，与熔化的母材共同形成焊缝金属。焊芯的质量直接影响焊缝的质量。焊丝中硫磷等杂质的质量分数很低。焊芯必须由专门冶炼的金属丝制成。

② 药皮。药皮是压涂在焊芯表面的涂料层，主要作用是在焊接过程中造气造渣，起保护作用，防止空气进入焊缝，避免焊缝高温金属被空气氧化；脱氧、脱硫、脱磷和渗合金等；并具有稳弧、脱渣等作用，以保证焊条具有良好的工艺性能，形成美观的焊缝。

（2）焊条的分类。根据药皮种类的不同，焊条可分为酸性焊条和碱性焊条。

① 酸性焊条 酸性焊条的熔渣呈酸性，药皮中含有大量 SiO_2、MnO 等氧化物，保护气体主要是 CO 和 H_2。

酸性焊条的优点是熔渣呈玻璃状，容易脱渣；焊接时由于保护气体 CO 和 H_2 的燃烧使熔池沸腾，能继续除去金属熔池中的气体，所以对焊件上的油、锈、污不敏感。表现为工艺性能较好，电弧稳定，交、直流弧焊机均可使用。

其缺点是由于保护气体中 H_2 质量分数大，约占 50%，焊缝金属中氧、氮的质量分数也比较高，脱硫能力小，所以焊缝的力学性能，尤其是塑性和韧性差，抗裂性低；另外，由于药皮的强氧化性，C、Si、Mn 等元素的烧损较大。故酸性焊条常应用于一般的焊接结构，典型的酸性焊条型号如 E4303。

② 碱性焊条 碱性焊条的熔渣呈碱性，药皮的主要成分为 $CaCO_3$ 和 CaF_2。

碱性焊条的优点是在焊接过程中 $CaCO_3$ 分解为 CaO 和 CO_2，其中的 CaO 与 S 反应生成 CaS 和 O，CaS 为熔渣被除去，除硫作用强于酸性焊条，保护气体主要为 CO_2 和 CO，H_2 的质量分数很低（<5%），故又称低氢型焊条。由于这种焊条少硫低氢，所以焊缝金属的塑性、韧性好，抗裂性强；又由于这种焊条药皮中含强氧化物少，故合金元素烧损少。

其缺点是药皮中的 CaF_2 化学性质极活泼，对油、锈、污敏感；电弧不稳定；熔渣为结晶状，不易脱渣；HF 是一种有毒气体，对人体危害较酸性焊条大，应注意车间的通风除尘。正因为碱性焊条的抗裂性强，焊缝力学性能好，故应用于重要结构的压力容器焊接。为了更好地发挥碱性焊条的抗裂作用，要求采用直流弧焊机、反接，且尽量采用短弧焊，以提高电弧气氛的保护效果。

（3）焊条的选用　在选择焊条时，应根据其性能特点，并考虑焊件的结构特点、工作条件、生产批量、施工条件及经济性等因素合理选用。

焊接低碳钢或低合金钢时，一般应使焊缝金属与母材等强度，焊接耐热钢、不锈钢时，应使焊缝金属的化学成分，与焊件的化学成分相近；焊接形状复杂和刚度大的结构及焊接承受冲击载荷、交变载荷的结构时，应选用抗裂性能好的碱性焊条；焊接难以在焊前清理的焊接结构时，应选用抗气孔性能好的酸性焊条；使用酸性焊条比使用碱性焊条经济，在满足使用性能要求的前提下应优先选用。

4. 手工电弧焊的基本工艺

手工电弧焊的基本工艺是指接头类型、坡口形式、焊缝空间位置及焊接规范的选择等。

（1）接头类型。焊接接头的基本形式有对接、角接、T形接和搭接等，如图 6.1 所示。

对接接头是指两焊件端面相对平行的接头。对接接头省材料，受载时应力分布均匀，焊接质量也容易保证，但焊前准备和装配要求高。对于重要的焊接结构如锅炉、压力容器等的受力焊缝，宜采用对接接头。

角接接头是指两焊件端面间构成大于 30°，小于 135° 夹角的接头。T 形接头是指一焊件端面与另一焊件端面构成直角或近似直角的接头。当焊接结构要求构成一定角度的连接时，则采用角接接头或 T 形接头。

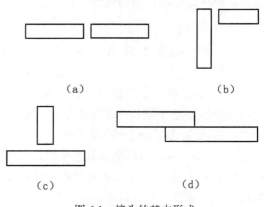

图 6.1　接头的基本形式

（a）对接　（b）角接　（c）T 形接　（d）搭接

搭接接头是指两焊件部分重叠构成的接头。搭接接头受载时应力分布复杂，往往产生弯曲附加应力，降低了接头的连接强度。但是，搭接接头的焊前准备与装配简单。常见的桁架结构多采用搭接接头。

（2）坡口形式。坡口是根据设计或工艺要求，在焊件待焊部位加工的一定几何形状的沟槽。坡口的基本形式有 I、Y、L、U、X 形等，如图 6.2 所示。坡口用机械、火焰、电弧等加工方法制成，其各部分的尺寸在国家标准中有规定。

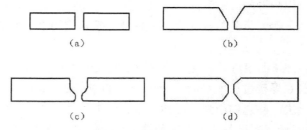

图 6.2　坡口的基本形式

（a）I 形　（b）Y 形　（c）带钝边 U 形　（d）双 Y 形

I 形坡口实际上是不开坡口的对接接缝，主要用于厚度为 1mm～6mm 钢板的焊接。焊件较厚又必须焊透时，待焊部位必须开坡口。

Y 形坡口主要用于厚度为 3mm～26mm 钢板的焊接。当焊件要求全焊透而焊缝背面又无法施焊时，可以采用 Y 形坡口。

双 Y 形坡口主要用于厚度 12mm～60mm 钢板的焊接。双 Y 形坡口比 Y 形坡口所需要的填充金属少，省焊条、省工时，但必须双面进行施焊。

U 形坡口主要用于厚度 20mm～60mm 钢板的焊接。U 形坡口也比 Y 形坡口所需要的填充金属少，省焊条、省工时，但坡口的加工比较困难。常需铣削加工。而 Y 形坡口、双 Y 形坡口采用氧气切割方法即可制出。

（3）焊接位置的确定。按焊缝所处的空间位置，焊接分为平焊、立焊、横焊、仰焊四种位置。在平焊位置焊接，熔滴能够依靠重力垂直下落至熔池，液态金属不易向四周散失。因此。焊缝成形良好，操作方便，焊接技术要求低。在立焊位置焊接，熔池的液态金属随时往下滴，因此，普遍采用从下向上的焊接方向。在横焊位置焊接，熔池的液态金属容易流出，因此焊件接缝应留适当间隙。在仰焊位置焊接，熔池的液态金属随时可能往下滴落，因此，应尽量缩小熔池的面积。显然，仰焊位置焊接最困难，平焊位置焊接最方便。在可能的条件下，应使立焊、横焊、仰焊位置转变为平焊位置进行焊接。例如，借助翻转架等变位机构改变焊缝的焊接位置。

（4）焊接工艺参数的确定　手工电弧焊的焊接工艺参数是指电源种类和极性、焊条直径、焊接电流和焊接层数。

① 电源种类和极性　酸性焊条一般选用交流焊机，碱性焊条一般选用直流焊机。只有选用了直流焊机后才考虑极性问题，具体可参照焊接电弧里的内容。

② 焊条直径的选择　焊条直径主要取决于焊件厚度、接头形式、焊缝位置、焊层（道）数等因素。根据焊件厚度，平焊时焊条的选用见表 6.1。

表 6.1   焊条直径的选择

焊件厚度/mm	<2	2～4	4～10	12～14	>14
焊条直径/mm	1.5～2.0	2.5～3.2	3.2～4	4～5	>5

③ 焊接电流的选择　焊接电流主要根据焊条直径来选择，对平焊低碳钢和低合金钢焊件，焊条直径 3～6mm 时，其电流大小可根据经验公式选择：

$$I=(30～50)d$$

式中　I——焊接电流（A）

　　　d——焊条直径（mm）

实际工作时，电流的大小还应考虑焊件的厚度、接头型式、焊接位置和焊条种类等因素。焊件厚度较薄时，横焊、立焊、仰焊以及不锈钢焊条等条件下，焊接电流均应比平焊时电流小 10%～15%，也可通过试焊来调节电流的大小。

④ 焊接层数　厚件和易过热的材料焊接时，常采用开坡口、多层多道焊的方法，每层焊缝的厚度以 3～4mm 为宜。也可按下式安排层数。

$$n=\delta/d$$

式中　n——焊接层数（取整数）

　　　δ——焊条直径（mm）

　　　d——焊件厚度（mm）

【课后练习】

1. 什么叫手工电弧焊？手工电弧焊电源种类有哪些？
2. 简述焊条的组成和作用。
3. 简述焊条的分类，并说明如何选用焊条。
4. 如何确定焊接工艺参数？

任务三　埋弧自动焊

【任务描述】

正确认识埋弧自动焊的焊接过程、特点及应用。

【学习目标】

掌握埋弧自动焊特点。

【相关知识】

埋弧自动焊是将手工电弧焊的引弧、焊条送进、电弧移动几个动作改由机械自动完成，电弧在焊剂层下燃烧，故称为埋弧自动焊。如果部分动作由机械完成，其他动作仍由焊工辅助完成，则称为半自动焊。

6.3.1　埋弧自动焊的过程

焊接时，自动焊机头将焊丝自动送入电弧区自动引弧，通过焊机弧长自动调节装置，保证一定的弧长，电弧在颗粒状焊剂下燃烧，母材金属与焊丝被熔化成较大体积（可达 $20cm^3$）的熔池。焊车带着焊丝自动均匀向前移动，或焊机头不动而工件匀速移动，熔池金属被电弧气体排挤向后堆积，凝固后形成焊缝。电弧周围的颗粒状焊剂被熔化成熔渣，部分焊剂被蒸发，生成的气体将电弧周围的气体排开，形成一个封闭的熔渣泡。它有一定的粘度，能承受一定的压力，因此使熔化金属与空气隔离，并防止熔化金属飞溅，既可减少热能损失，又能防止弧光四射。未熔化的焊剂可以回收重新使用。埋弧自动焊的过程，如图 6.3 所示。

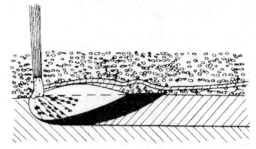

图 6.3　埋弧自动焊的过程

6.3.2　埋弧焊的特点和应用

埋弧自动焊与手工电弧焊相比，有以下特点。

（1）埋弧焊电流比手工电弧焊高 6～8 倍，不须更换焊条，没有飞溅，生产率提高 5～10 倍。同时，由于埋弧焊熔深大，可以不开或少开坡口，节省坡口加工工时，节省焊接材料，焊丝利用率高，降低了焊接成本。

（2）埋弧焊焊剂供给充足，保护效果好，冶金过程完善，焊接工艺参数稳定，焊接质量好，而且稳定；对操作者技术要求低，焊缝成形美观。

（3）改善了劳动条件，没有弧光，没有飞溅，烟雾也很少，劳动强度较轻。

（4）设备结构较复杂，投资大，装配要求高，调整等准备工作量较大。

（5）埋弧焊适应性差，只焊平焊位置，通常焊接直缝和环缝，不能焊空间位置焊缝和不规则焊缝。

【课后练习】

埋弧焊的特点和应用如何？

任务四　气体保护焊

【任务描述】

正确认识气体保护焊的类型、焊接原理、特点及应用。

【学习目标】

掌握气体保护焊焊接原理、特点及应用。

6.4.1　CO_2 气体保护焊

（1）CO_2 气体保护焊原理。CO_2 气体保护焊是以 CO_2 作为保护气体，以焊丝作电极，以自动或半自动方式进行焊接的一种焊接方法。目前常用的是半自动焊，即焊丝送进是靠机械自动进行并保持弧长，由操作人员手持焊枪进行焊接。

CO_2 气体在电弧高温下能分解，有氧化性，会烧损合金元素。因此，不能用来焊接有色金属和合金钢。焊接低碳钢、普通低合金钢时，通过含有合金元素的焊丝来脱氧和渗合金等冶金处理。现在常用的 CO_2 气体保护焊焊丝是 H08Mn2SiA，适用于焊接低碳钢和抗拉强度在 600MPa 以下的普通低合金钢。CO_2 气体保护焊的焊接装置，如图 6.4 所示。

一般情况下，无须接干燥器，甚至不需

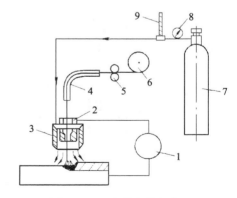

图 6.4　CO_2 气体保护焊装置

1—焊接电源　2—导电嘴　3—焊炬喷嘴　4—送丝软管
5—送丝机构　6—焊丝盘　7—气瓶　8—减压器　9—流量计

要预热器。但用于 300A 以上的焊枪时需要水冷。为了使电弧稳定，飞溅少，CO_2 气体保护焊采用直流反接。

（2）CO_2 气体保护焊的特点与应用。

① 成本低。CO_2 气体成本比较便宜，焊接成本仅是埋弧自动焊和手工电弧焊的 40% 左右。

② 操作性能好。CO_2 气体保护焊电弧是明弧，可清楚看到焊接过程。如同手工电弧焊一样灵活，适用于全位置焊接。

③ 生产率高　焊丝送进自动化，电流密度大，电弧热量集中，所以焊接速度快 ，焊后没有熔渣，不需清渣，比手工电弧焊提高生产率1～3 倍。

④ 焊接质量比较好。CO_2 气体保护焊焊缝含氢量低，采用合金钢焊丝易于保证焊缝性能。电弧在气流压缩下燃烧，热量集中，热影响区较小，变形和开裂倾向也小。

⑤ 设备使用和维修不便。送丝机构容易出故障，需要经常维修。

⑥ 焊缝成形差，飞溅大。烟雾较大，控制不当易产生气孔。

CO_2 气体保护焊适于低碳钢和强度级别不高的普通低合金钢焊接，主要焊接薄板。对单件小批生产和不规则焊缝采用半自动 CO_2 气体保护焊；大批生产和长直焊缝可用 CO_2+O_2 等混合气体保护焊。

6.4.2　氩弧焊

1. 氩弧焊原理

氩弧焊是使用氩气作为保护气体的气体保护焊。氩气是惰性气体，在高温下不和金属起化学反应，也不熔于金属，可以保护电弧区的熔池、焊缝和电极不受空气的有害作用，是一种较理想的保护气体。氩气电离势高，引弧较困难，但一旦引燃就很稳定。氩气纯度要求达到 99.9%，我国生产的氩气纯度能够达到这个要求。

按所用电极不同，氩弧焊分为钨极（非熔化极）。氩弧焊熔化极（金属极）氩弧焊两种，分别如图 6-5（a）和图 6-5（b）所示。

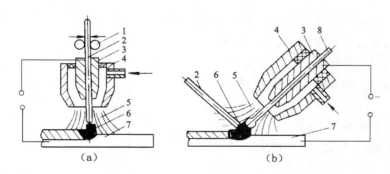

（a）　　　　　　　　　　（b）

图 6.5　氩弧焊示意图

1—送丝轮　2—焊丝　3—导电嘴　4—喷嘴　5—保护气体　6—电弧　7—母材　8—钨极

钨极氩弧焊电极常用钍钨极和铈钨极两种。焊接时，电极不熔化，只起导电和引弧作用。钨极为阴极时，发热量小，钨极为阳极时，发热量大，钨极烧损严重，电弧不稳定，焊缝易产生夹钨。因此，一般钨极氩弧焊不采用直流反接。但在焊接铝工件时，由于母材表面有氧化膜，影响熔合，这时采用直流反接，有"阴极破碎"作用，能消除氧化膜，使焊缝成形美观；而用正接时却没有这种"破碎"现象。因此，综合上述因素，钨极氩弧焊焊铝时一般采用交流电源。但交流电源产生的电弧不稳定，且有直流成分。因此，交流钨极氩弧焊设备还要有引弧、稳弧和除直流装置，比较复杂。

手工钨极氩弧焊的操作与气焊相似，需加以填充金属，也可以在接头中附加金属条或采用卷边接头。填充金属有的可采用和母材相同的金属，有的需要加一些合金元素，进行冶金处理，以防止气孔等缺陷。

熔化极氩弧焊以连续送进的焊丝作为电极，与埋弧自动焊相似，可用来焊接 25mm 以下的工件。可分为自动熔化极氩弧焊和半自动熔化极氩弧焊两种。

2. 氩弧焊的特点及应用

（1）电弧稳定，特别是小电流时也很稳定。因此，熔池温度容易控制，做到单面焊双面成形。尤其现在普遍采用的脉冲氩弧焊，更容易保证焊透和焊缝成形。

（2）采用气体保护，电弧可见（称为明弧），易于实现全位置自动焊接。

（3）电弧在气流压缩下燃烧，热量集中，熔池小，焊速快，热影响区小，焊接变形小。

（4）机械保护效果特别好，焊缝金属纯净，成形美观，质量优良。

（5）氩气价格较高，因此成本较高。

氩弧焊适用于焊接易氧化的有色金属和合金钢，如铝、钛和不锈钢等；适于单面焊双面成形，如打底焊和管子焊接；钨极氩弧焊，尤其脉冲钨极氩弧焊，还适用于薄板焊接。

【课后练习】

1. CO_2 气体保护焊的特点与应用如何？
2. 氩弧焊的特点及应用如何？

任务五　其他焊接方法

【任务描述】

正确认识其他焊接的类型、焊接原理、特点及应用。

【学习目标】

掌握其他焊接方法的焊接原理、特点及应用。

6.5.1　电渣焊

1. 电渣焊的原理

电渣焊是利用电流通过液态熔渣所产生的电阻热加热熔化母材与电极的焊接方法。按电极形式分为丝极电渣焊、板极电渣焊、熔嘴电渣焊和管极电渣焊。如图 6.6 所示。

电渣焊一般都是在垂直立焊位置焊接，两工件相距25mm～35mm。引燃电弧熔化焊剂和工件，形成渣池和熔池，待渣池有一定深度时增加送丝速度，使焊丝插入渣池，电弧便熄灭，转入电渣过程。这时，电流通过熔渣产生电阻热，将工件和电极熔化，形成金属熔池沉在渣池下面。渣池既作为焊接热源，又起机械保护作用。随着熔池和渣池上升，远离渣池的熔池金属便冷却形成焊缝。

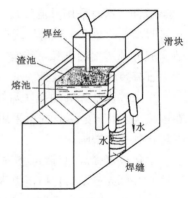

图 6.6　电渣焊示意图

2. 电渣焊的特点与应用

（1）适合焊接厚件，生产率高，成本低。用铸—焊、锻—焊结构拼成大件，以替代巨大的铸造或锻造整体结构，改变了重型机器制造工艺过程，节省了大量的金属材料和设备投资。同时，40mm 以上厚度的工件可不开坡口，节省了加工工时和焊接材料。

（2）焊缝金属比较纯净，电渣焊机械保护好，空气不易进入。熔池存在时间长，低熔点夹杂物和气体容易排出。

（3）电渣焊可以使很厚的焊件一次焊成，焊接速度慢，过热区大，接头组织粗大，因此，焊后要进行正火处理。

电渣焊适用于板厚 40mm 以上工件的焊接。单丝摆动焊件厚度为 60～150mm；三丝摆动可焊接厚度达 450mm。一般用于直缝焊接，也可用于环缝焊接。

6.5.2　钎焊

钎焊的原理如下。

钎焊是采用熔点比母材低的金属材料作钎料，将焊件与钎料加热到高于钎料熔点，低于母材熔点的温度，利用液态钎料润湿母材，填充接头间隙，并与母材相互扩散实现连接的焊接方法。

钎焊接头的质量在很大程度上取决于钎料。钎料应具有合适的熔点和良好的润湿性。母材接触面要求很干净，焊接时使用钎焊钎剂（参照 GB/15829—1995 选用），钎剂能去除氧化膜和油污等杂质，保护接触面，并改善钎料的润湿性和毛细流动性。钎焊按钎料熔点分为软钎焊和硬钎焊两大类。

（1）软钎焊。钎料熔点在 450℃以下的钎焊叫软钎焊，常用钎剂是松香、氯化锌溶液等。

软钎焊强度低，工作温度低，主要用于电子线路的焊接。由于钎料常用锡铅合金，故通称锡焊。

（2）硬钎焊。钎料熔点在 450℃以上，接头强度较高，都在 200MPa 以上。常用钎料有铜基、银基和镍基钎料等。常用钎剂有硼砂、硼酸、氯化物、氟化物等。硬钎焊主要用于受力较大的钢铁和铜合金构件的焊接，如自行车车架、刀具等。钎焊构件的接头形式均采用搭接或套件镶接。

6.5.3　气焊

气焊是指利用气体火焰作为热源的焊接方法。最常用的是利用氧乙炔焰作为热源的氧乙炔焊。焊接时，氧气和乙炔的混合气体在焊嘴中形成。点燃后，加热焊丝和焊件的接边形成熔池，移动焊丝和焊嘴形成焊缝。气焊焊丝一般选用与母材相近的金属丝。焊接不锈钢、铸铁、铜及其合金、铝及其合金时，常使用焊剂去除焊接过程中的氧化物，焊剂还具有保护熔池、改善熔池金属流动性的作用。焊剂应配合气焊焊丝选用。

气焊时焊接温度低，焊接薄板时不易烧穿，对焊缝的空间位置没有特殊要求，但这种焊接方式热影响区大。气焊用于焊接薄钢板、易熔的有色金属及合金。另外，如要求缓慢冷却的金属（如工具钢、铸铁、黄铜等）的焊接、铸铁的焊补、钎焊刀具等。气焊对无电源的野外施工具有特殊意义。

6.5.4　焊接新工艺简介

1. 激光焊接与切割

（1）激光焊接与切割的原理。激光焊接是利用原子受激辐射的原理，使工作物质（激光材料）受激而产生的一种单色性好、方向性强、强度很高的激光束。聚焦后的激光束最高能量密度可达 $10^{13}W/cm^2$，在千分之几秒甚至更短时间内将光能转换成热能，温度可达一万摄氏度以上，可以用来焊接和切割，如图 6.7 所示。目前焊接中应用的激光器有固体和气体介质两种。固体激光器常用的激光材料有红宝石、钕玻璃和掺钕钇铝石榴石；气体激光器所用激光材料是二氧化碳。

（2）激光焊接的分类。激光焊分为脉冲激光焊接和连续激光焊接两大类。

① 脉冲激光焊接。适用于电子工业和仪表工业微型件的焊接，可实现薄片（0.2mm 以上）、薄膜（几微米到几十微米）、丝与丝（直径 0.02mm～0.2mm）、密封缝焊和异种金属、异种材料的焊接，零点几毫米不锈钢、铜、镍、钽等金属丝的对接、重迭、十字接、T 形接、密封性微型继电器、石英晶体器件外壳和航空仪表零件的焊接等。

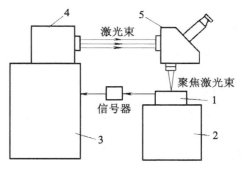

图 6.7　激光焊示意图
1—工件　2—工作台　3—电源及控制设备
4—激光器　5—观察器及聚焦系统

② 连续激光焊接。主要使用大功率 CO_2 气体激光器，连续输出功率可达 100kW，可以进行从薄板精密焊到 50mm 厚板深穿入焊的各种焊接。

（3）激光焊接的特点。

① 能量密度大且放出极其迅速，适合于高速加工，能避免热损伤和焊接变形，故可进行精密零件、热敏感性材料的加工。被焊材不易氧化，可以在大气中焊接，不需要气体保护或真空环境。

② 可对绝缘材料直接焊接，对异种金属材料焊接比较容易，甚至能把金属与非金属焊接在一起。

③ 激光焊接装置不需要与被焊接工件接触。激光束可用反射镜或偏转棱镜将其在任何方向上弯曲或聚焦，因此可以焊接一般方法难以接近的接头或无法安置的接焊点，如真空管中电极的焊接。

（4）激光切割

激光切割机理有激光蒸发切割、激光熔化吹气切割和激光反应气体切割三种。

激光切割具有切割质量好，效率高，速度快，成本低等优点。一般来说，金属材料对激光吸收效率低，反射损失大，同时导热性强，所以要尽可能采用大功率激光器。非金属材料对 CO_2 激光束吸收率是相当高的，传热系数都较低，所用激光器功率不需要很大，切割、打孔等加工较容易，因此，较小功率的激光器就能进行非金属材料的切割。目前大功率 CO_2 激光器作为隧道等挖掘工程的辅助工具，已用于岩石的切割。

2. 真空电子束焊接

（1）真空电子束焊接的原理 真空电子束焊是把工件放在真空（真空度必须保持在 666×10^{-4}Pa 以上）内，由真空室内的电子枪产生的电子束经聚焦和加速，撞击工件后动能转化为热能的一种熔化焊，如图 6.8 所示。

真空电子束焊一般不加填充焊丝，若要求焊缝的正面和背面有一定堆高时，可在接缝处预加垫片。焊前必须严格除锈和清洗，不允许残留有机物。对接焊缝间隙不得超过 0.2mm。

随着原子能和航空航天技术的发展，大量应用了锆、钛、钽、铌、钼、铍、镍及其合金。这些稀有的难熔、活性金属，用一般的焊接技术难以得到满意的效果。真空电子束焊接技术研制成功，才为这些难熔、活性金属的焊接开辟了一条有效途径。

（2）真空电子束焊的特点与应用

① 在真空环境中施焊，保护效果极佳，焊接质量好。焊缝金属不会氧化、氮化，且无金属电极玷污。没有弧坑或其他表面缺陷，内部熔合好，

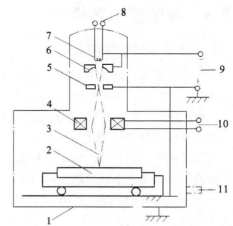

图 6.8 真空电子束焊示意图

1—真空室 2—焊件 3—电子束 4—聚焦透镜 5—阴极 6—阳极 7—灯丝 8—交流电源 9—直流高压电源 10—直流电源 11—排气装置

无气孔夹渣。特别适合于焊接化学活泼性强、纯度高和极易被大气污染的金属，如铝、钛、锆、钼、高强钢、不锈钢等。

② 焊接变形小。可以焊接一些已机械加工好的组合零件，如多联齿轮组合零件等。

③ 焊接工艺参数调节范围广，焊接过程控制灵活，适应性强。可以焊接 0.1mm 薄板，也可以焊接 200mm～300mm 厚板；可焊普通的合金钢，也可以焊难熔金属、活性金属以及复合材料、异种金属（如铜—镍、钼—钨等），还能焊接一般焊接方法难以施焊的复杂形状的工件。

④ 焊接设备复杂、造价高、使用与维护要求技术高。焊件尺寸受真空室限制。

目前，真空电子束焊在原子能、航空航天等尖端技术部门应用日益广泛，从微型电子线路组件、真空膜盒、钼箔蜂窝结构、原子能燃料元件、导弹外壳，到核电站锅炉气泡等都已采用电子束焊。此外，熔点、导热性、溶解度相差很大的异种金属构件、真空中使用的器件和内部要求真空的密封器件等，用真空电子束焊也能得到良好的焊接接头。

但是，由于真空电子束焊接是在压强低于 10^{-2}Pa 的真空中进行，因此，易蒸发的金属和含气量比较多的材料，在真空电子束焊接时易于发弧，妨碍焊接过程的连续进行。所以，含锌较高的铝合金（如铝—锌—镁）和铜合金（黄铜）及未脱氧处理的低碳钢，不能用真空电子束焊接。

3. 等离子弧焊接和切割

（1）等离子弧焊接和切割的原理。将自由电弧经过机械压缩效应、热压缩效应和电磁压缩效应作用后可获得一种电离度很高的、能量高度集中的等离子弧。等离子弧发生装置如图6.9所示。

在钨极与工件之间加一高压，经高频振荡器使气体电离形成电弧，这一电弧受到三个压缩效应：一是"机械压缩效应"。电弧通过经水冷的细孔喷嘴时被强迫缩小，不能自由扩展；二是"热压缩效应"。当通入有一定压力和流量的氩气或氮气流时，由于喷嘴水冷作用，使靠近喷嘴通道壁的气体被强烈冷却，使弧柱进一步压缩，电离度人为提高，从而使弧柱温度和能量密度增大；三是

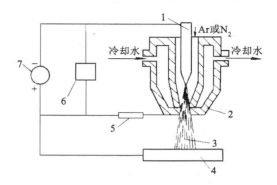

图6.9　真空电子束焊接示意图

1—钨极　2—喷嘴　3—等离子弧　4—工件
5—电阻　6—高频振荡器　7—直流电源

"电磁收缩效应"。带电粒子流在弧柱中运动好像电流在一束平行的"导线"中移动一样，其自身磁场所产生的电磁力，使这些"导线"相互吸引靠近，弧柱又进一步被压缩。在上述三个效应作用下形成等离子弧，弧柱能量高度集中，能量密度可达 $10W/cm^2 \sim 10^6 W/cm^2$，温度高达 20000K～50000K（一般自由状态的钨极氩弧最高温度为 10000K～20000K，能量密度在 $10^4 W/cm^2$ 以下）。因此，它能迅速熔化金属材料，用来焊接和切割。

（2）等离子弧焊接的分类。等离子弧焊接分为大电流等离子弧焊和微束等离子弧焊两类。

① 大电流等离子弧焊件厚度大于 2.5mm，两种工艺：第一种是穿透型等离子弧焊。在等离子弧能量足够大和等离子流量较大条件下焊接时，焊件上产生穿透小孔，小孔随等离子弧移动，这种现象称为小孔效应。稳定的小孔是完全焊透的重要标志。由于等离子弧能量密度难以提高到较高程度，致使穿孔型等离子弧焊只能用于一定板厚平面焊。第二种是熔透型等离子弧焊。当等离子气流量减小时，小孔效应消失了，此时等离子弧焊和一般钨极氩弧焊相似，适用于薄板焊接、多层焊和角焊缝。

② 微束等离子弧焊时电流在30A以下。由于电流小到0.1A等离子弧仍十分稳定，所以电弧能保持良好的挺度和方向性，适用于焊接 0.025mm～1mm 金属箔材和薄板。

（3）等离子弧焊接的特点与应用　等离子弧焊除了具有氩弧焊优点外，还有以下两方面特点：

① 有小孔效应且等离子弧穿透能力强，所以 10mm～12mm 厚度焊件可不开坡口，能实现单面焊双面自由成形。

② 微束等离子弧焊可以焊很薄的箔材。

等离子弧焊接日益广泛地应用于航空航天等尖端技术所用的铜合金、钛合金、合金钢、钼、钴等金属的焊接，如钛合金导弹壳体、波纹管及膜盒、微型继电器、飞机上的薄壁容器等。

4. 摩擦焊

（1）摩擦焊的原理。摩擦焊是利用工件相互摩擦产生的热量同时加压而进行焊接的。

先将两焊件夹在焊机上，加压使焊件紧密接触，然后焊件1旋转与焊件2摩擦产生热量，待端面加热到塑性状态时让焊件1停止旋转，并立即在焊件2的端面施加压力使两焊件焊接起来。

（2）摩擦焊的特点与应用。

① 接头质量好而且稳定，因在摩擦过程中接触面氧化膜及杂质被清除，焊后组织致密，不易产生气孔、夹渣等缺陷。

② 焊接生产率高，如我国蛇形管接头摩擦焊为 120 件/小时，而闪光焊只有 20 件/小时。另外，它不需焊接材料，容易实现自动控制。

③ 可焊接的金属范围广，适于焊接异种金属，如碳钢、不锈钢、高速工具钢、镍基合金之间的焊接，铜与不锈钢焊接，铝与钢焊接等。

④ 设备简单（可用车床改装），电能消耗少（只有闪光对焊的 1/10～1/15）。但刹车和加压装置要求灵敏。

摩擦焊主要用于等截面的杆状工件焊接。也可用于不等截面焊接，但要有一个焊件为圆形或管状。目前摩擦焊主要用于锅炉、石油化工机械、刀具、汽车、飞机和轴瓦等重要零部件的焊接。

【课后练习】

1. 氩弧焊的特点及应用如何？
2. 电渣焊的特点与应用如何？

任务六　焊接结构工艺性

【任务描述】

正确认识焊接方法的选择及焊接接头工艺设计。

【学习目标】

掌握焊接接头工艺设计。

【相关知识】

目前常用焊接方法的特点见表 6.2。

焊接结构的设计，除考虑结构的使用性能、环境要求和国家的技术标准与规范外，还应考虑结构的工艺性和现场的实际情况，以力求生产率高、成本低，满足经济性的要求。焊接结构工艺性，一般包括焊接结构材料选择、焊接方法、焊缝布置和焊接接头设计等方面内容。

6.6.1　焊接结构材料的选择

随着焊接技术的发展，工业上常用的金属材料一般均可焊接。但材料的焊接性不同，焊后接头质量差别就很大。因此，应尽可能选择焊接性良好的焊接材料来制造焊接构件。特别是优先选用低碳钢和普通低合金钢等材料，其价格低廉，工艺简单，易于保证焊接质量。

6.6.2　焊接方法的选择

　　焊接方法选择的主要依据是材料的焊接性、工件的结构形式、厚度和各种焊接方法的适用范围、生产率等。目前常用焊接方法的特点见表 6.2。

表 6.2　　　　　　　　　　　　　常用焊接方法的特点及应用

焊接方法	焊接热源	主要接头形式	焊接位置	钢板厚度/mm	可焊材料	生产率	应用范围
手工电弧焊	电弧热	对接、搭接、T形接、卷边接	全位置焊	3～20	碳素钢、低合金钢、铸铁、铜及铜合金	中等偏高	在静止、冲击或振动载荷下工作的构件，补焊铸铁件缺陷和损坏的构件
埋弧焊	电弧热	对接、搭接、T形接	平焊	6～60	碳素钢、低合金钢、铜及铜合金	高	在各种载荷下工作的构件，成批生产、中厚板长直焊缝和较大直径环缝
CO_2焊	电弧热	对接、搭接、T形接	全位置焊	0.8～25	碳素钢、低合金钢、	很高	要求致密、耐蚀、耐热的构件
氩弧焊	电弧热	对接、搭接、T形接	全位置焊	0.5～25	铝、铜、镁、钛及钛合金、耐热钢、不锈钢	中等偏高	要求致密、耐蚀、耐热的构件
对焊	电阻热	对接	平焊	≤20	碳素钢、低合金钢、不锈钢、铝及其合金	很高	焊接杆状构件
点焊	电阻热	搭接	全位置焊	0.5～3	碳素钢、低合金钢、不锈钢、铝及其合金	很高	焊接薄壳板构件
缝焊	电阻热	搭接	平焊	<3	碳素钢、低合金钢、不锈钢、铝及其合金	很高	焊接薄壁容器和管道
电渣焊	电阻热	对接	立焊	40～450	碳素钢、低合金钢、不锈钢、铸铁	很高	一般用来焊接大厚度铸、锻件
等离子弧焊	压缩电弧热	对接	全位置焊	0.025～12	耐热钢、不锈钢、铜、镍、钛及钛合金	中等偏高	用一般焊接方法难以焊接的金属及合金
钎焊	各种热源	搭接、套接	平焊	—	碳素钢、合金钢、铸铁、铜及其合金	高	用其他焊接方法难以焊接的金属及合金
气焊	火焰热	对接、卷边接	全位置焊	0.5～3	碳素钢、合金钢、铸铁、铜、铝及其合金	低	耐热性、致密性、静载荷、受力不大的薄板结构,补焊铸铁件及损坏的机件

6.6.3　焊接接头设计

焊接接头设计包括接头形式、坡口形式和焊缝布置设计，接头形式、坡口形式在前面已经作了介绍，下面仅就焊缝布置设计作必要的说明。

焊缝布置的一般工艺设计原则如下：

（1）焊缝布置应便于焊接操作。手工电弧焊时，要考虑焊条能到达待焊部位。点焊和缝焊时，应考虑电极能方便进入待焊位置，如图6.10和图6.11所示。

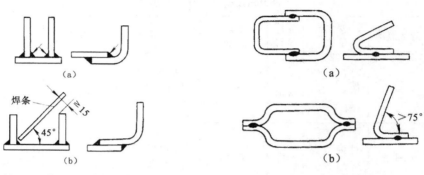

图 6.10　手工电弧焊焊缝布置　　　　图 6.11　点焊或缝焊焊缝布置

（a）不合理　（b）合理　　　　　　（a）不合理　（b）合理

（2）焊缝应避开应力集中部位。焊接接头往往是焊接结构的薄弱环节，存在残余应力和焊接缺陷。因此，焊缝应避开应力较大部位，尤其是应力集中部位，如焊接钢梁焊缝不应在梁的中间而应该按如图 6.12（d）所示均分；压力容器一般不用平板封头、无折边封头，而应采用碟形封头和球性封头等，如图6.12（c）所示。

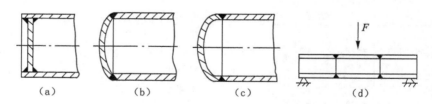

图 6.12　焊缝应避开应力集中部位

（a）平板封头　（b）无折边封头　（c）碟形封头　（d）焊接钢梁

（3）焊缝布置应尽可能对称。焊缝对称布置可使焊接变形相互抵消。如图 6.13 中（a）、（b）焊缝偏于截面重心一侧，焊后会产生较大的弯曲变形；图 6.13（c）、（d）、（e）焊缝对称布置，焊后不会产生明显变形。

（4）焊缝布置应尽可能分散，避免过分集中和交叉。焊缝密集或交叉会加大热影响区，使组织恶化，性能下降。两焊缝间距一般要求大于三倍板厚且不小于 100mm，如图 6.14 所示。

（5）尽量减小焊缝长度和数量。减小焊缝长度和数量可减少焊接加热，减少焊接应力和变形，同时减少焊接材料消耗，降低成本，提高生产率。图 6.15 是采用型材和冲压件减少焊缝的设计。

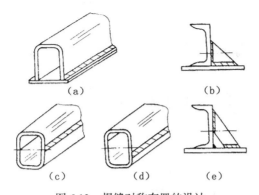

图 6.13　焊缝对称布置的设计

（a）和（b）焊后弯曲变形　　（c）、（d）和（e）焊后不变形

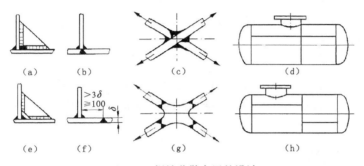

图 6.14　焊缝分散布置的设计

（a）、（b）、（c）和（d）不合理　　（e）、（f）、（g）和（h）合理

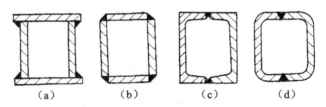

图 6.15　合理选材减少焊缝数量

（a）和（b）用四块钢板焊成　　（c）用两根槽钢焊成　　（d）用两块钢板弯曲后焊成

（6）焊缝应尽量避开机械加工表面。有些焊接结构需要进行机械加工，为保证加工表面精度不受影响，焊缝应避开这些加工表面，如图 6.16 所示。

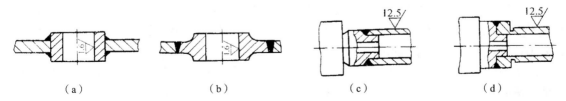

图 6.16　焊缝远离机械加工表面的设计

（a）和（b）不合理　　（c）和（d）合理

【课后练习】

简述焊缝布置的一般工艺设计原则。

任务七　焊接质量检验

【任务描述】

正确认识焊接缺陷产生的原因及预防措施。

【学习目标】

了解焊接检验的过程及检验方法。

【相关知识】

在焊接生产过程中，由于焊接结构设计、焊接工艺参数、焊前准备和操作方法等原因，往往会产生焊接缺陷。焊接缺陷会影响焊接结构使用的可靠性，在焊接生产中要采取措施尽量避免焊接缺陷的产生。

6.7.1　常见焊接缺陷

（1）焊缝形状缺陷。指焊缝尺寸不符合要求及咬边、烧穿、焊瘤及弧坑等。

（2）气孔。指焊缝熔池中的气体在凝固时未能析出而残留下来形成的窄穴。

（3）夹渣和夹杂。指焊后残留在焊缝中的熔渣和经冶金反应产生的，焊后残留在焊缝中的非金属夹杂。

（4）未焊透、未熔合。指焊缝金属和母材之间或焊道金属之间未完全熔化结合以及焊缝的根部未完全熔透的现象。

（5）裂纹。包括热裂纹、冷裂纹、再热裂纹和层状撕裂等。

（6）其他缺陷。电弧擦伤、飞溅、磨痕、凿痕等。

6.7.2　产生焊接缺陷的原因及预防措施

1．未焊透

（1）产生原因。产生未焊透的根本原因是输入焊缝焊接区的相对热量过少，熔池尺寸小，熔深不够。生产中的具体原因有：坡口设计或加工不当（角度、间隙过小）、钝边过大、焊接电流太小、焊条操作不当或焊速过快等。

（2）预防措施。正确选用和加工坡口尺寸，保证良好的装配间隙；采用合适的焊接参数；保证合适的焊条摆动角度；仔细清理层间的熔渣。

2．气孔

（1）产生原因。生产中产生气孔的具体原因有：工件和焊接材料有油、锈，焊条药皮或焊剂潮湿、焊条或焊剂变质失效、操作不当引起保护效果不好、线能量过小，使得熔池存在时间过短。

（2）预防措施。清除焊件焊接区附近及焊丝上的铁锈、油污、油漆等污物；焊条、焊剂在使用前应严格按规定烘干；适当提高线能量，以提高熔池的高温停留时间；不采用过大的焊接电流，以防止焊条药皮发红失效；不使用偏心焊条；尽量采用短弧焊。

3. 夹渣

（1）产生原因。产生夹渣的原因是各类残渣的量多且没有足够的时间浮出熔池表面。生产中的具体原因有：多层焊时，前一层焊渣没有清除干净、运条操作不当、焊条熔渣粘度太大、脱渣性差、线能量小，导致熔池存在时间短、坡口角度太小等。

（2）预防措施。选用合适的焊条型号；焊条摆动方式要正确；适当增大线能量；注意层间的清理，特别是低氢碱性焊条，一定要彻底清除层间焊渣。

4. 裂纹

裂纹分为两类：在焊缝冷却结晶以后生成的冷裂纹，在焊缝冷却凝固过程中形成的热裂纹。裂纹的产生与焊缝及母材成分、组织状态及其相变特性、焊接结构条件及焊接时所采用装夹方法决定的应力、应变状态有关。如不锈钢易出现热裂纹，低合金高强钢易出现冷裂纹。

（1）产生热裂纹的原因与预防。热裂纹的产生跟 S、P 等杂质太多有关。S、P 在钢中生成的低熔点脆性共晶物，会集聚在最后凝固的树枝状晶界间和焊缝中心区。在焊接应力作用下，焊缝中心线、弧坑、焊缝终点都容易形成热裂纹。为防止热裂纹应注意：严格控制焊缝中 S、P 杂质的含量；填满弧坑；减慢焊接速度，以减小最后冷却结晶区域的应力和变形；改善焊缝形状，避免熔深过大的梨形焊缝。

（2）冷裂纹产生的原因与预防。产生冷裂纹的原因较为复杂，一般认为有三方面的因素：含 H 量；拘束度；淬硬组织。其中最主要的因素是含 H 量，故常称其为氢致裂纹。为防止冷裂纹，应从控制产生冷裂纹的三个因素着手：选用低氢焊条并烘干；清除焊缝附近的油污、锈和油漆等污杂物；用短弧焊，以增强保护效果；尽可能设计成刚性小的结构；采用焊前预热、焊后缓冷或焊后热处理措施，以减少淬硬倾向和焊后残余应力。

不同的焊接方法产生焊接缺陷的原因是不同的，在生产过程中要具体分析产生原因后再制订预防或消除措施。这几种焊接缺陷中，焊接裂纹是危害最大的焊接缺陷。它不仅会造成应力集中，降低焊接接头的静载强度，更严重的是它是导致疲劳和脆性破坏的重要诱因。

6.7.3 焊接质量检验

1. 焊接检验过程

焊接检验过程包括焊前、焊接生产过程中和焊后成品检验。焊前检验主要内容有原材料检验、技术文件、焊工资格考核等。焊接过程中的检验主要是检查各生产工序的焊接工艺执行情况，以便发现问题及时补救，通常以自检为主。焊后成品检验是检验的关键，是焊接质量最后的评定。通常包括三方面：无损检验，如 X 射线检验、超声波检验等；成品强度试验，如水压试验，气压试验等；致密性检验，如煤油试验、吹气试验等。

2．焊接检验方法

焊接检验的主要目的是检查焊接缺陷。针对不同类形的缺陷通常采用破坏性检验和非破坏性检验（无损检验）。非破坏性检验是检验重点，主要方法有：

（1）外观检验。用肉眼或放大镜（小于 20 倍）检查外部缺陷。

（2）无损检验。无损检验的方法有：

① 磁粉检验。磁粉检验是检查铁磁性材料表面或近表面的裂纹、气孔、夹渣等焊接缺陷的一种方法。

② 着色检验。着色检验是借助渗透性强的渗透剂和毛细管的作用检查焊缝表面缺陷。

③ 超声波检验。超声波检验利用频率在 20000Hz 以上超声波的反射，探测焊缝内部缺陷的位置、种类和大小。

④ 射线检验。射线检验是借助射线（X 射线、γ 射线或高能射线等）的穿透作用检查焊缝内部缺陷，通常用照相法。

（3）焊后成品强度检验。主要是水压试验和气压试验。用于检查锅炉、压力容器、压力管道等焊缝接头的强度。具体检验方法依照有关行业标准执行。

（4）致密性检验。

① 煤油检验。在被检焊缝的一侧刷上石灰水溶液，待干后再在另一侧涂煤油，借助煤油的穿透能力，当焊缝有裂缝等穿透性缺陷时，石灰粉上呈现出煤油润湿的痕迹，据此发现焊接缺陷。

② 吹气检验。在焊缝一侧吹压缩空气，另一侧刷肥皂水，若有穿透性缺陷，该部位会出现气泡，即可发现焊接缺陷。

【课后练习】

焊接产生的缺陷有哪些以及预防措施如何？

任务一　金属切削加工的基本概念

【任务描述】

正确地辨别切削运动的组成，认识组成切削的三要素，依据相应的加工环境，能够判定刀具的主要参数及相关性能。

【学习目标】

理解刀具的主要结构及刀具材料的性能，掌握切削用量和切削运动的组成。

【相关知识】

零件金属切削加工是通过刀具与工件之间的相对运动，从毛坯上切除多余的金属，从而获得合格零件的加工方法。

金属切削加工通常又称为机械加工，即通过各种金属切削机床对工件进行切削、加工。切削加工的基本形式有车削、铣削、钻削、刨削等。从加工考虑，钳工也属于金属切削加工。钳工即使用车工切削工具在钳台上对工件进行加工，其基本形式有：錾削、锉削、锯削、刮削，以及钻孔、铰孔、攻螺纹等。

7.1.1　切削运动

在金属切削加工，为了要从零件上切去一部分多余的金属层，刀具和工件间必须完成一定的切削运动。切削运动是为了形成工件表面所必需的、刀具与工件之间的相对运动，依其作用的不同，分为主运动和进给运动，如图 7.1 所示。

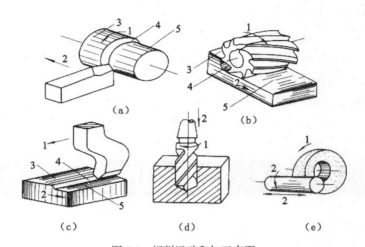

图 7.1 切削运动和加工表面

（a）车削   （b）铣削   （c）刨削   （d）钻削   （e）磨削

1—主运动   2—进给运动   3—待加工表面   4—加工表面   5—已加工表面

1. 主运动

是切削运动中速度最高、消耗功效最大的运动，它是切除工件多余金属所需要的最基本的运动。车削主运动是工件的旋转运动；铣削和钻削主运动是刀具的旋转运动；磨削主运动是砂轮的旋转运动；刨削主运动是刀具（牛头刨床）或工件（龙门刨床）的往复直线运动等。一般切削加工中主运动只有一个。

主运动只能切除毛坯的部分多余金属材料，欲使被切削层金属连续不断地投入切削，还需要进给运动。

2. 进给运动

是使新的切削层金属不断地投入切削，从而切出整个工件表面的运动。车削进给运动是刀具的移动；铣削进给运动是工件的移动；钻削进给运动是钻头沿其轴线方向的移动；内、外圆磨削进给运动是工件的旋转运动和移动等。进给运动可以是一个或多个。一般情况下，此运动的速度较低，消耗功率较小。

切削过程中，主运动、进给运动合理的组合，便可以加工各种不同的工件表面。

切削过程中，工件上形成三个表面，即：

待加工表面——将被切除的表面；

加工表面——正在切削的表面；

已加工表面——切除多余金属后形成的表面。

7.1.2 切削用量

任何切削加工都必须选择合适的切削速度 v，进给量 f 及背吃力量 a_p，它们合称切削用量。

1. 切削速度 v

切削速度是主运动的线速度，单位为 m/s 或 m/min。主运动是旋转运动时，切削速度计算公式如下：

$$\upsilon = \frac{\pi dn}{1000}$$

式中　　d——工件加工表面或刀具的最大直径，单位为 mm；

　　　　n——主运动的转速，单位为 r/s 或 r/min。

2. 进给速度 υ_f 和进给量 f

进给速度 υ_f 为单位时间内刀具对工件沿进给方面的相对位移，单位是 mm/s 或 mm/min。

每转进给量 f（简称进给量）为工件或刀具每转一周，刀具对工件沿进给方向的相对位移，单位是 mm/r。进给量 f 与进给速度 υ_f 之间的关系为

$$\upsilon_f = fn$$

当主运动是往复直线运动时，进给量为每往复一次的进给量。

3. 背吃量 a_p

背吃量 a_p 是工件已加工表面和待加工表面之间的垂直距离，单位是 mm。

外圆车削背吃刀量 a_p 为：

$$a_p = \frac{d_w - d_m}{2}$$

钻孔背吃刀量 a_p 为：

$$a_p = \frac{d_m}{2}$$

式中　　d_m——已加工表面直径，单位为 mm；

　　　　d_w——待加工表面直径，单位为 mm。

7.1.3　刀具切削部分基本定义

1. 刀具切削部分结构要素

任何刀具都由切削部分和夹持部分组成，虽然刀具种类很多，形态各异，但其切削部分都有着共性，切削部分总是近似地以外圆车刀的切削部分为基本形态，其他各类刀具可看成是它的演变和组合，故以普通车刀为例，刀具切削部分的结构要素如图 7.2 所示，其定义和说明如下：

（1）前刀面 A_r。切屑沿其流出的表面。如果前刀面是由几个相互倾斜的表面组成的，则可从切削刃开始，依次把它们称为第一前刀面、第二前刀面等。

（2）后刀面 A_a。与工件上新形成的过渡表面相对的表面。也可以分为第一后刀面、第二后刀面等。

（3）副后刀面 A_a'。与副切削刃毗邻、与工件上已加工表面相对的刀面，称为副后刀面。同样，也可以分为第一副后刀面、第二副后刀面等。

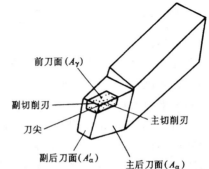

图 7.2　车刀切削部分的结构要素

（4）主切削刃。前刀面与后刀面的交线。在切削过程中，承担主要的切削任务。

（5）副切削刃。前刀面与副后刀面的交线。它参与部分的切削任务。

（6）刀尖。指主切削刃和副切削刃的交点或连接部分。

2. 刀具的主要工作角度

（1）前角 γ_0。前刀面与基面的夹角，有正负之分，前刀面位于基面之前时，$\gamma_0 < 0°$，反之 $\gamma_0 > 0°$。基面为通过切削刃选定点，垂直于主运动方向的平面。

（2）后角 a_o。后刀面与切削平面的夹角。切削平面为通过切削刃选定点，与切削刃相切，并垂直于基面的平面。

（3）主偏角 k_r。切削平面与进给平面间的夹角。进给平面是通过切削刃选定点，平行于进给运动方向，并垂直于基面的平面。

（4）副偏角 k_r'。副切削刃与进给运动方向在基面上投影间的夹角。

（5）刃倾角 λ_s。在切削平面内度量的主切削刃与基面间的夹角。

7.1.4 刀具材料及选用

刀具材料主要是指刀具切削部分的材料。在切削过程中，刀具的切削能力，直接影响着生产率、加工质量和加工成本。而刀具的切削性能，主要取决于刀具材料；其次是刀具几何参数和刀具结构的选择与设计是否合理。因此，应当重视刀具材料的正确选择和合理使用。

1. 刀具材料应具备的性能

（1）高硬度。刀具材料的硬度必须高于被切工件的硬度，常温硬度必须在 62HRC 以上。

（2）高耐磨性。刀具在切削时承受着剧烈摩擦，因此刀具材料应具有较强的耐磨性，它取决于材料本身的硬度、化学成分和金相组织。

（3）足够的强度和韧度。刀具切削时要承受很大的压力、冲击和振动，刀具材料必须具有足够的抗弯强度 σ_{bb} 和冲击韧度 a_k。

（4）高耐热性。指在高温下保持材料硬度的性能，用高温硬度或红硬性表示。耐热性越好，允许的切削速度越高。因此它是衡量刀具材料性能的重要指标。

（5）具有良好的工艺性和经济性。即要求刀具材料本身的可切削性能、磨削性能、热处理性能、焊接性能等要好，且又要资源丰富，价格低廉。

2. 常用刀具材料及选用

刀具材料的种类很多，常用的有碳素工具钢、合金工具钢、高速钢、硬质合金、陶瓷、金刚石和立方氮化硼等。碳素工具钢和合金工具钢因耐热性差，仅用于手工工具。陶瓷、金刚石和立方氮化硼，由于质脆、工艺性差及价格昂贵，仅在小范围内使用。目前最常用的工具材料是高速钢和硬质合金。

（1）高速钢。高速钢的强度、韧度、工艺性均较好，热处理变形小，刃磨后切削刃较锋利，可制造多种刀具，尤其是复杂刀具，如成形车刀、铣刀、钻头、拉刀、齿轮刀具等。加工材料范围也很广泛，如钢、铁和有色金属等。

（2）硬质合金。由于硬质合金中含有大量金属碳化物，其硬度、熔点都很高，化学稳定性也好，因此硬质合金的硬度、耐磨性、耐热性都很高，但抗弯强度和冲击韧度较差。因其优良的切削性能，已成为主要的刀具材料，不但绝大部分车刀采用硬质合金，面铣刀和一些形状复杂的刀具如麻花钻、齿轮滚刀、铰刀、拉刀等也日益广泛采用此材料。

3. 其他刀具材料

（1）涂层硬质合金。涂层硬质合金是在韧性较好的硬质合金基体上，涂一层硬度、耐磨性极高的难熔金属化合物而获得。它较好地解决了刀具的硬度、耐磨性与强度、韧性之间的矛盾，具有良好的切削性能。与未涂层刀具相比，涂层刀具能降低切削力、切削温度，并能提高已加工表面质量，在相同的刀具使用寿命下，能提高切削速度。

（2）陶瓷。陶瓷刀具有很高的高温硬度，在 1200℃时，硬度尚能达到 80HRA，仍具有较好的切削性能。在高温下不易氧化，与普通钢不易发生粘结和扩散作用，还有较低的磨擦系数，可用于加工钢、铸铁，对于冷硬铸铁、淬硬钢的车削和铣削特别有效，其使用寿命、加工效率和已加工表面质量常高于硬质合金刀具。

（3）金刚石。金刚石是目前已知的最硬材料，它的硬度极高，接近于 10000HV（硬质合金仅为 1300～1800HV）。金刚石分天然和人造两种，天然金刚石的质量好，但价格昂贵，用得较少。人造金刚石是在高压高温条件下，借助于某些合金的触媒作用，由石墨转化而成。

金刚石刀具既能对陶瓷、高硅铝合金、硬质合金等高硬度耐磨材料进行切削加工，又能切削其他有色金属及其合金，使用寿命极高，在正确使用条件下，金刚石车刀可工作 100h 以上。金刚石的热稳定性较差，当切削温度高于 700℃时，碳原子即转化为石墨结构而丧失了硬度，因此，不宜加工钢铁材料。

（4）立方氮化硼。立方氮化硼（CBN）是由六方 BN（HBN）在合成金刚石的相同条件下加入氮化剂转变而成。其硬度高、耐磨性好，耐热性高，主要用于对高温合金、冷硬铸铁进行半精加工和精加工。

【应用训练】

实验三　刀具角度的测量

一、实验目的

1. 加深对课堂讲授内容的理解，帮助掌握车刀切削部分的基本概念和基本定义，使之了解以下几方面的内容：

（1）刀具切削部分的结构；

（2）刀具切削角度的参考平面；

（3）刀具标准角度的参考系；

（4）刀具的标准角度。

2. 了解车刀量角仪的结构和使用方法，学会用车刀量角仪测量车刀的角度。

二、实验原理及方法

1. 利用车刀量角仪测量外圆车刀的 γ_0、a_o、k_r、k_r'、λ_s。

2. 利用车刀量角仪测量切断车刀的 γ_0、a_o、k_r、k_r'、λ_s。

3. 把上面测得的角度分别填入表 7-1 和表 7-2 中。

三、实验仪器及材料

1. 车刀量角台。

2. 90° 外圆车刀、75° 外圆车刀、切断刀各一把。

3. 定位块。

四、实验步骤

1. 将车刀量角仪指针调到零位，先将 75° 外圆车刀靠在量角台的定位块上，按顺序测量刀具的几个角度。

2. 测量切断刀的角度。

五、分析整理实验数据

将测得数据分别填入表 7.1 和表 7.2。

表 7.1 外圆车刀角度数值

角度名称	前角	后角	主偏角	副偏角	刃倾角
角度代号	γ_0	α_o	k_r	k_r'	λ_s
角度数值					

表 7.2 切断车刀角度数值

角度名称	前角	后角	主偏角	副偏角	刃倾角
角度代号	γ_0	α_o	k_r	k_r'	λ_s
角度数值					

车刀量角仪的结构原理及使用方法

如图 7.3 所示为 SJ34 型车刀量角仪。它能测量各类型车刀的任意剖面中的几何角度。其结构与工作原理及使用方法如下：

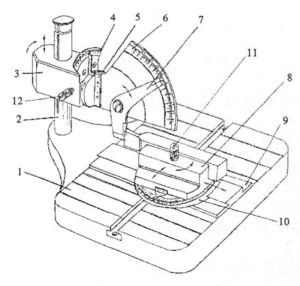

图 7.3 车刀量角仪

1—底座 2—立柱 3—滑块 4—小扇形刻度盘 5—小转盘 6—大扇形刻度盘
7—测量片 8—转盘 9—滑板 10—转盘底 11—旋钮 12—旋钮

立柱 2 上有三条间隔 90° 且铅垂的 V 形槽，靠近顶部有一条水平的圆环 V 形槽。滑块 3

可轻便地沿立柱 2 上下移动。通过调节滑块 3 中钢珠的弹簧压力（钢珠被压在立柱 2 的 V 形槽中，能保持装在滑块 3 上的小扇形刻度盘 4、大扇形刻度盘 6、测量片 7 等零件停留在任意高度位置上，且不需要锁紧。当滑块 3 向上移动到顶端时，钢珠落入圆环 V 形槽中，滑块 3 即可自由转动，以供选择合适的测量工作位置。由于有三个相互垂直的测量工位，使测量角度时调整极为方便。特别要注意的是：滑块 3 只有上移到顶端时才可转位，否则钢珠将会拉毛立柱 2 的表面。

被测车刀放在转盘 8 的载刀台（在旋钮 11 大两侧各有一个载刀台）上贴紧相互垂直的两个承刀面上，可将其在转盘座 10 上回转或在底座 1 及滑板 9 上纵、横向平移，并调整滑块 3 的位置，以使被测车刀的被测面或被测刀刃能与测量片 7 接触。这样，可分别测得在主剖面坐标系内的被测车刀的偏角、前角、后角和刃倾角。

若调整转盘 8，使转盘 8 的指示针在转盘座 10 的刻度盘上所指示的数值为零，并用旋钮 11 锁紧。利用两个测量工位先后测量，可较方便地测量进给剖面与切深剖面中的被测车刀的前角和后角。

若将大扇形刻度盘 6 旋转一个刃倾角，并用旋钮 12、13 锁紧（旋钮 13 图中未表示）。使测量片 7 的测量面（即测量片的两铅垂大平面）处于主切削刃垂直的方位，按前述的测量方法即可测得法向剖面中的被测车刀的前角和后角。

使用车刀量角仪时，零部件的调整应轻而缓慢。特别是向下调整滑块 3 时，一只手的食指和中指应在滑块 3 的下部用力夹住立柱 2，另一只手向下缓慢移动滑块 3。以避免因滑块 3 快速下移而产生的测量片对转盘 8、转盘座 10、底座 1 和被测车刀等的冲击，从而造成测量片 7 的损坏。

【课后练习】

1. 试述车削、铣削、磨削、刨削加工的主运动。
2. 刀具材料需要满足哪些基本性能？
3. 普通车刀的三面二刃一点分别指的是哪一部分？

任务二　金属切削过程中的基本规律

【任务描述】

正确认识切屑的形成过程，理解切削的形态。认识切削力与切削功率的各类影响因素，从而理解金属切削过程中的基本规律。

【学习目标】

理解切削变形区的划分，掌握影响切削力、切削功率的因素。熟悉切削热、切削温度及刀具的磨损形式。

7.2.1 切削变形

金属切削的变形过程也就是切屑的形成过程。研究金属切削过程中的变形规律，对于切削加工技术的发展和指导实际生产都非常重要。

1. 变形区的划分

在金属切削过程中，被切削金属层经受刀具的挤压作用，发生弹性变形、塑性变形、直至切离工件形成切屑沿刀具前刀面排出。图 7.4 所示为金属切削过程中的滑移线和流线示意图。所谓滑移线即等切应力曲线（图中的 OA、OM 线等），流线表示被切削金属的某一点在切削过程中流动的轨迹。由图中所示，通常将这个过程大致分为三个变形区。

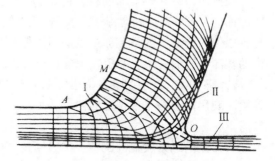

图 7.4 金属切削过程中的滑移线和流线示意图

（1）第一变形区。由 OA 线和 OM 线围成的区域（Ⅰ）称为第一变形区，也称剪切滑移区，是切削过程中产生变形的主要区域。

（2）第二变形区。它是指刀—屑接触区（Ⅱ），切屑沿前刀面流出时进一步受到前刀面的挤压和摩擦，使靠近前刀面处金属纤维化，其方向基本上和前刀面平行。

（3）第三变形区。它是指刀—工件接触区（Ⅲ）。已加工表面受到切削刃钝圆部分与后刀面的挤压和摩擦，产生变形，造成纤维化与加工硬化。

2. 切屑的形成过程

切屑形成过程可以描述如下：当刀具和工件开始接触时，材料内部产生应力和弹性变形；随着切削刃和前刀面对工件材料的挤压作用加强，工件材料内部的应力和变形逐渐增大，当切应力达到材料的屈服强度 τ_s 时，材料将沿着与走刀方向成 45° 的剪切面滑移，即产生塑性变形。切应力随着滑移量增加而增加，如图 7.5 所示，当切应力超过工件材料的强度极限时，切削层金属便与工件基体分离，从而形成切屑沿前刀面流出。由此我们可以得出，第一变形区变形的主要特征是沿滑移面的剪切变形，以及随之产生的加工硬化。

实验证明，在一般切削速度下，第一变形区的宽度仅为 0.02mm～0.2mm。所以可用一个平面 OM 表示第一变形区。剪切面 OM 与切削速度方向的夹角称为剪切角 φ。

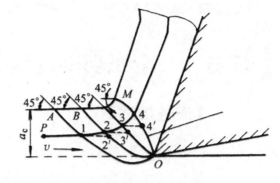

图 7.5 切屑的形成过程

当切屑沿前刀面流出时，受到前刀面的挤压与摩擦，使得靠近前刀面的切屑底层金属再次产生剪切变形，晶粒再度伸长，沿着前刀面的方向纤维化。它的变形程度比切屑上层严重几倍到几十倍。

总之，切屑形成过程，就其本质来说，是被切削层金属在刀具切削刃和前刀面作用下，经受挤压而产生剪切滑移变形的过程。

3. 切屑形态

由于工件材料性质和切削条件不同，切削层变形程度也不同，因而产生的切屑也多种多样。归纳起来，主要有以下四种类型，如图 7.6 所示。

（1）带状切屑。如图 7.6（a）所示，切屑延续成较长的带状，这是一种最常见的切屑。一般切削钢材（塑性材料）时，如果切削速度较高、切削厚度较薄、刀具前角较大，则切出内表面光滑、而外表面呈毛茸状的切屑。它的切削过程较平稳，切削力波动较小，已加工表面粗糙度较小。

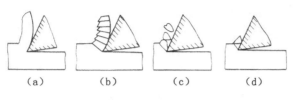

图 7.6　切屑形态

（a）带状切屑　（b）挤裂切屑　（c）单元切屑　（d）崩碎切屑

（2）挤裂切屑。如图 7.6（b）所示，这类切屑的外形与带状切屑不同之处在于内表面有时有裂纹，外表面呈锯齿形。这种切屑大多在加工塑性金属材料时，如果切削速度较低、切削厚度较大、刀具前角较小，容易得到这种屑型。它的切削过程剪切应变较大，切削力波动大，易发生颤振，已加工表面粗糙度较大。在使用硬质合金刀具时，易发生崩刃。

（3）单元切屑。如图 7.6（c）所示，对于切削塑性金属材料，如果整个剪切平面上的切应力超过了材料的断裂强度，挤裂切屑便被切离成单元切屑。采用小前角或负前角，以极低的切削速度和大的切削厚度切削时，会产生这种形态的切屑，此时，切削过程更不稳定，工件表面质量也更差。

应当指出的是，对同一种工件材料，当采用不同的切削条件切削时，三种切屑形态会随切削条件的改变而相互转化。

（4）崩碎切屑。如图 7.6（d）所示，这是属于脆性材料的切屑。这种切屑的形状是不规则的，加工表面是凸凹不平的。加工铸铁等脆性材料时，由于抗拉强度较低，刀具切入后，切削层金属只经受较小的塑性变形就被挤裂，或在拉应力状态下脆断，形成不规则的碎块状切屑。工件材料越脆、切削厚度越大、刀具前角越小，越容易产生这种切屑。

以上四种切屑中，带状切屑的切削过程最平稳，单元切屑和崩碎切屑的切削力波动最大。在生产中，最常见的带状切屑，有时得到挤裂切屑，单元切屑则很少见，崩碎切屑只出现在脆性材料切削过程中。

7.2.2　切削力与切削功率

切削力是切削过程中重要的物理现象。它直接影响工件质量、刀具寿命和机床动力消耗。切削力及切削功率可由经验公式查金属切削手册计算而得。

1. 切削力的产生及分解

切削时，刀具切入工件使被加工工件材料发生变形成为切屑所需的力，即切削力。它是设计和使用机床、刀具、夹具的必要依据。切削力来自变形与摩擦，它们是：克服被加工材料对弹性变形、塑性变形的抗力；克服切屑对刀具前刀面的摩擦力和刀具后面对过渡面和已加工表面之间的摩擦力，如图 7.7 所示。这些力的总和形成作用在刀具上的合力 F_r。为了实际应用，F_r 可分解为相互垂直的三个分力 F_c、F_p、F_f。如图 7.8 所示。

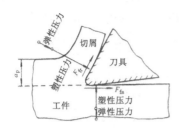

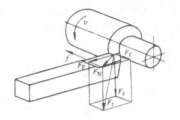

图 7.7　切削力的来源　　　　　　图 7.8　切削力的分解

（1）主切削力（切向力）F_c。它是主运动方向上的切削分力，切于过渡表面并与基面垂直，消耗功率最多，它是计算刀具强度、设计机床零件，确定机床功率的主要依据。

（2）进给力（轴向力或进给力）F_f。它是作用在进给方向上的切削分力，处于基面内并与工件轴线平行的力。它是设计进给机构、计算刀具进给功率的依据。

（3）背向力（径向力或吃刀力）F_p。它是作用在吃刀方向上的切削分力，处于基面并与工件轴线垂直的力。它是确定与工件加工精度有关的工件挠度、切削过程的振动的力。

如图 7.8 所示

$$F_r = \sqrt{F_c^2 + F_n^2} = \sqrt{F_c^2 + F_p^2 + F_f^2}$$

根据实验，当 $\gamma_r = 45°$ 和 $\gamma_o = 45°$ 时，F_c、F_f、F_p 之间有以下近似关系：

$F_p = （0.4～0.5）F_c$；　$F_f = （0.3～0.4）F_c$；　$F = （1.12～1.18）F_c$。

随着切削加工时的条件不同，F_c、F_f、F_p 之间的比例可在较大范围内变化。

2．切削功率

消耗在切削过程中的功率叫切削功率 P_c，单位是 kW，它是 F_c、F_f、F_p 在切削过程中单位时间内所消耗的功的总和。在进行外圆车削时，因 F_p 方向没有位移，故消耗功率为零。于是

$$P_m = \left(F_c v + \frac{F_f n_w f}{1000} \right) \times 10^{-3}$$

式中　F_c——主切削力，单位为 N；

　　　F_f——进给力，单位为 N；

　　　f——进给量，单位为 mm/r；

　　　υ——切削速度，单位为 m/s；

　　　n_w——工件转速，单位为 r/s。

一般来说，因 F_f 相对 F_c 所消耗功率来说很小（<1%～2%）可略去不计，于是

$$P_c = F_c \upsilon \times 10^{-3}$$

当计算选择机床电动机的功率 P_E 时，

$$P_E \geqslant P_c / \eta_m$$

式中： P_E——机床电动机功率，单位为 kW；

η_m——为机床的传动效率，一般 $\eta_m = 0.751 \sim 0.85$。

3. 影响切削力的因素

切削过程中，影响切削力的因素很多。凡影响切削变形和摩擦系数的因素，都会影响切削力。从切削条件方面分析，主要有以下几个方面。

（1）工件材料。一般来说，材料的强度愈高、硬度愈大，切削力愈大；这是因为强度、硬度高的材料，切削时产生的变形抗力大，虽然它们的变形系数 μ 相对较小，但总体来说，切削力还是随材料强度、硬度的增大而增大。在强度、硬度相近的材料中，塑性、韧性大的，或加工硬化严重的，切削力大。例如不锈钢 1Cr18Ni9Ti 与正火处理的 45 钢强度和硬度基本相同，但不锈钢的塑性、韧性较大，其切削力比正火 45 钢约高 25%。加工铸铁等脆性材料时，切削层的塑性变形很小，加工硬化小，形成崩碎切屑，与前刀面的接触面积小，摩擦力也小，故切削力就比加工钢时小。

（2）切削用量。切削用量中 a_p 和 f 对切削力的影响较明显。当 a_p 或 f 增大时，分别会使 a_w、a_c 增大，即切削面积 A_c 增大，从而使变形力、摩擦力增大，引起切削力增大，但两者对切削力影响程度不一。背吃刀量 a_p 增加一倍时，切削厚度 a_c 不变，切削宽度 a_w 增加一倍，因此，刀具上的负荷也增加一倍，即切削力增加约一倍；但当进给量 f 增加一倍时，切削宽度 a_w 保持不变，而切削厚度 a_c 增加一倍，在刀刃钝圆半径的作用下，切削力只增加 68%～86%，即实验公式中 f 的指数近似于 0.75。可见在同样切削面积下，采用大的 f 较采用大的 a_p 省力和节能。切削速度 v 对切削力的影响不大，当 $v > 50\text{m/min}$，切削塑性材料时，v 增大，μ 减小，切削温度增高，使材料硬度、强度降低，剪切角 φ 增大，变形系数 ξ 减小，使得切削力减小。

（3）刀具几何参数。刀具几何参数中前角 γ_o 和主偏角 k_r 对切削力的影响比较明显。前角 γ_o 对切削力的影响最大。加工钢料时，γ_o 增大，切削变形明显减小，切削力减小的多些。主偏角 k_r 适当增大，使切削厚度 a_c 增加，单位切削面积上的切削力 p 减小。在切削力不变的情况下，主偏角大小将影响背向力和进给力的分配比例，当主偏角 k_r 增大，背向力 F_p 减小，进给力 F_f 增加；当主偏角 $k_r = 90°$ 时，背向力 $F_p = 0$，对防止车细长轴类零件减少弯曲变形和振动十分有利。

7.2.3 切削热和切削温度

切削热是切削过程中的另一重要物理现象。切削热和由它产生的切削温度，是刀具磨损和影响工件质量的重要原因。切削温度过高，会使刀具磨损加剧，寿命下降；工件和刀具受热膨胀，会导致工件精度超差，质量恶化。

1. 切削热的产生与传出

在切削加工中，切削变形与摩擦所消耗的能量几乎全部转化为热能。产生的热由切屑、刀具、工件和周围介质传导出去。车削加工钢料时，这四种热传导形式所占的大致比例为：切削热被切屑带走 50%～86%，传入刀具的约占 10%～40%，传入工件的为 3%～9%，传入周围介质的约 1%。钻削时，切屑占 28%，刀具占 14.5%，工件占 52.5%，周围介质占 5%。影响热传导的主要因素是工件和刀具材料的热导率、加工方式和周围介质的状况。

2. 影响切削温度的主要因素

从生产实践中可知，工件材料的热导率和硬度、切削用量、刀具的几何参数、刀具的磨损构成了影响切削温度的主要因素。

（1）切削用量。当 v，f，a_p 增大时，单位时间金属切除量增多，变形和摩擦加剧，切削中消耗的功增大，产生的热量多。但是其温度升高的程度各不相同，以切削速度 v 影响最为显著，进给量 f 次之，背吃量 a_p 最小。其原因为：切削速度增加，单位时间金属切除量成正比增加，功率消耗也增大，使切削温度提高。但剪切角 φ 增大，使单位切削体积的功下降，因此，切削温度虽然随切削速度的提高而明显升高，但并不是成正比例增加的；进给量 f 增加，金属切除量相应地增加，切削功率消耗也增大，使热量增加。但进给量 f 增大相当于切削厚度 a_c 增大，切屑的热容量大，带走的热量多，相当于改善了散热条件，进给量增大一倍，切削温度约增高 10%；背吃刀量 a_p 增加时，被切金属层的变形和摩擦所消耗的功都相应地增大，切削热也增大，但背吃刀量 a_p 增加一倍，相当于参加切削的刃口长度成比例增大，散热条件同时得到改善。所以背吃刀量 a_p 增大一倍，切削温度约增高 5%。

由此可见，在金属切除率相同的条件下，为降低切削温度，减少刀具磨损，提高刀具耐用度，在机床条件允许下，选用大背吃刀量和大进给比选用大的切削速度有利。

（2）刀具几何参数。

① 前角。前角增大时，切削中的变形、摩擦均减小，使产生的切削热减小，切削温度降低。但如果前角进一步增大，则不但切削刃强度降低，而且切削区散热体积减少，所以前角值过大不会进一步降低切削温度。

② 主偏角。主偏角减小，使切削厚度减小，切削宽度增大，刀刃散热条件得到改善，故切削温度下降。因此，只要工艺系统刚性允许，适当采用较小的主偏角，可以提高刀具的耐用度。

③ 负倒棱及刀尖圆弧半径。当它们增大时，均使切削变形增大，切削热也随之增多，但同时又改善了散热条件，因此对温度影响很小。

（3）工件材料。工件材料的强度、硬度、塑性和热导率对切削温度的影响很大。当工件材料的强度、硬度、塑性增加时，切削中消耗的功增多，产生的热多，使切削温度升高。热导率大时则热量传出多，使切削温度降低。所以，切削温度是产生的热和散出去的热的综合结果。

（4）刀具磨损的影响。刀具后刀面磨损时，使刃前区塑性变形增加，刀与工件间的摩擦加剧，均使切削温度升高。在切削中浇注切削液，可降低切削温度。切削液对切削温度的影响主要取决于切削液的导热性能、比热、流量、流速、浇注方式等。

7.2.4 刀具磨损

切削过程中，刀具要切下工件，另一方面工件对刀具也要进行反切削，使刀具钝化，这种现象叫刀具的磨损。它将影响加工质量、生产率及工具的使用寿命。因此，刀具磨损是影响切削加工的重要问题之一。研究刀具磨损过程，目的是保证加工质量、提高生产率、减小刀具磨损、降低加工成本。

切削过程中刀具的正常磨损是不可能完全避免的，经常是机械的、热的、化学的三种作用的综合结果，常见的磨损形式有：

1. 磨料磨损

工件材料中含有一些硬度极高的硬质点，如碳化物、积屑瘤碎片、已加工表面的硬化层等，工件或切屑上的硬质点在刀具表面上划出沟纹而形成的磨损。它在各种切削速度下都存在，但对低速切削的刀具，磨料磨损是刀具磨损的主要原因。

因此，作为刀具材料，必须具有更高的硬度，较多较细而且分布均匀的碳化物硬质点，才能提高其抗磨料磨损能力。

2. 冷焊（粘结）磨损

切削塑性材料时，切削区存在着很大的压力和强烈的摩擦，切削温度也较高，在切屑、工件与前、后刀面之间的吸附膜被挤破，形成新的表面紧密接触，因而发生冷焊（粘结）现象。使刀具表面局部强度较低的微粒被切屑或工件带走，这样形成的磨损称为冷焊（粘结）磨损。冷焊磨损一般在中等偏低的切削速度下较严重。冷焊磨损的程度主要与刀具材料、刀具表面形状与组织，切削时的压力、温度，材料间的亲合程度，刀具、工件材料间的硬度比，切削条件及工艺系统刚度等有关。

3. 扩散磨损

切削时，在高温下刀具与工件、切屑接触的摩擦面使其化学元素 C、Co、W、Ti、Fe 等互相扩散到对方去。当刀具中的一些元素扩散后，改变了原来刀具材料中化学成分的比值，使其性能下降，加快了刀具的磨损。

影响扩散磨损的主要因素除刀具、工件材料的化学成分外，主要是切削温度。切削温度较低，扩散磨损较轻，随着切削温度升高，扩散磨损加剧。

4. 化学磨损（氧化磨损）

在一定温度下，刀具材料与周围介质起化学作用，在刀具表面形成一层硬度较低的化合物而被切屑带走；或因刀具材料被某种介质腐蚀，造成刀具的化学磨损。

此外，还有热电磨损，即在切削区高温作用下，刀具与工件材料形成热电偶，使刀具与切屑及工件间有热电流通过，可加快刀具表面层的组织变得脆弱而磨损加剧。试验表明，在刀具、工件的电路中加以绝缘，可明显减轻刀具磨损。

刀具磨损的原因是错综复杂的，且各类磨损因素是相互影响的，通过上述分析可知，对于一定的刀具、工件材料，切削温度和机械摩擦对刀具磨损具有决定性影响。

【应用训练】

实验四　车削时切削温度的测量

一、实验目的及要求

1. 掌握用自然热电偶法测量切削区平均温度的方法。

2. 研究车削时，切削热和切削温度的变化规律及切削用量（包括切削速度、走刀量 f、切削深度 a_p）对切削 θ 的影响。

3. 用正交试验设计，确定在切削用量的三个因素中，影响切削温度的主次因素。

二、实验内容

用高速钢车刀和45#钢工件组成的热电偶，以正交试验计法实验切削温度的变化规律。

三、实验设备及用具

1. 设备：CA6140 型变通车床。
2. 仪器：VJ37 型直流电位差计（或毫伏表）。
3. 刀具：高速钢外圆车刀。
4. 工件：45#钢。

四、自然热电偶法测量温度的基本原理和方法

用热电偶测量温度的基本原理是：当两种化学成分不同的金属材料，组成闭合回路时，如果在这两种金属的两个接点上存在温度差（通常温度高的一端称为热端，温度低的一端称为冷端），在电路上就产生热电势，实验证明，在一定的温度范围内，该热电偶与温度具有某种线性关系。

热电偶的特性是：

（1）任何两种不同金属都可配制成热电偶。

（2）任何两种均质导体组成的热电偶，其电动势的大小仅与热电极的材料和两接点的温度 T、T_0 有关，而与热电偶的几何形状及尺寸无关。

（3）当热电偶冷端温度保持一定，即 $T_0 = C$ 时，热电势仅是热端温度 T 的单值函数，$E = E(t)$，这样，热电偶测量端的温度与热电势建立了--对应关系。

用自然热电偶法测量切削温度时，是利用刀具与工件化学成份的不同而组成热电偶的两级。（刀具和工件均与机床绝缘，以消除寄生热电偶的两极的影响），切削时，工件与刀具接触区的温度升高后，就形成了热电偶的热端，而工件通过同材料的细棒或切屑再与导体连接形成一冷端，刀具由导线引出形成另一冷端，如在冷端处接入电位差计，即可测得热电势的大小，通过热电势—温度的换算从而反映出刀具与工件接触处的平均温度。

为了将测得的切削温度毫伏值换算成温度值，必须事先对实验用的自然热电偶进行标定热出"毫伏值—温度"的关系曲线，标定时取两根与刀具及工件材料完全相同的金属丝，在其一端进行焊接后，使其组成一对被校热电偶，然后将被校热电偶与标准热电偶放入加热炉内同一位置处，以保证两个热电偶的热端温度相同，与此同时将两个热电偶的冷端，插入有冰块的容器中，以保持冷端恒温 0℃，冷端的引出导线分别接入标准电位差计及被校毫伏计上，当炉温升高时，标准热电偶的热电势，通过电位差计，读出它的标准温度值，而自然热电偶的热电势则通过被校毫伏计读出毫伏值。炉温从室温升至 350℃，每间隔 50℃ 读出对应的毫伏值，画成关系曲线就是所求的热电势—温度的标定曲线，如图 7.9 所示。

标定曲线是换算温度的依据，它的准确程度与热电偶的材质，引出导线的材料、直径、连接形式，炉温控制，冷端的温度以及测试仪表的校正有很大关系。

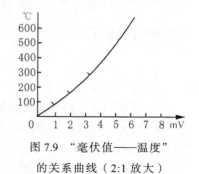

图 7.9 "毫伏值——温度"
的关系曲线（2:1 放大）

五、实验步骤

1. 安装试件、刀具、接好线路。
2. 进行切削用量各要素对切削温度的影响实验。

（1）确定试验指标和试验因素。

a. 试验指标：切削温度。

b. 试验因素：切削速度 V、切削深度 a_p、进给量 f。

（2）确定各因素水平，列出因素水平表（表7.3）。

表7.3　　　　　　　　　　　　　　　　因素水平表

因　　素	机床转速 n	切削深度 a_p	进给量 f
1 水平	180	10.5	10.1
2 水平	2160	21	20.2
3 水平	3320	31.5	30.3

注：工件直径 D 为定值。

（3）选用 L（3）正交表，进行试验，填写表7.4。

表7.4　　　　　　　　　　　　　　切削温度试验结果表

检　　号	转速 n	切削深度 a_p	进给量 f	热电势 m	切削温度 θ
1	1（80）	1（0.5）	3（0.5）		
2	2（160）	1（0.5）	1（0.1）		
3	3（320）	1（0.5）	2（0.2）		
4	1（80）	2（1）	2（0.2）		
5	2（160）	2（1）	3（0.3）		
6	3（320）	2（1）	1（0.1）		
7	1（80）	3（1.5）	1（0.1）		
8	2（160）	3（1.5）	2（0.2）		
9	3（320）	3（1.5）	3（0.3）		
I					
II					
III					
R					

注：（1）I（或 II、或 III）为各因素在 1（或 2、或 3）水平下所得切削温度 θ 的数据和。

（2）R 为 I、II、III 之间的极差。

（3）根据极差 R 的验算，确定影响切削温度的主、次因素。

【课后练习】

1. 切屑有哪些种类？各类切屑在什么情况下形成？

2. 切削用量是如何影响切削力的？

3. 怎样划分金属切削变形区？在第一变形区里发生什么样的变形？

4. 简述影响切削温度的主要因素。

任务三　提高生产率的方法

【任务描述】

联系金属切削过程中的基本规律，认识切削加工性的重要性。从而分析影响切削加工性的因素，能够判定切削用量的选择、刀具几何参数的选择。

【学习目标】

掌握影响切削加工性的因素及改善材料切削加工性的途径，了解切削液的分类和功用。掌握切削用量的合理选择，理解刀具几何参数的合理选择。

7.3.1　工件材料的切削加工性

1. 切削加工性概念及衡量指标

工件材料的切削加工性是指工件材料被切削加工的难易程度。而难易程度又随具体加工要求及切削条件而不同，切削加工性的概念具有相对性。因此，它的标志方法也很多，主要有以下几个方面：

（1）考虑生产和刀具耐用度的标志方法。在保证高生产率的条件下，加工某种材料时，刀具耐用度愈高，则表明该材料的切削加工性愈好。在保证相同刀具耐用度的条件下，加工某种材料所允许的最大切削速度愈高，则表明该材料的切削加工性愈好。在相同的切削条件下，以达到刀具磨钝标准时所能切除的金属体积愈大，则表明该材料的切削加工性愈好。

（2）考虑已加工表面质量的标志方法。在一定的切削条件下，以加工某种材料是否容易达到所要求的加工表面质量的各项指标来衡量。切削加工中，表面质量主要是对工件表面所获得的表面粗糙度而言的。在合理选择加工方法的前提下，容易获得较小表面粗糙度的材料，其切削加工性为好。

（3）考虑安全生产和工作稳定性的标志方法。在相同的切削条件下，单位切削力较小的材料，其切削加工性较好。在重型机床或刚性不足的机床上，考虑到人身和设备的安全，切削力的大小是衡量材料切削加工性的一个重要标志。在自动化生产或深孔加工中，工件材料在切削加工中愈容易断屑，其切削加工性愈好。

由此可知，某材料被切削时，刀具的耐用度大，允许的切削速度高，表面质量易保证，切削力小，易断屑，则这种材料的切削加工性好；反之，切削加工性差。但同一种材料很难在各项加工性的指标中同时获得良好评价，很难找到一个简单的物理量来精确地规定和测量它。因此，在实际生产中，常常只取某一项指标，来反映材料切削加工性的某一侧面。

常用的衡量材料切削加工性的指标 v_T 的含义是：当刀具耐用度为 T（单位是 min 或 s）时，

切削某种材料所允许的切削速度。v_T 越高，加工性越好。通常取 $T=60\text{min}$，v_T 写作 v_{60}；对于一些难加工材料，可取 $T=30\text{min}$ 或 15min，则 v_T 写作 v_{30} 或 v_{15}。

如果以强度 $\sigma_b=0.637\text{Gpa}$ 的 45 号钢的 v_{60} 作为基准，写作 $(v_{60})_j$；而把其他各种材料的 v_{60} 同它相比，这个比值 K_v 称为相对加工性，即

$$K_v = v_{60}/(v_{60})_j$$

当 $K_v>1$ 时，表示该材料比 45 号钢易切；

当 $K_v<1$ 时，表示该材料比 45 号钢难切。

各种材料的相对加工性 K_v 乘以 45 号钢的切削速度，即可得出切削各种材料的可用速度。

目前，常用的工件材料的切削加工性如表 7.5 所示。

表 7.5   材料切削加工性等级

加工性等级	名称及种类		相对加工性 K_v	代表性材料
1	很容易切削材料	一般有色金属	>3.0	钢铝合金、铝镁合金
2	容易切削材料	易削钢	2.5～3.0	退火 15Cr $\sigma_b=0.372\sim0.441\text{GPa}$ 自动机钢 $\sigma_b=0.392\sim0.490\text{GPa}$
3		较易削钢	1.6～2.5	正火 30 钢 $\sigma_b=0.441\sim0.549\text{GPa}$
4	普通材料	一般钢及铸铁	1.0～1.6	45 钢、灰铸铁、结构钢
5		稍难切削材料	0.65～1.0	2Cr13 调质 $\sigma_b=0.8288\text{GPa}$ 85 钢轧制 $\sigma_b=0.8829\text{GPa}$
6	难切削材料	较难切削材料	0.5～0.65	45Cr 调质 $\sigma_b=1.03\text{GPa}$ 60Mn 调质 $\sigma_b=0.9319\sim0.981\text{GPa}$
7		难切削材料	0.15～0.5	50CrV 调质、1Cr18Ni9Ti 未淬火 α 相钛合金
8		很难切削材料	<0.15	β 相钛合金、镍基高温合金

2. 影响切削加工性的因素及改善材料切削加工性的途径

（1）影响金属材料切削加工性的主要因素。

① 材料的硬度和强度。工件材料在常温和高温下的硬度和强度越高，则在加工中产生的单位切削力越大，切削温度越高，刀具磨损越快，因而其切削加工性越差。

② 材料的塑性及韧性。材料的塑性以延长率表示，韧性以冲击韧度表示，工件材料的塑性越大、韧性越强，所消耗的功也越多，切削力也越大，切削温度越高，刀具表面冷焊现象严重，产生刀具磨损，且不易断屑，不易获得好的已加工表面质量，故切削加工性就越差。而材料的塑性及韧性过低时，则使切屑与前刀面接触面过小，切削力和切削热集中在刀刃附近，将导致刀具切削刃破损加剧和表面质量下降。因此，材料的塑性和韧性过大或过小，都将使其切削加工性能下降。

③ 材料的导热性。被加工材料的热导率越大，由切屑带走和传入工件的热量就越多，越有利于降低切削区的温度，故切削加工性好。但在加工中工件温升较高，这对控制加工尺寸造成一定困难，应加以注意。

（2）改善材料切削加工性的途径。材料的切削加工性并不是一成不变的。生产中通常用热处理方法来改变材料的金相组织，以达到改善切削加工性能的目的。例如对低碳钢进行正火处理，能适当地降低其塑性和韧性，使加工性能提高；对高碳钢或工具钢进行球化退化，使其金相组织中片状和网状渗碳体转变为球状渗碳体，从而降低其硬度，改善切削加工性能。

此外，调整材料的化学成分也是改善其切削加工性的重要途径。例如在钢中加入少量硫、铅、钙、磷等元素，可略微降低其强度和韧性，提高其切削加工性能；在铸铁中加入少量硅、铝等元素，可促进碳元素的石墨化，使其硬度降低，切削加工性能得到改善。此外，也可选择加工性好的材料状态，及采用合适的刀具材料，选择刀具合理的几何参数，制订合理的切削用量，选用恰当的切削液等措施来改善难切材料切削加工性。

7.3.2 切削液

切削液是金属切削加工的重要配套材料。在金属切削加工中，正确选用切削液，可以改善刀具与工件及切屑间的摩擦状况，降低切削温度和切削力，减轻刀具磨损，减小工件热变形，从而提高刀具耐用度、加工质量和生产效率，降低加工成本。所以对于切削液的选择和使用必须给予足够的重视。

1. 切削液的功用

（1）润滑作用。切削液的润滑作用是通过在刀具与切屑、工件的接触面之间形成吸附薄膜而实现。

（2）冷却作用。切削液浇注在切削区后，通过切削液的传导、对流和汽化，把热量带走，降低了切削温度，有效地减少刀具的磨损，从而起到冷却作用。

（3）清洗作用。在金属切削中，切削液可在一定程度上防止碎屑及磨料细粉附在工件、刀具和机床上，具有良好的清洗作用。

（4）防锈作用。切削液中加入了防腐添加剂而起到防锈作用。

2. 切削液的种类

金属切削加工中，常用的切削液可分为三大类：水溶液、乳化液和切削油。

（1）水溶液。水溶液是以水为主要成分的切削液。由于天然水虽有很好的冷却作用，但其润滑性能太差，又易使金属材料生锈，因此，不能直接作为切削液在切削加工中使用。为此，常在水中加入一定含量的油性、防锈等添加剂制成水溶液，改善水的润滑、防锈性能，使水溶液在保持良好冷却性能的同时，还具有一定的润滑和防锈性能。水溶液是一种透明液体，对操作者观察切削进行情况十分有利。

（2）乳化液。乳化液是将乳化油用水稀释而成。乳化油主要是由矿物油、乳化剂、防锈剂、油性剂、极压剂和防腐剂等组成。稀释液不透明，呈乳白色。乳化液的主要优点：冷却、润滑性能较好、成本较低，废液处理较容易。它的主要缺点：稳定性差，夏天易腐蚀变质；稀释液不透明，很难看到工作区。

（3）切削油。切削油的主要成分是矿物油，少数采用矿物油和动、植物油的复合油。切削油中也可以根据需要再加入一定量的油性、极压和防锈添加剂，以提高其润滑和防锈性能。纯矿物油不能在摩擦界面上形成坚固的润滑膜，在实际使用中常加入硫、氯等添加剂可制成极压切削油，用于精加工和加工复杂形状工件（如成形面、齿轮、螺纹等）时，润滑和防锈效果较好。

7.3.3　刀具几何参数的合理选择

刀具的几何参数除包括刀具的切削角度外，还包括刀面的形式、切削刃的形状等。刀具几何参数对切削时金属的变形、切削力、切削温度和刀具的磨损都有显著影响，从而影响生产率、刀具耐用度、已加工表面质量和加工成本。为充分发挥刀具的切削性能，除应正确选用刀具材料外，还应合理选择刀具几何参数。

1.　前角的功用及其选择

（1）前角 γ_o 的功用。

① 影响切屑变形和切削力及功率。

② 影响刀头强度、受力性质及散热条件。

③ 影响切屑形态和断屑。

④ 影响加工表面质量。

（2）前角的选择原则。

① 刀具的材料，如硬质合金刀的前角比高速钢刀的前角小。因硬质合金材料脆、硬度高，为了提高刀具的抗冲击能力，前角要小一些；而高速钢刀具为求得锋利性，应使前角大一些。

② 工件材料，加工塑性材料时，刀具前角要大一些，为求得锋利的切削刃和减小切屑变形；而加工脆性材料的刀具，为提高刃口强度，前角要小一些。

③ 加工要求，精加工刀具，为提高加工表面质量，合理前角要大一些；而粗加工刀具，为减少磨刀次数，提高刀具强度和生产效率，前角要小一些。

④ 工艺系统刚度，系统刚度差，为减小切削力，其前角要选大一些。

⑤ 成形车刀，为了防止刃口的畸变，其前角要选得小一些。

⑥ 在自动线上，为了减小加工尺寸变化，使线上工作稳定，前角应小一些。

2.　后角的功用及其选择

（1）后角 a_o 的功用。

① 影响刀具与工件的摩擦。

② 影响刀具刃口的锋利性。

③ 影响刀头的体积和刀具的寿命。

④ 影响切削刃的强度和刀头的散热条件。

（2）后角的选择原则。

① 后角受合理的制约，前角大的刀具，为了使刀具具有一定的强度，应选择小一些的后角。

② 根据加工的实际情况选择，粗加工时，为了提高刀具的强度，后角应小一些；而精加工时，要减小刀具与工件的摩擦，后角要大一些。

③ 根据系统刚度选择，系统刚度差，为减小系统的振动，后角应小一些。

④ 有尺寸要求的刀具，重磨后要保证尺寸基本不变，后角应选小一些。

⑤ 切削脆性材料时，为增加刃口抗冲击力，后角要小一些；切削塑性材料时，宜取较大

的后角。

3. 主、副角偏角的功用及选择

（1）主、副偏角 k_r、k_r' 的功用。

① 影响切削层形状和刀尖角。

② 影响刀尖的散热条件及刀尖强度。

③ 影响切削力的比值。

④ 影响残留面积高度。

⑤ 影响断屑效果及排屑方向。

（2）主偏角的选择原则。

① 粗、半精加工的刀具，因为其切削力大、振动大，对于抗冲击性差的刀具材料（如硬质合金），应选择大的主偏角，以减小振动。

② 系统刚性不足时，为减小切削的振动，应选择大一些的主偏角。

③ 加工强度大、硬度高的材料时，为减小切削刃上的单位负荷、改善切削刃区的散热条件，应选择小一些的主偏角。

④ 对用于单件小批量生产的刀具，为求一刀多用，一般 $k_r = 45°$ 或 $90°$。

4. 刃倾角的功用及其选择

（1）刃倾角 λ_s 的功用。

① 影响切屑的流出方向（如图 7.10 所示）。

② 影响实际切削前角和切削刃的锋利性。

③ 影响刀尖的强度和刀尖的散热条件。

④ 影响切削力的工作长度。

⑤ 影响切入切出的平稳性。

⑥ 影响切削分力之间的比值。

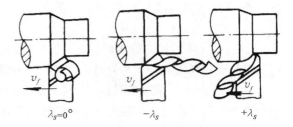

图 7.10　刃倾角对切屑的影响

（2）选择原则及参考值。

① 一般钢材和灰铸铁，粗加工时为提高刀具强度和寿命，常取 $\lambda_s = 0° \sim -5°$；精加工时，为避免切屑流向已加工表面，一般取 $\lambda_s = 0° \sim 5°$。加工有色金属时，为提高刀具的锋利度，一般取 $\lambda_s = 5° \sim 10°$。

② 加工淬硬钢，为提高刀尖的强度，一般取 $\lambda_s = -5° \sim -12°$。

③ 当系统刚度不足时，为减小切削力，尽量不用负刃倾角。

④ 对有冲击载荷的加工，为避免刀尖受到冲击，一般 $\lambda_s = -5° \sim -15°$，冲击大取小值，甚至可用 $\lambda_s = -30° \sim -45°$。

⑤ 金刚石和立方氮化硼刀具，为提高抗冲击能力，一般取 $\lambda_s = 0° \sim -5°$。

7.3.4　切削用量的合理选择

选择合理的切削用量是切削加工中十分重要的细节，所谓合理的切削用量，是指在保证加工质量的前提下，充分利用刀具切削性能和机床性能，获得高生产率和低加工成本的切削用量。实践表明，提高切削用量，能大大提高生产率，但切削加工是一个很复杂的过程，应综合考虑切削用量的选取。下面就一般情况下切削用量的选择进行说明。

1. 背吃刀量 a_p 的合理选择

背吃刀量 a_p 一般是根据加工余量确定。

粗加工（表面粗糙度 R_a 50μm～12.5μm），一次走刀尽可能切除全部余量，在中等功率机床上，$a_p = 8mm～10mm$；如果余量太大或不均匀、工艺系统刚性不足、断续切削时，可分几次走刀。

半精加工（R_a 6.3μm～3.2μm）时，$a_p = 0.5mm～2mm$。

精加工（R_a 1.6μm～0.8μm）时，$a_p = 0.1mm～0.4mm$。

2. 进给量 f 的合理选择

粗加工时，对表面质量没有太高的要求，而切削力往往较大，合理的 f 应是工艺系统（机床进给机构强度、刀杆强度和刚度、刀片的强度、工件装夹刚度等）所能承受的最大进给量。生产中 f 常根据工件材料材质、形状尺寸、刀杆截面尺寸、已定的 a_p，从切削用量手册中查得。一般情况当刀杆尺寸、工件直径增大，f 可较大；a_p 增大，因切削力增大，f 就选择较小的；加工铸铁时的切削力较小，所以 f 就大些。

精加工时，进给量主要受加工表面粗糙度限制，一般取较小值。但进给量值过小，切削深度过薄，刀尖处应力集中，散热不良，使刀具磨损加快，反而使表面粗糙度加大。所以，进给量也不宜过小。

3. 切削速度的合理选择

（1）粗车时，a_p、f 均较大，故 v 较小；精车时 a_p、f 均较小，所以 v 较大。

（2）工件材料强度、硬度较高时，应选较低的 v；反之，v 较高。材料加工性越差，v 较低。易切钢的 v 较同等条件的普通碳钢高。加工灰铸铁的 v 较碳钢低。加工铝合金、铜合金的 v 较加工钢高得多。

（3）刀具材料的性能越好，v 也选得越高。

此外，在选择 v 时，还应考虑：

① 精加工时，应尽量避开积屑瘤和鳞刺产生的区域。

② 断续切削时，为减少冲击和热应力，应适当降低 v。

③ 在易发生振动情况下，v 应避开自激振动的临界速度。

④ 加工大件、细长件、薄壁件及带硬皮的工件时，应选用较低的 v。

总之，选择切削用量时，可参照有关手册的推荐数据，也可凭经验根据选择原则确定。

【应用训练】

实验五　刨削加工切屑变形实验

一、实验目的与要求

1. 观察切削过程，认识各种切削的形状。

2. 掌握测量切削变形的方法。

3. 研究切削厚度，前角和工件材料对切屑变形的影响规律。

二、实验设备及用具

1. 设备：B665 型牛头刨床。

2. 刀具：高速钢刨刀（三把）

$T_o = 15$　$\alpha_o = 8$　　$K_T = 90$　$\lambda_s = 0$

$T_o = 20$ $\alpha_o = 8$ $K_T = 90$ $\lambda_s = 0$

$T_o = 25$ $\alpha_o = 8$ $K_T = 90$ $\lambda_s = 0$

3．用具：游标卡尺、钢板尺、细钢丝。

4．试件：45 钢、铜、$100 \times 50 \times 5$ 各类板板。

三、实验基本原理

在切削过程中，由于发生塑性变形，使切削层尺寸发生变化，与原切削层尺寸比较，长度 L_c 变短，厚度 α_p 增加，这种现象称为切屑收缩，切屑收缩的大小，一般能反映切屑变形的适度，用变形系数 ξ 表示。

$$\xi_\lambda = \frac{L}{L_c} \qquad \xi_\alpha = \frac{\alpha_p}{\alpha_c}$$

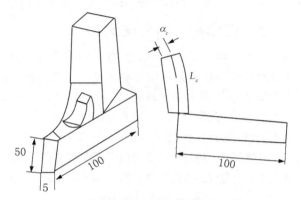

四、方法步骤

本实验在刨床上进行，如图 7.11 所示，将实验用的试件制成长 $L=100mm$，宽 $\alpha=50mm$，厚 $h=5mm$，然后在一定的切削条件下，进行切削，并用细铜丝及钢板尺，量出切削长度 L_c，即可求出在一定条件下的变形系数 ξ。

图 7.11　刨床加工示意图

$$\xi = \frac{L}{L_c} = \frac{\alpha_p}{\alpha_c}$$

1．固定下列条件

切削速度 v、试件材料、试件长度、刀具材料、刀具前角

依次改变切削厚度 α_c 进行切削，收集切屑，用细铜丝及钢直尺，测出切屑长度 L_c，记入报告书表格，并作出 α_c—ξ 曲线。

2．T_o 与 ξ 的关系

固定下列条件：切削速度 v、切削厚度 α_c、试件材料、试件硬度、试件长度、刀具材料。依次改变不同的刀具前角，T_o 进行切削，测量切屑长度 L_c 计入报告书表格，并作出 T_o—ξ 曲线。

3．工件材料与 ξ 的关系

固定下列条件：切削速度 v、切削厚度 α_c、试件长度、刀具材料、刀具前角。

依次改变试件材料，进行切削，收集切屑，测量切屑 L_c 填入报告书表格，通过以上实验步骤，可以看出各种条件对变形的影响规律。

【课后练习】

1．切削加工中常用的切削液有哪几种？如何选用？

2．前角、后角的作用有哪些？如何选择？

3．刃倾角的作用有哪些？如何选用？

4．怎样合理选择切削速度？

5. 粗车、半精车加工时，进给量选择有什么不同特点？

6. 什么是工件材料切削加工性？用什么指标来衡量工件材料切削加工性？

任务四　机床的分类与编号

【任务描述】

理解金属切削过程的同时，认识各类金属切削机床。从机床型号中了解各个机床的使用特点及类别。

【学习目标】

理解机床的分类，掌握机床的分类代号及其含义。

7.4.1　机床的分类

机床主要是按加工性质和所用刀具进行分类的。目前我国将机床分为 12 大类，即车床、钻床、镗床、磨床、齿轮加工机床、螺纹加工机床、铣床、刨插床、拉床、超声波及电加工机床、切断机床和其他机床。每一大类中的机床，按结构、性能和工艺特点还可细分为若干组，每一组又细分为若干系（系列），如表 7.6 所示。除上述基本分类方法外，还可按照通用性程度分为通用机床、专门化机床、专用机床；按照加工精度不同分为普通机床、精密机床、高精度机床；按照自动化程度分为手动、机动、半自动和自动机床；按照重量和尺寸不同分为仪表机床、中型机床、大型机床、重型机床和超重型机床；按照机床主要器官的数目分为单轴、多轴或单刀和多刀机床等。

随着机床的发展，其分类方法也将不断发展。机床数控化引起了机床传统分类方法的改变。这种变化主要表现在机床品种不是越分越细，而是趋向综合。

7.4.2　机床型号的编制方法

机床的型号必须简明地反映出机床的类型、通用特性、结构特性及主要技术参数等。我国的机床型号现在是按照 1994 年颁布的标准 GB/T15375—94《金属切削机床型号编制方法》编制而成的。

GB/T15375—94 规定，采用汉语拼音字母和阿拉伯数字相结合的方式，按照一定规律排列来表示机床型号。现将通用机床的型号表示方法说明如表 7.6 所示。

表 7.6　　　　　金属切削机床类、组划分表

类别\组别	0	1	2	3	4	5	6	7	8	9
车床 C	仪表车床	单轴自动车床	多轴自动、半自动车床	回轮、转塔车床	曲轴及凸轮轴车床	立式车床	落地及卧式车床	仿形及多刀车床	轮、轴、辊、锭及铲齿车床	其他车床

续表

类别＼组别	0	1	2	3	4	5	6	7	8	9
钻床 Z		坐标镗钻床	深孔钻床	摇臂钻床	台式钻床	立式钻床	卧式钻床	铣钻床	中心孔钻床	其他钻床
镗床 T			深也镗床		坐标镗床	立式镗床	卧式镗床	精镗床	汽车、拖拉机修理用镗床	其他镗床
磨床 M	仪表磨床	外圆磨床	内圆磨床	砂轮机	坐标磨床	导轨磨床	刀具刃磨床	平面及端面磨床	曲轴、凸轮轴、花键轴及轧辊磨床	工具磨床
磨床 2M		超精机	内圆珩磨机	外圆及其他珩磨机	抛光机	砂带抛光及磨削机	刀具刃磨及研磨机床	可转位刀片磨削机床	研磨机	其他磨床
磨床 3M		球轴承套圈沟磨床	滚子轴承套圈滚道磨床	轴承套圈超精机		叶片磨削机床	滚子加工机床	钢球加工机床	气门、活塞及活塞环磨削机床	汽车拖拉机修磨机
齿轮加工机床 Y		仪表齿轮加工机床	锥齿轮加工机床	滚齿机及铣齿机	剃齿机及珩齿机	插齿机	花键轴铣床	齿轮磨齿机	其他齿轮加工机床	齿轮倒角及检查机
螺纹加工机床 S				套螺纹机	攻螺纹机		螺纹铣床	螺纹磨床	螺纹车床	
铣床 X	仪表铣床	悬臂及滑枕铣床	龙门铣床	平面铣床	仿形铣床	立式升降台铣	卧式升降台铣床	床身铣床	工具铣床	其他铣床
刨插床 B		悬臂刨床	龙门刨床			插床	牛头刨床		边缘及模具刨床	其他刨床
拉床 L			侧拉床	卧式外拉床	连续拉床	立式内拉床	卧式内拉床	立式外拉床	键槽、轴瓦及螺纹拉床	其他拉床
锯床 G			砂轮片锯床		卧式带锯床	立式带锯床	圆锯床	弓锯床	锉锯床	
其他机床 Q	其他仪表机床	管子加工机床	木螺钉加工机床		刻线机	切断机	多功能机床			

1. 机床类别代号

它用大写的汉语拼音字母表示。如"车床"的汉语拼音是"chechuang"，所以用"C"表示。当需要分成若干分类时，分类代号用阿拉伯数字表示，位于类别代号之前，但第一类号不予表示，如磨床类分为 M、2M、3M 三个分类。机床代号如表 7.7 所示。

表 7.7 机床的类别代号

类别	车床	钻床	镗床	磨床			齿轮加工机床	螺纹加工机床	铣床	刨插床	拉床	电加工机床	切断机床	其他机床
代号	C	Z	T	M	2M	3M	Y	S	X	B	L	D	G	Q
读音	车	钻	镗	磨	二磨	三磨	牙	丝	铣	刨	拉	电	割	其

2. 机床的特性代号

它包括通用特性和结构特性，也用大写的汉语拼音字母表示。

（1）通用特性代号。当机床除具有普通性能外，还具有如表 7.8 所示的各种通用特性时，则应在类别代号之后加上相应的特性代号，也用大写的汉语拼音字母表示。如数控车床用"CK"表示，精密卧式车床用"CM"表示。

表 7.8 通用特性代号

通用特性	高精度	精密	自动	半自动	数控	加工中心（自动换刀）	仿形	轻型	加重型	高速	简式
代号	G	M	Z	B	K	H	F	Q	C	S	J
读音	高	密	自	半	控	换	仿	轻	重	速	简

（2）结构特性代号。为了区别主参数相同而结构不同的机床，在型号中用大写的汉语拼音字母表示结构特性代号。如 CA6140 型是结构上区别于 C6140 型的卧式车床。结构特性代号由生产厂家自行确定，不同型号中意义可不一样。当机床已有通用特性代号时，结构特性代号应排在其后。为避免混淆，通用特性代号已用过的字母以及字母"I"和"O"都不能作为结构特性代号。

3. 机床的组别和系列代号

它用二位数字表示。每类机床按用途、性能、结构分为 10 组（即 0～9 组）；每组又分为 10 个系列（即 0—9 系列）。有关机床类、组、系列的划分及其代号可参阅有关资料。

4. 机床主参数、设计序号、第二主参数的代号

机床的主参数、设计序号、第二主参数都是用二位数字表示的。主参数表示机床的规格大小，反映机床的加工能力；第二主参数是为了更完整地表示机床的加工能力和加工范围。第一、二主参数均用折算值表示。机床主参数及其折算方法可参阅有关资料。当某些机床无法用主参数表示时，则在型号中主参数位置用设计序号表示，设计序号不足二位数者，可在其前加"0"。

5. 机床重大改进序号

当机床的性能和结构有重大改进时，按其设计改进的次序分别用汉语拼音字母"A、B、C…"表示，附在机床型号的末尾，以示区别，如 C6140A 即为 C6140 型卧式车床的第一次重大改进。

新颁标准之前的车床仍用 JB1838—85 标准（如 CA6140）或 JB1838—76 标准（如 C650）。

【应用训练】

曲柄压力机的型号

按照锻压机械型号编制方法（JB/GQ2003—84）的规定，曲柄压力机的型号用汉语拼音字母、英文字母和数字表示。

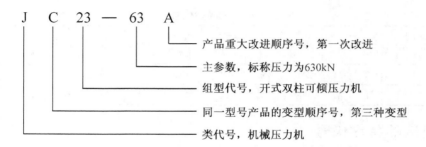

压力机类代码：

J—机械压力机　　D—锻机　　Y—液压压力机　　A—剪切机

Z—自动压力机　　W—弯曲校压机　　C—锤　　T—其他

液压机型号表示方法：

例如：Y32A—315 表示最大总压力为 3150kN，经过一次变型的四柱立式万能液压机，其中 32 表示四柱式万能液压机的组型代号。

液压机型号表示的主要原则如图 7.12 所示。

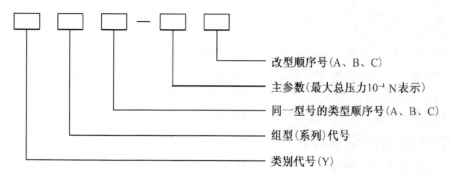

图 7.12　液压机型号表示原则

【课后练习】

1. 按照通用性程度，机床可以分为哪几类？
2. 请指出 M1432A 型号机床代号的含义。

任务一　车削加工

【任务描述】

正确认识车削加工的设备，了解其工作原理。联系车床的传动链、车削加工理解车削加工主轴转速的调整，刀具的选择及典型外圆的加工。

【学习目标】

掌握车床的主轴传动链，理解 CA6140 的典型结构及其工作原理。理解车刀的主体结构、分类及特点。掌握外圆表面的车削方法。

8.1.1　车床

车床主要用于加工各种回转表面、回转体端面以及螺纹面，还可用来钻孔、扩孔、铰孔、滚花、压光等（如图 8.1 所示）。此外，在车床上稍作改装，可进行镗孔、车削、球面、滚压、珩磨等加工。车床的用途极为广泛，在金属切削机床中所占比重最大，约为机床总台数的 20%～30%。车床的种类很多，按其结构和用途可分为：卧式车床、立式车床、转塔车床、回轮车床、落地车床、液压仿形多刀自动和半自动车床以及各种专门化车床（如曲轴及凸轮车床、铲齿车床、高精度丝杠车床等）。

车床上使用的刀具主要是各种车刀，还可采用各类钻头、铰刀及螺纹刀具等。

1. CA6140 型卧式车床

（1）机床的主参数。CA6140 型卧式车床的外形，如图 8.2 所示。卧式车床的主参数是床身上工件的最大回转直径，第二主参数是最大工件长度。CA6140 型卧式车床的主参数是 400mm，第二主参数有 750、1000、1500、2000mm 四种。

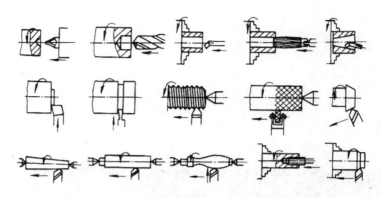

图 8.1　车床的工艺范围

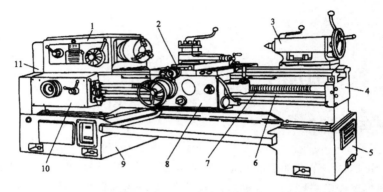

图 8.2　CA6140 型卧式车床外形

1—主轴箱　2—刀架　3—尾座　4—床身　5—右座　6—光杠　7—丝杠
8—溜板箱　9—左底箱　10—进给箱　11—挂轮变速机构

（2）机床的传动系统分析。图 8.3 是 CA6140 型卧式车床的传动系统图，它可以分解为主运动传动链和进给运动传动链。进给运动传动链又可分解为纵向、横向、螺纹进给传动链，还有刀架快速移动传动链。

① 主运动传动链。CA6140 型卧式车床的主运动传动链可使主轴获得 24 级正转转速（10～1400r/min）及 12 级反转转速（14～1580r/min）。主运动传动链的两端件为主电动机和主轴。运动由电动机（功率 7.5kW，转速 1450r/min）经 V 带传至主轴箱中的轴Ⅰ。轴Ⅰ上装有双向摩擦片式离合器 M_1，其作用是控制主轴的启动、停止、正转和反转。

② 螺纹进给传动链。CA6140 型卧式车床的螺纹进给传动链使机床实现车削公制、英制、模数制和径节制四种标准螺纹；此外还可车削大导程、非标准和较精密的螺纹；这些螺纹可以是右旋的，也可以是左旋的。

车削螺纹时，必须保证主轴每转一转，刀具准确地移动被加工螺纹一个导程的距离，由此可列出螺纹进给传动链的运动平衡式为

$$1_{(主轴)} \times u_o \times u_x \times L_{丝} = L_工$$

式中　u_o——主轴至丝杠之间全部定比传动机构的固定传动比；

　　　u_x——主轴至丝杠之间换置机构的可变传动比；

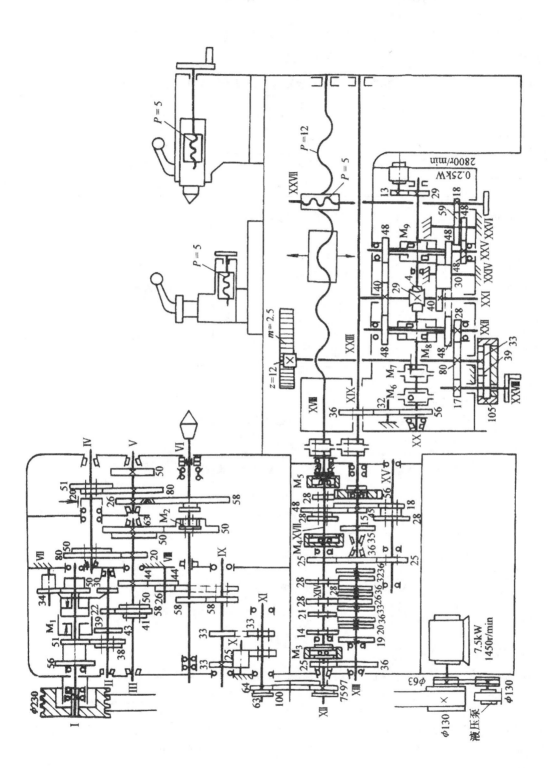

图 8.3　CA6140 型卧式车床传动系统图

$L_{丝}$——机床丝杠的导程，CA6140 型卧式车床的 $L_{丝} = P_{丝} = 12\text{mm}$；

$L_{工}$——被加工螺纹的导程，单位为 mm。

不同标准的螺纹用不同的参数表示其螺距，表 8.1 列出了公制、英制、模数和径节四种螺纹的螺距参数及其与螺距、导程之间的换算关系。

表 8.1　　　　　　　　　各种螺纹的螺距参数及螺距、导程的换算关系

螺 纹 种 类	螺 距 参 数	螺距/mm	导程/mm
公制模数	螺距 P/mm 模数 m/mm	$P = P$ $P_m = \pi m$	$L = KP$ $L_m = KP_m = K_{\pi m}$
英制径节	每吋牙数 $a/\text{牙/in}$ 径节 $DP/\text{牙/in}$	$P_a = 25.4/a$ $P_{DP} = 25.4\pi/DP$	$L_a = KP_a = 25.4K/a$ $L_{DP} = KP_{DP} = 25.4\pi K/DP$

CA6140 型车床车削上述各种螺纹时的传动路线表达式为

$$\text{主轴 VI} - \begin{bmatrix} \frac{58}{58} \\ \text{（正常螺纹导程）} \\ \frac{58}{26} - \text{V} - \frac{80}{20} - \text{IV} - \begin{bmatrix} \frac{50}{50} \\ \frac{80}{20} \end{bmatrix} - \text{III} - \frac{44}{44} - \text{VIII} - \frac{26}{58} \\ \text{（扩大螺纹导程）} \end{bmatrix} - \text{IX} - \begin{bmatrix} \frac{33}{33} \\ \text{（右螺纹）} \\ \frac{33}{25} - \text{X} - \frac{25}{33} \\ \text{（左螺纹）} \end{bmatrix} - \text{XI} \rightarrow$$

$$\begin{bmatrix} \frac{63}{100} - \frac{100}{75} \\ \text{（公制和英制螺纹）} \\ \frac{64}{100} - \frac{100}{97} \\ \text{（模数和径节螺纹）} \end{bmatrix} - \text{XII} - \begin{bmatrix} \frac{25}{36} - \text{XIII} - u_{基} - \text{XIV} - \frac{25}{36} - \frac{36}{25} \\ \text{（公制和模数螺纹）} \\ M_{3合} - \text{XIV} - \frac{1}{u_{基}} - \text{XIII} - \frac{36}{25} \\ \text{（英制和径节螺纹）} \end{bmatrix} - \text{XV} - u_{倍}$$

$$\frac{a}{b}\ \frac{c}{d} - \text{XII} - M_{3合} - \text{XIV} - M_{4合}$$

$$\text{（非标准螺纹）}$$

$$\rightarrow \text{XVII} - M_{5合} - \text{XVIII（丝杆）} - \text{刀架}$$

其中，$u_{基}$ 为轴 XIII—XVIII 间变速机构的可变传动比，称为基本螺距机构，共 8 种：

$$u_{基1} = \frac{26}{28} = \frac{6.5}{7} \quad u_{基2} = \frac{28}{28} = \frac{7}{7} \quad u_{基3} = \frac{32}{28} = \frac{8}{7} \quad u_{基4} = \frac{36}{28} = \frac{9}{7}$$

$$u_{基5} = \frac{19}{14} = \frac{9.5}{7} \quad u_{基6} = \frac{20}{14} = \frac{10}{7} \quad u_{基7} = \frac{33}{21} = \frac{11}{7} \quad u_{基8} = \frac{36}{21} = \frac{12}{7}$$

$u_{倍}$ 为轴 XV—XVII 间变速机构的可变传动比，称为增倍机构，共 4 种：

$$u_{倍1} = \frac{28}{35} \times \frac{35}{28} = 1 \quad u_{倍2} = \frac{18}{45} \times \frac{35}{28} = \frac{1}{2} \quad u_{倍3} = \frac{28}{35} \times \frac{15}{48} = \frac{1}{4} \quad u_{倍4} = \frac{18}{45} \times \frac{15}{48} = \frac{1}{8}$$

当需要车削导程大于 12mm 的螺纹时（如大导程多头螺纹或油槽），可将轴 IX 上的滑移齿轮 58 向右移动，使之与轴 VII 上的齿轮 26 啮合，这一传动机构称为扩大螺距机构。此时，主轴 VI 至轴 IX 间的传动比为：

$$u_{扩1} = \frac{58}{26} \times \frac{80}{20} \times \frac{50}{50} \times \frac{44}{44} \times \frac{26}{58} = 4 \qquad u_{扩2} = \frac{58}{26} \times \frac{80}{20} \times \frac{80}{20} \times \frac{44}{44} \times \frac{26}{58} = 14$$

必须指出，扩大螺距机构的 $u_{扩}$ 是由主运动传动链中背轮的啮合位置确定的，并对应着一定的主轴转速。当主轴转速为 10～32r/min 时，导程可扩大 6 倍；当主轴转速为 40～125r/min 时，导程可扩大 4 倍；当主轴转速更高时，导程则不能扩大。这是符合生产实际需要的，因为大导程螺纹只有将主轴置于低转速时才能安全车削。

车削用进给变速机构无法得到所需导程的非标准螺纹时，或者车削精度要求较高的标准螺纹时，必须将离合器 M_3、M_4、M_5 全部啮合，把轴 XII、X IV、X VII 和丝杠联成一体，让运动由挂轮直接传到丝杠。由于主轴至丝杆的传动路线大为缩短，减少了传动件制造和装配误差对工件螺距精度的影响，因而可车出精度较高的螺纹。此时螺纹进给传动路线的运动平衡式为

$$L_{工} = 1_{(主轴)} \times \frac{58}{58} \times \frac{33}{33} \times u_{挂} \times 12$$

化简后得挂轮换置公式为

$$u_{挂} = \frac{a}{b} \times \frac{c}{d} = \frac{L_{工}}{12}$$

③ 纵向和横向进给传动链。

当进行非螺纹工序车削加工时，可使用纵向和横向进给运动链。该传动链由主轴经过公制或英制螺纹传动路线至进给箱轴 X VII，其后运动经齿轮副 $\frac{28}{56}$ 传至光杠 X IV，再由光杠经溜板箱中的传动机构，分别传至齿轮齿条机构和横向进给丝杠 XX VII，使刀架作纵向或横向机动进给。

溜板箱中由双向牙嵌式离合器 M_8、M_9 和齿轮副 $\frac{40}{48}$、$\frac{40}{30} \times \frac{30}{48}$ 组成两个换向机构，分别用于变换纵向和横向进给运动的方向。利用进给箱中的基本螺距机构和增倍机构，以及进给传动链的不同传动路线，可获得纵向和横向进给量各 64 种。

④ 刀架快速移动传动链。

为了减轻工人的劳动强度和缩短辅助时间，刀架快速移动传动机构可使刀架实现机动快速移动。按下快速移动按钮，快速电动机（功率 250W，转速 2800r/min）经齿轮副 $\frac{13}{29}$ 使轴 XX 高速转动，再经蜗杆副 $\frac{4}{29}$、溜板箱内的转换机构，使刀架实现纵向和横向的快速移动，方向仍由双向牙嵌式离合器 M_8、M_9 控制。

（3）CA6140 型车床的典型机构。

① 双向多片摩擦离合器及其操纵机构。双向多片摩擦离合器装在轴 I 上，如图 8.4（a）所示，用于控制主轴的启动、停止和换向。

双向多片摩擦离合器的左、右两部分结构相同，由内摩擦片 3、外摩擦片 2、止推片 10 和 11、压套 8 及空套双联齿轮 1 等组成。左离合器驱动主轴正转，用于切削加工，传递的转矩大，片数多；右离合器驱动主轴反转，用于使刀架退回，片数较少。下面以左离合器为例说明其工作原理。多个内摩擦片 3 和外摩擦片 2 相间安装，内摩擦片以花键与轴 I 联接，外摩擦片则以四个凸齿与空套双联齿轮联接。当羊角形摆块 6 的右角被压下时，拉杆 7 被向左推，带动压套 8 使内、外摩擦片相互压紧，轴 I 的转矩便通过摩擦力矩传给齿轮 1，使主轴正向旋转。同理，

当羊角形摆块 6 的左角被压下时，主轴则反转。压套处于中间位置时，左、右离合器都脱开，轴 II 以后的各轴停转。

离合器的位置由图 8.4（b）中的手柄 18 操纵。将手柄向上扳时，拉杆 20 向外移动，曲轴 21 和扇形齿轮 17 顺时针转动，齿条 22 向右移动，齿条左端的拨叉 23 使得滑套 12 也随之右移，从而将羊角形摆块 6 的右角压下。由上可知，此时主轴正转。同理，将手柄向下扳时，主轴则反转。当手柄处于中间位置时，离合器脱开，主轴停止转动。为了操纵方便，操纵杆 19 上装有两个操纵手柄，分别位于进给箱右侧及溜板箱右侧。

摩擦离合器还能起到过载保护作用。当机床过载时，摩擦片打滑，可避免损坏机床。

CA6140 型车床上采用的是闸带式制动器，如图 8.4（b）、图 8.4（c）所示，由制动轮 16、制动带 15 和杠杆 14 等组成，制动轮用花键与轴 IV 联接。当离合器脱开时，制动器制动主轴，以缩短辅助时间，制动带的拉紧程度由螺钉 13 调整，当压紧离合器时应使制动松开。

② 变速操纵机构。轴 II 上的双联滑移齿轮和轴 III 上的三联滑移齿轮是用一个手柄操纵的，其操纵机构，如图 8.5 所示。

变速操纵机构的变速手柄安装在主轴箱的前壁。链传动轴 4 上装有盘形凸轮 3 和曲柄 2。盘形凸轮 3 有一条封闭的曲线槽由两段不同半径的圆弧和直线组成，如图如示。凸轮上有 6 个变速箱位置，位置 1、2、3 使杠杆 5 经拨叉 6 将轴 II 上的双联滑移齿轮移向左端，位置 4、5、6 又使双联滑移齿轮移向右端。曲柄 2 随链传动轴 4 转动，带动拨叉 1 拨动轴 III 上的三联齿轮，使之处于左、中、右三个位置。顺次转动手柄，可使两个滑移齿轮的位置实现 6 种组合，使轴 III 得到 6 种转速。

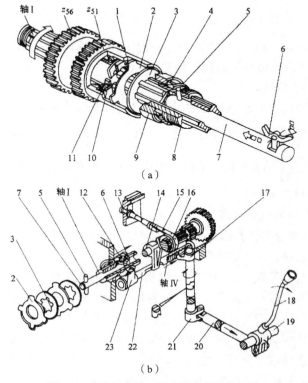

（a）

（b）

图 8.4 摩擦离合器、制动器及其操纵机构

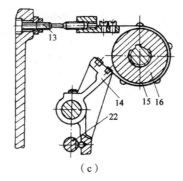

（c）

图 8.4 摩擦离合器、制动器及其操纵机构（续）

（a）双向多片摩擦离合器   （b）、（c）闸带式制动器

1—空套双开关齿轮 2—外摩擦片 3—内摩擦片 4—弹簧销 5—销 6—羊角形摆块 7—拉杆

8—压套 9—螺母 10、11—止推片 12—滑套 13—螺钉 14—杠杆 15—制动带 16—制动轮

17—扇形齿轮 18—手柄 19—操纵杆 20—拉杆 21—曲轴 22—齿条 23—拨叉

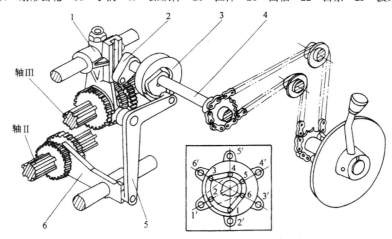

图 8.5 变速操纵机构

1—轴套 2—曲柄 3—盘形凸轮 4—链传动轴 5—杠杆 6—拨叉

③ 纵向、横向机动进给及快速移动操纵系统   CA6140 型车床的纵向、横向、机动进给及快速移动由一个手柄集中操纵，如图 8.6 所示。当需要纵向移动刀架时，向左或向右扳动手柄 1，则其下部的开口槽便拨动轴 3 向右或向左移动，通过杠杆 7 及推杆 8 使鼓形凸轮 9 转动，凸轮 9 的曲线槽迫使拨叉 10 移动，从而操纵轴 XⅧ上的牙嵌式双向离合器 M_8 向相应方向啮合，此时如果光杠 XⅫ转动，运动传给轴 XX，则刀架作纵向机动进给；如果这时按下手柄上端的快速移动按扭 S，启动快速电动机，刀架就可向相应方向快速移动，直至松开按钮为止。当需要横向移动刀架时，可向前或向后扳动手柄 1，通过轴 14 使鼓形凸轮 13 转动，凸轮上的曲线槽迫使杠杆 12 摆动，再通过拨叉 11 拨动轴 XXV 上的牙嵌式双向离合器 M_9 向相应方向啮合，此时如接通光杠或快速电动机，便可使刀架作横向机动进给或快速移动。操纵手柄处于中间位置时，离合器 M_8 和 M_9 脱开，这时机动进给和快速移动均断开。

④ 超越离合器和进给过载保护装置   为了避免光杠和快速电动机同时传动时损坏轴 XX，在溜板箱左端齿轮 56 与轴 XX 之间装有如图 8.7 所示的超越离合器。由光杠传来的低速进给运动使齿轮（即图中的外环 1）按图示逆时针方向转动，三个短圆柱滚子 3 分别在弹簧 5 的弹力

151

及滚子与外环间的摩擦力作用下，楔紧在外环和星形体 2 之间，外环通过滚子带动星形体一起转动，于是运动便经过安全离合器 M_7 传至轴XX，实现正常的机动进给。当按下快速按钮时，快速电动机的运动由齿轮副 $\frac{13}{29}$ 传至轴XX，使星形体得到一个与齿轮 56 转向相同而转速却快得多的高速旋转运动，这时滚子在摩擦力的作用下滚向楔形槽的宽端，从而使齿轮 56 与星形体脱开，光杠XIX不再驱动轴XX，刀架实现快速移动。一旦快速电动机停止转动，滚子在弹簧 5 的作用下滚向楔形槽的窄端，超越离合器自动接合，刀架立即恢复正常的机动进给运动。

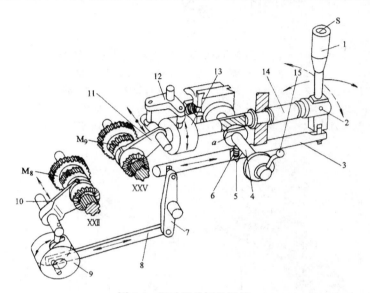

图 8.6　机动进给操纵机构

1、15—手柄　2、5—销　3、4、14—轴　6—弹簧　7、12—杠杆　8—推杆　9—鼓形凸轮　10、11—拨叉

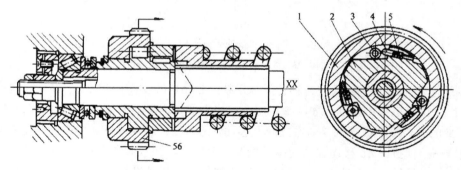

图 8.7　超越离合器

1—外环　2—星形体　3—短圆柱滚子　4—顶杆　5—弹簧

进给过程中，当进给扭矩过大或刀架移动受到阻碍时，为了避免损坏传动机构，溜板箱中设有安全离合器 M_7，其过载保护的工作原理，如图 8.8 所示。由光杠传来的运动经超越离合器的外环 1（即齿轮 56），通过滚子传给星形体，再经过平键传至离合器 M_7 的左半部 1，然后由其螺旋形端面齿传至离合器的右半部 2，再经过花键传至轴XX。离合器右半部后端弹簧 3 的弹力，克服离合器在传递扭矩时所产生的轴向分力，使离合器左、右部分保持啮合，如图 8.8（a）所示。当进给过载，弹簧 3 的弹力小于轴向分力时，离合器则如图 8.8（c）所示，右半部与左

半部脱离，轴ＸＸ停止转动，刀架自动停止进给。

2. 其他类型车床简介

（1）转塔、回轮车床。转塔、回轮车床是在卧式车床的基础上发展起来的，它们与卧式车床在结构上的主要区别是：没有尾座和丝杠，在床身尾部装有一个能纵向移动的多工位刀架，其上可安装多把刀具。加工过程中，多工位刀架周期性地转位，将不同刀具依次转到加工位置，对工件顺序加工，因此适应于成批生产。但由于这类机床没有丝杠，所以加工螺纹只能用丝锥和板牙。

① 转塔车床

图 8.9 所示为滑鞍转塔车床的外形。它除有一个前刀架 2 外，还有一个可绕垂直轴线转位的转塔刀架 3。前刀架与卧式车床的刀架类似，既可纵向进给，车削大外圆柱面，又可横向进给，加工端面和内外沟槽；转塔刀架则只能作纵向进给，它可在六个不同面上各安装一把或一组刀具，用于车削内外圆柱面，钻、扩、铰、镗孔和攻螺纹、套螺纹等。转塔刀架设有定程机构，加工过程中，当刀架到达预先调定的位置时，可自动停止进给或快速返回原位。

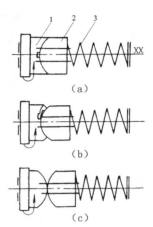

图 8.8 安全离合器工作原理
（a）离合器啮合状态 （b）过载时，离合器开始工作 （c）离合器左、右半部处于脱离状态
1—离合器左半部 2—离合器 3—弹簧

在转塔车床上加工工件时，需根据工件的加工工艺过程，预先将所用的全部刀具装在刀架上，每把（组）刀具只用于完成某一特定工步，并根据工件的加工尺寸调整好位置；同时，还需相应调整好定程装置，以控制每一刀具的行程终点位置；调整妥当后，只需接通刀架的进给运动以及加工终了时将工件取出即可。

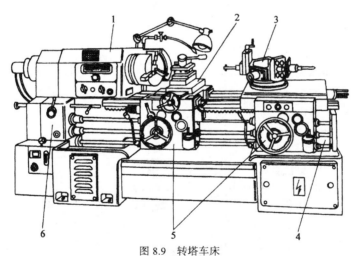

图 8.9 转塔车床
1—主轴箱 2—前刀架 3—转塔刀架 4—床身 5—溜板箱 6—进给箱

② 回轮车床。图 8.10 所示为回轮车床的外形。回轮车床没有前刀架，只有一个可绕水平轴线转位的圆盘形回轮刀架，其回转轴线与主轴轴线平行，刀架上沿圆周均匀分布着许多轴向孔（一般为 12～16 个），供安装刀具使用，当刀具孔转到最高位置时，其轴线与主轴轴线在同一直线上。回轮刀架随纵向溜板一起，可沿着床身导轨作纵向进给运动，进行车内外圆、钻孔、扩孔、铰孔和加工螺纹等；还可绕自身轴线缓慢旋转，实现横向进给，以进行车削成形面、沟

槽、端面和切断等。回轮车床加工工件时，除采用复合刀夹进行多刀切削外，还常常利用装在相邻刀孔中的几个单刀刀夹同时进行切削。

（2）立式车床。立式车床主要用于加工径向尺寸大而轴向尺寸相对较小、且形状比较复杂的大型或重型工件。立式车床的结构特点主要是主轴垂直布置，并有一个直径很大的圆形工作台，工作台台面水平布置，方便安装笨重工件。

立式车床分为单柱式和双柱式两种，如图8.11所示。

① 单柱式立式车床。

单柱式立式车床的外形，如图8.11（a）所示，它具有一个箱形立柱，与底座固定地联成一整体，构成机床的支承骨架。在立柱的垂直导轨上装有横梁和侧刀架，在横梁的水平导轨上装有一个垂直刀架。刀架滑座可左右扳转一定角度。工作台装在底座的环形导轨上，工件安装在它的台面上，由工作台带动绕垂直轴线旋转。

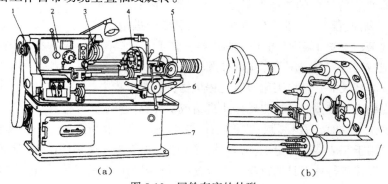

（a）　　　　　　　　　　　　　（b）

图8.10　回轮车床的外形

（a）回轮车床　（b）回轮刀架

1—进给箱　2—主轴箱　3—夹头　4—回轮刀架　5—挡块轴　6—床身　7—底座

② 双柱式立式车床。

双柱式立式车床的外形，如图8.11（b）所示，它具有两个立柱，两个立柱通过底座和上面的顶梁联成一个封闭式框架，横梁上通常装有两个垂直刀架，右立柱的垂直导轨上有的装有一个侧刀架，大尺寸的立式车床一般不带侧刀架。

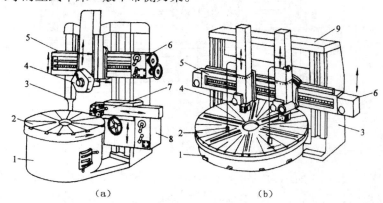

（a）　　　　　　　　　　　　　（b）

图8.11　立式车床

（a）单柱式立式车床　（b）双柱式立式车床

1—底座　2—工作台　3—立柱　4—垂直刀架　5—横梁　6—垂直
刀架进给箱　7—侧刀架　8—侧刀架进给箱　9—横梁

8.1.2　车刀

车刀是金属切削加工中最常用的刀具之一，也是研究铣刀、刨刀、钻头等其他切削刀具的基础。车刀通常是只有一条连续切削刃的单刃刀具，可以适应外圆、内孔、端面、螺纹以及其他成形回转表面等不同的车削要求。常见的有以下几种分类方法。

1．按用途分类

（1）外圆车刀。用于粗车和精车外回转表面。常用的外圆车刀，如图8.12所示。有宽刃车刀 I，主要用于精车外圆；直头车刀 II，可用于车削外圆，也可用于外圆倒角；90°～93°偏刀 III，有右偏刀和左偏刀之分，用于车削外圆、轴肩或端面；弯头车刀 IV，用于车削外圆、端面或倒角，一般主、副偏角均为45°。

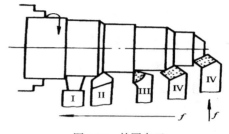

图8.12　外圆车刀

（2）端面车刀。用于车削垂直于轴线的平面，工作时采用横向进给，如图8.13所示。通常车刀都从工件外缘向中心进给，如图8.13（a）所示，这样车削方便测量；如果中心有孔，也可采用从中心向外缘进给的方法，如图 8.13（b）所示，这种方法可使工件表面粗糙度较小。

（3）内孔车刀。常用内孔车刀如图8.14所示，车刀 I 用于车削通孔，车刀 II 用于车削盲孔，车刀 III 用于切割凹槽和倒角。内孔车刀因为受工件结构的限制，工作条件比外圆车刀差，刀杆悬挂长度较大，刀杆截面积较小，刚度低，易振动，能承受的切削力较小。

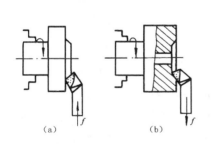

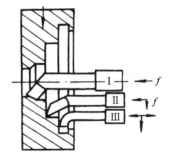

图8.13　端面车刀
（a）从外缘向中心进给　（b）从中心向外缘进给

图8.14　内孔车刀

（4）切断刀。切断刀如图8.15所示，根据刀头与刀身的相对位置，可分为对称和不对称（左偏和右偏）两种。切断刀用于切断较小直径的棒料，或从坯件上切下已加工好的零件，也可以切窄槽。

（5）螺纹车刀。图8.16所示的螺纹车刀用于车削工件的外螺纹，车削内螺纹的螺纹车刀刀头做成内孔车刀的形状。

（6）成形车刀。成形车刀如图 8.17 所示，是一种专用刀具，用于加工工件的成形回转表面。

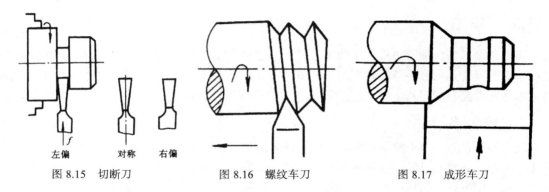

图 8.15　切断刀　　　　图 8.16　螺纹车刀　　　　图 8.17　成形车刀

2．按结构分类

（1）整体车刀。主要是高速钢车刀，俗称"白钢刀"，截面为正方形或矩形，使用时可根据不同用途加以刃磨。

（2）焊接车刀。焊接车刀如图 8.18 所示，它是将一定形状的硬质合金刀片，用紫铜或其他焊料镶焊在普通碳钢制成的刀杆上，经过刃磨而成。焊接车刀结构简单，制造方便，可根据需要刃磨，硬质合金利用充分，但其切削性能取决于工人的刃磨水平，并且焊接时会降低硬质合金硬度，易产生热应力，严重时会导致硬质合金裂纹，影响刀具耐用度，此外焊接车刀刀杆不能重复使用，刀片用完，刀杆也随之报废。焊接车刀应根据刀片的形状和尺寸开出刀槽，刀槽形式如图 8.19 所示，有通槽、半通槽和封闭槽等。

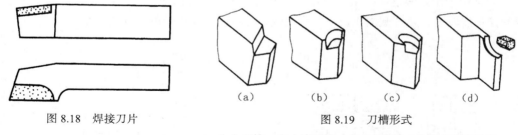

图 8.18　焊接刀片　　　　　　　　　图 8.19　刀槽形式
　　　　　　　　　　（a）通槽　（b）半通槽　（c）封闭槽　（d）加强半通槽

（3）机夹车刀。机夹车刀是将硬质合金刀片用机械夹固的方法安装在刀杆上的一种车刀。机夹车刀只有一主切削刃，用钝后可多次修磨，由于刀片不经高温焊接，排除了产生焊接裂纹的可能性，提高了刀具耐用度；而且机夹车刀刀杆可重复使用，还可进行热处理，提高硬质合金支承面的硬度和强度，减少了打刀的危险性，延长了刀具使用寿命。机夹刀具必须从结构上保证刀片夹固可靠，刀片重磨后应可调整尺寸，有时还应考虑断屑的要求。常用的刀片夹固方式有上压式和侧压式，如图 8.20 所示。

（4）可转位车刀。可转位车刀是将硬质合金可转位刀片用机械夹固的方法装夹在特制刀杆上的一种车刀，由刀杆、刀片、刀垫和夹固元件组成，如图 8.21 所示。可转位车刀的刀片为多边形，用钝后只需将刀片转位，即可使新的切削刃投入切削，当全部刀刃都用钝后才更换新刀片。可转位刀片已有国家标准（GB2079—87），刀片形状很多，常用的有三角形、偏 8°三角形、凸三角形、正方形、五角形和圆形等，如图 8.22 所示。国家标准规定，可转位刀片的型号用十个号位表示，每个号位代表刀片的一个参数，表 8.2 所列为一车刀刀片的型号表示方法。

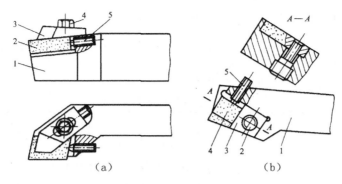

图 8.20　机夹车刀

（a）上压式机夹车刀　1—刀杆　2—刀片　3—压板　4—螺钉　5—调整螺钉

（b）侧压式机夹车刀　1—刀杆　2—螺钉　3—楔块　4—刀片　5—调整螺钉

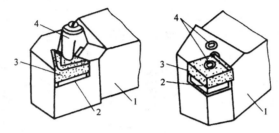

图 8.21　可转位机夹刀片

1—刀杆　2—刀垫　3—刀片　4—夹固零件

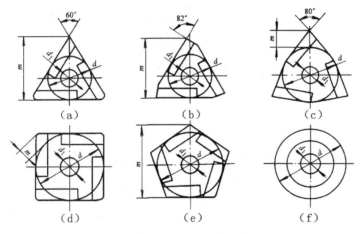

图 8.22　硬质合金可转位刀片的常用形状

（a）三角形　（b）偏 8°三角形　（c）凸三角形　（d）正方形　（e）五角形　（f）圆形

号位 1 表示刀片形状，T 代表三角形刀片。

号位 2 表示刀片法向后角的大小。N 代表法向后角为零。

号位 3 表示刀片的精度等级。U 为普通级。

号位 4 表示有无断屑及有无固定孔。M 表示单面断屑槽及刀片带孔。

号位 5 表示刀片边长为 16mm 左右。

号位 6 表示刀片厚度为 4mm 左右。

号位 7 表示刀片刀尖圆弧半径 r_E =0.8mm。

号位 8 中的 E 表示有倒圆的刀刃。

号位 9 中的 R 表示右手刀。

号位 10 表示 A 型断屑槽，槽宽为 2mm。

表 8.2 　　　　　　　　可转位车刀刀片型号的表示

号位	1	2	3	4	5	6	7	8	9	10
车刀片	T	N	U	M	16	04	08	E	R	A₂

（5）成形车刀。成形车刀又称样板刀，其刃形是根据工件的轴向截形设计的，是加工回转成形表面的专用高效刀具。它主要用于大批大量生产，在半自动车床或自动车床上加工内、外回转成形表面。成形车刀具有加工质量稳定、生产效率高、刀具使用寿命长等特点。

成形车刀的分类方法很多，下面只介绍两种常用的分类方法。一是按结构和形状可以分为平体成形车刀、棱体成形车刀和圆体成形车刀，如图 8.23 所示。二是按进刀方式分为径向成形车刀，如图 8.23 所示；切向成形车刀，如图 8.24 所示。

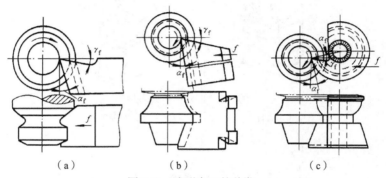

图 8.23　成形车刀的种类

（a）平体成形车刀　（b）棱体成形车刀　（c）圆体成形车刀

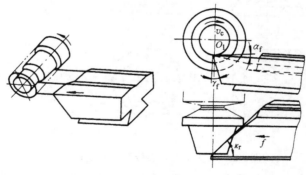

图 8.24　切向成形车刀

用成形车刀加工零件时，要获得精确的工件表面形状和尺寸精度，除正确设计和制造刀具外，成形车刀在刀夹上的正确安装及调整也至关重要，刀尖的调整和成形车刀前、后角的形成等都是靠刀夹的结构来实现的，此外，使用成形车刀进行加工时切削力较大，因此还要求刀夹的刚性好、夹固可靠。图 8.25 介绍了径向棱体成形车刀的装夹和径向圆体成形车刀的装夹。棱体成形车刀是经其燕尾的底面和侧面作为定位基准面，装夹在倾斜 a_f 角度的刀夹燕尾槽内，并用螺钉和弹性槽夹紧的。刀尖可用刀具下端的螺钉调整到与工件中心等高。圆体成形车刀则以内孔为定位基准，套装在刀夹上中心高于工件中心、带螺纹的心轴上，并通过销子与端面齿环相连，以防车刀因切削受力而转动，转动与扇形板相啮合的蜗杆，扇形板可使车刀绕心轴旋转，实现刀尖高度的精调，当刀尖调整到与工件中心等高后，锁紧螺杆上的螺母即完成装夹。平体成形车刀装夹方法与普通车刀相同。

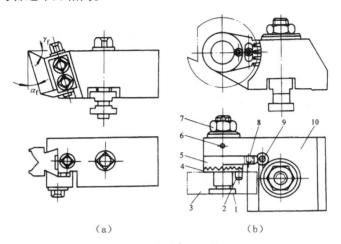

图 8.25　成形车刀的装夹

（a）径向棱体成形车刀　　（b）径向圆体成形车刀

1—心轴　2—销子　3—圆体刀　4—齿环　5—扇形板　6—螺钉　7—夹紧螺母　8—销子　9—蜗杆　10—刀夹

8.1.3　外圆面车削加工

外圆是轴、套、盘类零件的主要表面，常用加工方法有车削、磨削和光整加工。

用车削方法加工工件外圆表面叫车外圆。车外圆是外圆加工最主要的方法之一，既适用于单件、小批量生产，也适用于成批、大量生产。单件、小批量中常采用卧式车床加工；成批、大量生产中常采用转塔车床和自动、半自动车床加工。

车外圆一般分为粗车、半精车、精车和精细车。

1. 粗车

粗车一般采用大的背吃刀量、较大的进给量以及中等或较低的切削速度以求较高的生产率，其加工精度为 IT14～IT12，表面粗糙度 R_a 为 50～12.5μm，故可作为低精度表面的最终加工和半精车、精车的预加工。

2. 半精车

半精车常作为高精度外圆表面在磨削或精车前的预加工，亦可作为中等精度表面的终加工，加工精度可达 IT11～IT9，表面粗糙度 R_a 可达 6.3～3.2μm。

3. 精车

精车的加工精度可达 IT8～IT6，表面粗糙度 R_a 可达 1.6～0.8μm，可作为高精度外圆表面的最终工序或光整加工的预加工。

4. 精细车

精细车的加工精度可达 IT6～IT5，表面粗糙度 R_a 可达 0.8～0.2μm，故常作为终加工工序。

对于中、小型非铁金属零件，高速精细车是主要加工方法，用以代替磨削。因非铁金属零件在磨削时产生的微细切屑极易堵塞砂轮气孔，使砂轮磨削性能迅速变坏。另外在加工大型精密外圆表面时，常用精细车代替磨削，以提高生产率。

【应用训练】

实验六　CA6140 主轴箱内部结构分析

一、实验目的

1. 了解 CA6140 车床主轴箱内部具体机械结构的组成；

2. 学习有级变速主传动系统的传动和变速原理；

3. 掌握有级变速主轴箱的基本设计方法。

二、实验内容

1. 在 CA6140 车床给主轴变速；

2. 在车床模型上给主传动系统、进给系统变速。

三、实验设备

1. CA6140；

2. 车床模型。

四、实验方法、步骤

1. 给定两个不同的速度（主传动系统），看一看机械机构的变化；

2. 给定一个最低转速和一个最高转速，确定机床震动和噪声现象。

五、实验数据及分析

1. 两个不同的速度时的传动路线

2. 根据实验设计出某机床的主传动系统。要求：车床的主轴转速为 $n=40\sim1800$ r/min，公比 $\phi=1.41$，电机的转速 $n_电=1440$ r/min，请给出：

（1）试拟定结构式；

（2）转速图，如图 8.26 所示。

（3）确定齿轮齿数、带轮直径，验算转速误差。

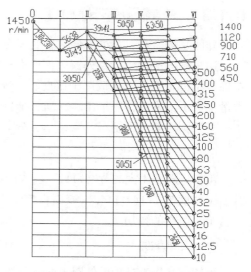

图 8.26　CA6140 型普通车床转速图

【课后练习】

1. 试说明按用途、结构分类，车刀分别有哪几种？各有何用途？

2. M1432A 型万能外圆磨床需有哪些运动？能进行哪些工作？

3. 简述改善传动性能的注意事项。

4. 简述主轴的结构的特点。

5. 试说明何谓外联系传动链？何谓内联系传动链？其本质区别是什么？对这两种传动链有何不同要求？

任务二　铣削加工

【任务描述】

通过对铣床及铣刀的了解，认识铣削加工的特点及与车削加工的主要区别。结合平面加工的方法理解铣削加工适用的范畴。

【学习目标】

了解铣床的分类，理解铣刀的结构特点及加工原理。掌握平面加工的方法。

【相关知识】

铣床是用铣刀进行铣削加工的机床。是一种多齿、多刃旋转刀具加工工件、生产效率高、表面质量好、用途广泛的金属切削机床。此类机床的主运动是铣刀的旋转运动，进给运动是工件在垂直于铣刀轴线方向上的直线运动、或是工件的回转运动、或是工件的曲线运动。在铣床上可以加工平面（水平面、垂直面等）、沟槽（如键槽、T 型槽、燕尾槽等）、回转表面及内孔、螺旋表面、特形表面及分齿零件（如齿轮、链轮、棘轮、花键轴等）等，还可用于切断工件，如图 8.27 所示。

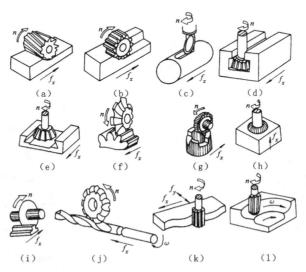

图 8.27　铣床加工的典型表面

（a）、（b）平面　（c）链槽　（d）T 型槽　（e）燕尾槽　（f）齿轮　（g）牙嵌型面
（h）镗孔　（i）切断　（j）螺旋面　（k）曲柱面　（l）曲球面

8.2.1 铣床的种类

铣床的种类很多，主要类型有卧式升降台铣床、立式升降台铣床、圆工作台铣床、龙门铣床、仿形铣床以及各种专门化铣床等。

1. 卧式铣床

卧式铣床的主要特征是机床主轴轴线与工作台台面平行，铣刀安装在与主轴相联接的刀轴上，由主轴带动作旋转主运动。工件装夹在工作台上，由工作台带动工件作进给运动，从而完成铣削工作。卧式铣床又分为卧式升降台铣床和万能升降台铣床，其外形结构分别如图 8.28（a）和图 8.28（b）所示。万能升降台铣床与卧式升降台铣床的结构基本相同，只是在工作台 5 和床鞍 6 之间增加了一副转盘，使工作台可以在水平面内调整角度，以便于加工螺旋槽。

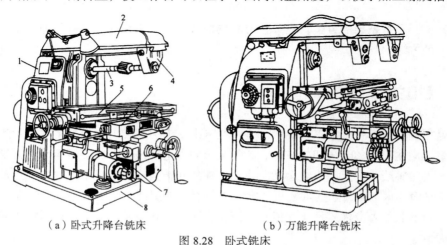

（a）卧式升降台铣床　　　　（b）万能升降台铣床

图 8.28　卧式铣床

1—床身　2—悬臂　3—铣刀心轴　4—挂架　5—工作台　6—床鞍　7—升降台　8—底座

2. 立式铣床

立式铣床与卧式铣床的主要区别在于其主轴是垂直安置的。图 8.30 所示为常见的一种立式升降台铣床，其工作台、床鞍及升降台与卧铣相同，铣头可根据加工需要在垂直平面内调整角度，主轴可沿轴线方向进给或调整位置。

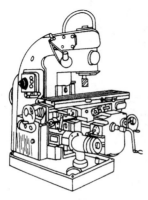

图 8.29　立式升降台铣床

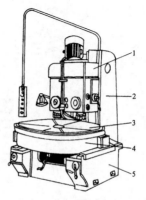

图 8.30　双柱圆工作台铣床

1—主轴箱　2—立柱　3—圆工作台　4—滑座　5—底盘

3. 圆工作台铣床

图 8.30 所示为一种双柱圆工作台铣床，它有两根主轴，在主轴箱的两根主轴上可分别安装粗铣和半精铣用的面铣刀；圆工作台上可装夹多个工件，加工时，圆工作台缓慢转动，完成进给运动，从铣刀下通过的工件便已铣削完毕，这种铣床装卸工件的辅助时间可与切削时间重合，因而生产效率高，适用于大批、大量生产中通过设计专用夹具，铣削中、小型零件。

4. 龙门铣床

龙门铣床是一种大型高效能的铣床，主要用于加工各类大型、重型工件上的平面和沟槽，借助附件还可以完成斜面和内孔等的加工。龙门铣床的主体结构呈龙门式框架，如图 8.31 所示，其横梁上装有两个铣削主轴箱（立铣头），可在横梁上水平移动，横梁可在立柱上升降，以适应不同高度的工件的加工；两个立柱上又各装一个卧铣头，卧铣头也可在立柱上升降；每个铣头都是一个独立部件，内装主运动变速机构、主轴及操纵机构，各铣头的水平或垂直运动都可以是进给运动，也可以是调整铣头与工件间相对位置的快速调位运动；铣刀的旋转为主运动。龙门铣床的刚度高，可多刀同时加工多个工件或多个表面，生产效率高，适用于成批大量生产。

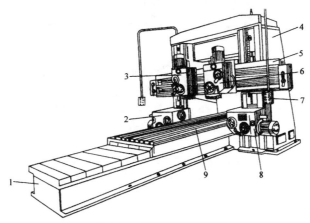

图 8.31 龙门铣床外形结构
1—床身 2、8—卧铣头 3、6—立铣头 4—立柱
5—横梁 7—控制器 9—工作台

8.2.2 铣刀

铣刀是一种多齿、多刃刀具，可用于加工平面、台阶、沟槽及成形表面等。根据用途，可分为以下几类，如图 8.32 所示。

1. 圆柱平面铣刀

如图 8.32（a）所示，该铣刀切削刃为螺旋形，其材料有整体高速钢和镶焊硬质合金两种，用于在卧式铣床上加工平面。

2. 面铣刀

又称为端铣刀，如图 8.32（b）所示，该铣刀主切削刃分布在铣刀端面上，主要采用硬质合金可转位刀片，多用于立式铣床上加工平面，生产效率高。

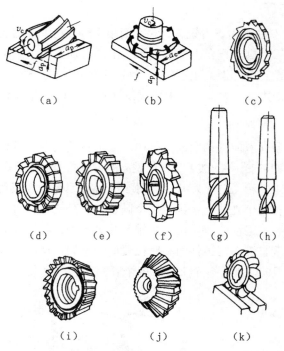

图 8.32　铣刀的类型

（a）圆柱平面铣刀　（b）面铣刀　（c）槽铣刀　（d）两面刃铣刀　（e）三面刃铣刀　（f）错齿刃铣刀
（g）立铣刀　（h）键槽铣刀　（i）单角度铣刀　（j）双角度铣刀　（k）成形铣刀

3．盘铣刀

分为单面刃、双面刃、三面刃和错齿三面刃三种，如图 8.32（c）、（d）、（e）、（f）所示，该铣刀主要用于加工沟槽和台阶。

4．锯片铣刀

实际上是薄片槽铣刀，齿数少，容屑空间大，主要用于切断和切窄槽。

5．立铣刀

如图 8.32（g）所示，其圆柱面上的螺旋刃为主切削刃，端面刃为副切削刃，它不能沿轴向进给；有锥柄和直柄两种，装夹在立铣头的主轴上，主要加工槽和台阶面。

6．键槽铣刀

如图 8.32（h）所示，它是铣键槽的专用刀具，其端刃和圆周刃都可作为主切削刃，只重磨端刃。铣键槽时，先轴向进给切入工件，然后沿键槽方向进给铣出键槽。

7．角度铣刀

图 8.32（i）和图 8.32（j）分为单面和双面角度铣刀，用于铣削斜面、燕尾槽等。

8．成形铣刀

图 8.32（k）所示为成形铣刀之一。成形铣刀用于普通铣床上加工各种成形表面，其廓形要根据被加工工件的廓形来确定。

8.2.3　平面加工方法的选择

常用的平面加工方案见表8.3。在选择平面的加工方案时除了要考虑平面的精度和表面粗糙度要求外，还应考虑零件结构和尺寸、热处理要求以及生产规模等。因此在具体拟定加工方案时，除了参考表列的方案外，还要考虑以下情况：

1.　非配合平面

一般粗铣、粗刨、粗车即可。但对于要求表面光滑、美观的平面，粗加工后还需精加工，甚至光整加工。

2.　支架、箱体与机座的固定联接平面

一般经粗铣→精铣或粗刨→精刨即可；精度要求较高的，如车床主轴箱与床身的联接面，则还需进行磨削或刮研。

3.　盘、套类零件和轴类零件的端面

应与零件的外圆和孔加工结合进行，如法兰盘的端面一般采用粗车→精车的方案。精度要求高的端面，则精车后还应磨削。

4.　导向平面

常采用粗刨→精刨→宽刃精刨（或刮研）的方案。

5.　较高精度的板块状零件，如定位用的平行垫铁等平面

常用粗铣（刨）→精铣（刨）→磨削的方案。块规等高精度的零件则尚需研磨。

6.　韧性较大的非铁金属件上的平面

一般用粗铣→精铣或粗刨→精刨方案，高精度的可再刮削或研磨。

7.　大批大量生产中，加工精度要求较高的、面积不大的平面（包括内平面）常用粗拉→精拉的方案，以保证高的生产率

表8.3　　　　　　　　　　　　　　　平面加工方案

加　工　方　案	尺寸公差等级	表面粗糙度 $R_a/\mu m$	适　用　范　围
粗车—精车	IT7～IT6	3.2～1.6	不淬火钢、铸铁和非铁金属件的平面。刨削多用于单件小批生产；控制用于大批大量生产中，精度较高的小型平面
粗铣或粗刨	IT14～IT12	50～12.5	
粗铣—精铣	IT9～IT7	3.2～1.6	
粗刨—精刨	IT9～IT7	3.2～1.6	
粗拉—精拉	IT7～IT6	0.8～0.4	
粗铣（车、刨）—精铣（车、刨）—磨	IT6～IT5	0.8～0.2	淬火及不淬火钢、铸铁的中小型零件的平面
粗刨—（车、刨）—精刨（车、刨）—磨	IT5～IT3	0.1～0.008	淬火及不淬火钢、铸铁的小型高精度平面
粗刨—精刨—宽刃细刨	IT8～IT7	0.8～0.4	导轨面等
粗铣（刨）—精铣（回）—刮研	IT7～IT6	1.6～0.4	高精度平面及导轨平面

【应用训练】

实验七　切削力的测量

一、实验目的

1. 掌握切削力的测量方法及实验数据的处理方法；

2. 分析切削用量对切削力的影响；建立切削力的经验公式。

二、实验原理及方法

本实验采用电阻式测力仪原理进行测量切削力。电阻应变式测力仪的传感器将力作用在弹性元件上，弹性元件在其切削力作用下产生变形，利用贴在弹性元件上的应变片将应变变化转换成电阻的变化，然后利用电桥将电阻变化转换成电压变化，送入测量放大电路测量。最后利用标定曲线将测得之应变值推算得被测外力值，或者直接由测力仪上经过标定的刻度盘读得测量值。测力原理如图 8.33 所示。

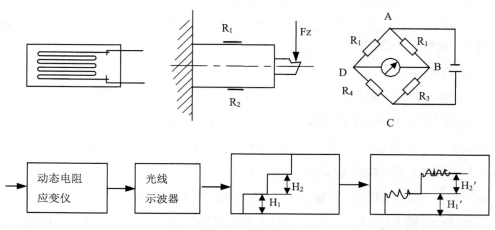

图 8.33　测力原理

采用电阻式测力仪，利用一个测力杆，中间部分刨去一个槽。这部分作为一弹性原件。在测力仪的弹性原件上粘贴具有一定电阻值的电阻应变片，然后将电阻应变片联接成电桥。电桥各臂的电阻分别为 R1、R2、R3、R4。如果 R1/R2=R3/R4，则电桥是平衡的，即 B、D 两点间的电位差为零，电流表中没有电流通过。在切削力的作用下，电阻应变片随着弹性原件发生变形。

三、实验仪器及材料

CA6140 车床一台，测力刀杆一件，动态电阻应变仪一台，电桥盒一个，弓型加载器，测力环。

测力系统如图 8.34 所示，本测力系统由 SDC 系列测力仪或测力传感器、计算机、FS21-4A（四通道）直流应变放大器、模/数转换板和专用电缆等组成；软件功

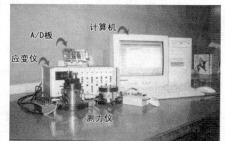

图 8.34　测力系统

能有：数据采集、回放、动态显示、均值计算、回归分析、功率谱分析等。具体的连接关系如图 8.35 所示：

四、实验步骤

1. 标定：首先将弓型加载器一端用夹盘夹住，另一端用顶尖支撑，测力环上表针调整到零的位置，底端放在刀杆上的滚珠上，另一端用弓型加载器的长螺丝上的滚珠顶住，拧动螺丝，调整松紧程度，将其固定住，测力环上表针调整到零的位置，然后加力开始标定，用光线示波器中的感光纸记录标定曲线。

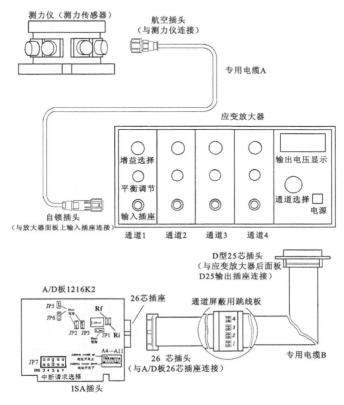

图 8.35 系统连接图

2. 进行实际切削，用计算机记录切削力变化曲线。分别改变切削因素 a_p、f 进行切削。并记录下来：

五、实验数据整理与实验报告要求

1. 将测得的切削力数值在对数座标纸上画三角形。

2. 做 F_z—a_p 线和 F_z—f 线。

3. 建立切削力指数公式 $F_z = C_{F_z} a_p^{x_{F_z}} f^{y_{F_z}}$。

【课后练习】

1. 铣床主要有哪些类型？主要加工哪些零件？

2. 平面铣削有哪些方法？各适用于什么场合？

3. 圆周铣削有哪些方法？各适用于什么场合？

4. 举例说明通用（万能）铣床、专门化机床和专用机床的主要区别是什么。

任务三　钻削和镗削加工

【任务描述】

通过钻床和镗床的相关知识，从结构上分析孔的加工设备。结合孔系加工刀具认识孔加工精度的划分。

【学习目标】

理解钻床及钻头的类型，理解镗床加工特点及镗刀的分类。掌握孔系加工的各类方法。

【相关知识】

钻床和镗床都是孔加工用机床，主要加工外形复杂、没有对称放置轴线的工件，如杠杆、盖板、箱体、机架等零件上的单孔或孔系。

8.3.1　钻床及钻头

钻床一般用于加工直径不大、精度要求较低的孔，可以完成钻孔、扩孔、铰孔以及攻螺纹等工作，使用的孔加工刀具主要有麻花钻、中心钻、深孔钻、扩孔钻、铰刀、丝锥、锪钻等，在钻床上加工时，工件不动，刀具作旋转主运动，同时沿轴向移动作进给运动，如图8.36所示。

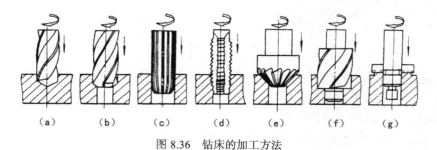

图 8.36　钻床的加工方法

（a）钻孔　（b）扩孔　（c）铰孔　（d）攻螺纹　（e）、（f）锪沉头孔　（g）锪端面

钻床的主参数是最大钻孔直径。根据用途和结构的不同，钻床可分为：台式钻床、立式钻床、摇臂钻床、深孔钻床以及专门化钻床（如中心孔钻床）等。

1. 立式钻床

立式钻床的外形及结构如图8.37所示，主要由底座、工作台、立柱、电动机、传动装置、主轴变速箱、进给箱、主轴和操纵手柄组成。进给箱右侧的手柄用于使主轴升降；工件安放在工作台上，工作台和进给箱都可沿立柱调整其上下位置，以适应不同高度的工件。立式钻床是用移动工件的办法来使主轴轴线对准孔中心的，因而操作不便，常用于中、小型工件的孔加工，工件上的孔径一般大于 13mm。

2. 摇臂钻床

在大型工件上钻孔，通常希望工件不动，而让钻床主轴能任意调整其位置，以适应加工需要，这就需要用摇臂钻床。摇臂钻床的外形及结构如图 8.38 所示，主要由底座、工作台、立柱、摇臂、电动机、传动装置、主轴变速箱、进给箱、主轴和操纵手柄组成，摇臂能绕立柱旋转，主轴箱可在摇臂上横向移动，同时还可松开摇臂锁紧装置，根据工件高度，使摇臂沿立柱升降。摇臂钻床可以方便地调整刀具的位置以对准被加工孔的中心，而不需要移动工件，因此适用于大直径、笨重的或多孔的大、中型工件上加工孔。

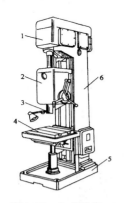

图 8.37 立式钻床

1—变速箱 2—进给箱 3—主轴
4—主轴 5—底座 6—立柱

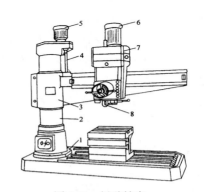

图 8.38 摇臂钻床

1—底座 2—立柱 3—摇臂 4—丝杆
5、6—电动机 7—主轴箱 8—主轴

3. 其他钻床

台式钻床是一种主轴垂直布置、钻孔直径小于 15mm 的小型钻床，由于加工孔径较小，台钻主轴转速可以很高，适用于加工小型零件上的各种孔。深孔钻床是使用特制的深孔钻头，专门加工深孔的钻床，如加工炮筒、枪管和机床主轴等零件上的深孔；为避免机床过高和便于排屑，深孔钻床一般采用卧式布置；为减少孔中心线的偏斜，通常是由工件转动作为主运动，钻头只作直线进给运动而不旋转。

4. 麻花钻

麻花钻是钻孔的主要刀具，它可在实心材料上钻孔，也可用来扩孔。标准的麻花钻由柄部、颈部及工作部分组成，如图 8.39 所示。工作部分又分为切削部分和导向部分，为增强钻头的刚度，工作部分的钻芯直径 d_c 朝柄部方向递增，如图 8.39（c）所示；刀柄是钻头的夹持部分，有直柄和锥柄两种，

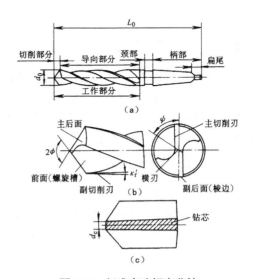

图 8.39 标准高速钢麻花钻

（a）麻花钻结构 （b）麻花钻切削部分
（c）麻花钻工作部分的剖视图

前者用于小直径钻头，后者用于大直径钻头；颈部用于磨锥柄时砂轮退刀。如图 8.39（b）所示，麻花钻有两个前刀面、两个主后刀面、两个副后刀面、两条主切削刃、两条副切削刃和一条横刃。

麻花钻的主要结构参数为外径 d_o，它按标准尺寸系列设计；钻芯直径 d_c，它决定钻头的强度及刚度，并影响容屑空间；顶角 2φ，通常 $2\varphi=116°\sim120°$；螺旋角 β，它是圆柱螺旋形刃带与钻头轴线的夹角，加工钢、铸铁等材料，钻头直径 $d_o>10mm$ 时，$\beta=25°\sim33°$。

5. 深孔钻

深孔加工时，由于孔的深径比较大，钻杆细而长，刚性差，切削时很容易走偏和产生振动，加工精度和表面粗糙度难以保证，加之刀具在近似封闭的状态下工作，因此必须特别注意导向、断屑和排屑、冷却和润滑等问题。如图 8.40 所示为单刃外排屑深孔钻，又称枪钻，它主要用来加工小孔（直径 3～20mm），孔的深径比可大于 100，其工作原理是：高压切削液从钻杆和切削部分的油孔进入切削区，以冷却、润滑钻头，并把切屑沿钻杆与切削部分的 V 形槽冲出孔外。如图 8.41 所示为高效、高质量加工的内排屑深孔钻，又称喷吸钻，它用于加工深径比小于 100，直径为 16～65mm 的孔；它由钻头、内管及外管三部分组成；2/3 的切削液以一定的压力经内外钻管之间输至钻头，并通过钻头上的小孔喷向切削区，对钻头进行冷却和润滑，此外 1/3 的切削液通过内管上 6 个月牙形的喷嘴向后喷入内管，由于喷速高，在内管中形成低压区而将前端的切屑向后吸，在前推后吸的作用下，排屑顺畅。

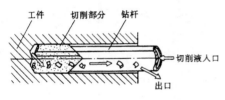

图 8.40　单刃外排屑深孔钻

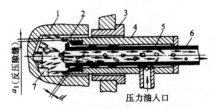

图 8.41　内排屑深孔钻

1—工件　2—小孔　3—钻套　4—外钻管
5—喷嘴　6—内钻管　7—钻头

8.3.2　镗床及镗刀

镗床用于加工尺寸较大、精度要求较高的孔、内成形表面或孔内环槽，特别是分布在不同位置、轴线间距离精度和相互位置精度要求很严格的孔系，其加工工艺如图 8.42 所示。通常，镗刀旋转为主运动，镗刀或工件的移动为进给运动。根据用途，镗床可分为卧式铣镗床、坐标镗床、金刚镗床、落地镗床以及数控镗铣床等。

1. 卧式镗铣床

卧式镗铣床的外形结构，如图 8.43 所示，其主轴水平布置并可轴向进给，主轴箱可沿前立柱导轨垂直移动，主轴箱前端有一个大转盘，转盘上装有刀架，它可在转盘导轨上作径向进给；工件装在工作台上，工作台可旋转并可实现纵向或横向进给；镗刀装在主轴或镗杆上，较长镗杆的尾部可由能在后立柱上作上下调整的后支承来支持。

2. 坐标镗床

坐标镗床用于孔本身精度及位置精度要求都很高的孔系加工，如钻模、镗模和量具等零件上的精密孔加工，也能钻孔、扩孔、铰孔、锪端面、切槽等。坐标镗床主要零部件的制造和装配精度都很高，具有良好的刚度和抗振性，并配备有坐标位置的精密测量装置，除进行孔系的精密加工外，还能进行精密刻度、样板的精密划线、孔间距及直线尺寸的精密测量等。坐标镗床按其布局形式不同，可分为立式单柱、立式双柱、卧式坐标镗床，分别如图8.44、图8.45、图8.46所示。

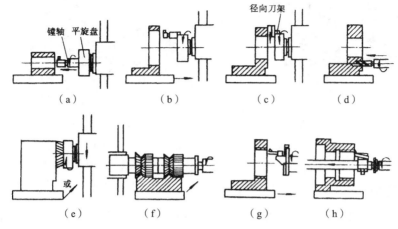

图 8.42　卧式镗床的主要加工方法

（a）镗小孔　（b）镗大孔　（c）车端面　（d）钻孔　（e）铣端面
（f）铣成形面　（g）、（h）加工螺纹

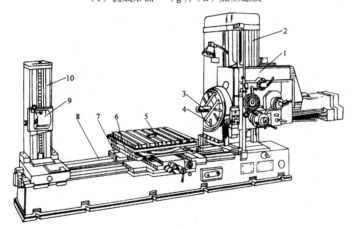

图 8.43　卧式镗铣床

1—主轴箱　2—前立柱　3—镗轴　4—平旋盘　5—工作台　6—上滑座
7—下滑座　8—床身　9—后支承　10—后立柱

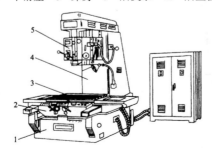

图 8.44　立式单柱坐标镗床

1—床身　2—床鞍　3—工作台　4—立柱　5—主轴箱

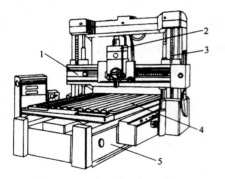

图 8.45　立式双柱坐标镗床

1—横梁　2—主轴箱　3—立柱　4—工作台　5—床

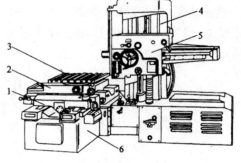

图 8.46　卧式坐标镗床

1—横向滑座　2—纵向滑座　3—回转工作台
4—立柱　5—主轴箱　6—床身

3. 金刚镗床

金刚镗床因采用金刚石镗刀而得名，它是一种高速精密镗床，其特点是切削速度高，而切削深度和进给量极小，因此可以获得质量很高的表面和精度很高的尺寸。金刚镗床主要用于成批、大量生产中，如汽车厂、拖拉机厂、柴油机厂加工连杆轴瓦、活塞、油泵壳体等零件上的精密孔。金刚镗床种类很多，按其布局形式分为单面、双面和多面金刚镗床；按其主轴的位置分为立式、卧式和倾斜式金刚镗床；按其主轴数量分为单轴、双轴和多轴金刚镗床。

4. 镗刀

镗刀种类很多，一般分为单刃镗刀与多刃镗刀两大类。单刃镗刀如图 8.47 所示，其结构简单，通用性好，大多有尺寸调节装置；在精密镗床上常采用如图 8.48 所示的微调镗刀，以提高调整精度。双刃镗刀如图 8.49 所

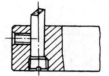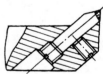

图 8.47　单刃镗刀

示，它两边都有切削刃，工作时可以消除径向力对镗杆的影响；镗刀上的两块刀片可以径向调整，工件的孔径尺寸和精度由镗刀径向尺寸保证；双刃镗刀多采用浮动连接结构，刀体 2 以动配合状态浮动地安装在镗杆的径向孔中，工作时刀块在切削力的作用下保持平衡对中；双刃浮动镗只能提高尺寸精度和减小表面精糙度，不能提高位置精度，因此必须在单刃精镗之后进行。

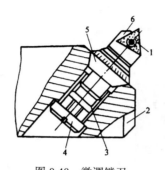

图 8.48　微调镗刀

1—紧固螺钉　2—刀杆　3—导向　4—锁紧螺钉
5—微调螺钉　6—刀头

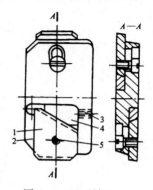

图 8.49　双刃镗刀

1—刀片　2—刀体　3—尺寸调节螺钉
4—斜面垫板　5—刀片夹紧螺钉

8.3.3 孔加工方法的选择

孔加工方法的选择与机床的选用是密切联系的。但孔加工方法的选择与机床的选用较外圆加工方法的选择要复杂得多。现分别阐述如下：

1. 加工方法的选择

孔加工常用的方案见表8.4。拟定孔加工方案时，除一般因素外，还应考虑孔径大小和深径比。

2. 机床的选用

对于给定精度和尺寸大小的孔，有时可在几种机床上加工实现。为了便于工件装夹和孔加工，保证质量和提高生产率，机床选用主要取决于零件的结构类型、孔在零件上所处的部位以及孔与其他表面位置精度等条件。

（1）盘、套类零件上各种孔加工的机床选用

盘、套类零件中间部位的孔一般在车床上加工，这样既便于工件装夹，又便于在一次装夹中精加工孔、端面和外圆，以保证位置精度。若采用镗磨类加工方案，在半精镗后再转磨床加工；若采用拉削方案，可先在卧式车床或多刀半自动车床上粗车外圆、端面和钻孔（或粗镗孔）后再转拉床加工。

盘、套零件分布在端面上的螺钉孔、螺纹底孔及径向油孔等均应在立式钻床或台式钻床上钻削。

（2）支架箱体类零件上各种孔加工的机床选用

为了保证支承孔与主要平面之间的位置精度并使工件便于安装，大型支架和箱体应在卧式镗床上加工；小型支架和箱体可在卧式铣床或车床（用花盘、弯板）上加工。

支架、箱体上的螺钉孔、螺纹底孔和油孔，可根据零件大小在摇臂钻床、立式钻床或台式钻床上钻削。

（3）轴类零件上各种孔加工的机床选用

轴类零件除中心孔外，带孔的情况较少，但有些轴件有轴向圆孔、锥孔或径向小孔。轴向孔的精度差异很大，一般均在车床上加工，高精度的孔则需再转磨床加工。径向小孔在钻床上钻削。

表 8.4 　　　　　　　　　　孔加工方案

加工方案		尺寸公差等级	表面粗糙度 $R_a/\mu m$	适 用 范 围	
钻削类	钻	IT14～IT11	50～12.5	用于任何手批量生产中工件实体部分的孔加工	
铰削类	钻—铰	IT9～IT8	3.2～1.6	ϕ10mm 以下	用于成批生产及单件小批生产中的小孔和细长孔。可加工不淬火的钢件、铸铁件和非铁金属件
	钻—扩—铰	IT8～IT7	1.6～0.8	ϕ10～80mm 以下	
	钻—扩—粗铰—精铰	IT7～IT6	1.6～0.4		
	粗镗—半粗镗—铰	IT8～IT7	1.6～0.8	用于成批生产中 ϕ30～80mm 铸锻孔的加工	
拉削类	钻—拉或粗镗—拉	IT8～IT7	1.6～0.4	用于大批大量生产中，加工不淬火的黑色金属和非铁金属件的中、小孔	

续表

加工方案		尺寸公差等级	表面粗糙度 R_a/μm	适用范围
镗削类	（钻）①—粗镗—半精镗	IT10～IT9	6.3～3.2	多用于单件小批生产中加工除淬火钢外的各种钢件、铸铁件和非金属件，以珩磨为终加工的，多用于大批大量生产，并可以加工淬火钢件
	（钻）—粗镗—半精镗—精镗	IT8～IT7	1.6～0.8	
	（钻）—粗镗—半精镗—精镗—研磨	IT7～IT6	0.4～0.008	
	（钻）—粗镗—半精镗—精镗—珩磨	IT7～IT5	0.4～0.012	
镗磨类	（钻）—粗镗—半精镗—磨	IT8～IT7	0.8～0.4	用于淬火钢、不淬火钢及铸铁件的孔加工，但不宜加工韧性大，硬度低的非铁金属件
	（钻）—粗镗—半精镗—粗磨—精磨—精磨	IT7～IT6	0.4～0.2	
	（钻）—粗镗—半精镗—粗磨—精磨—研磨	IT7～IT6	0.2～0.008	

【应用训练】

实验八　镗孔时自激振动及消振实验

一、实验目的和要求

1. 了解镗孔时产生的自激振动现象，观察振纹

2. 了解切削速度、切削深度与自振振幅的关系

3. 了解冲击式消振镗杆的消振原理，观察其消振效果

4. 了解削边镗杆的消振原理，观察其消振效果

二、实验所用设备和食品

1. CA6140 型普通车床　　　　　一台；

2. Y6D—3A 型电阻应变仪　　　　一台；

3. SC—16 光线示波器　　　　　　一台；

4. DY—3 型电源供给器　　　　　一台；

5. 镗杆、镗杆座及消振块　　　　一套；

三、实验原理

（一）振动原理

切削过程中产生自激振动的原因，各种学派解释不一，其中较为主要的是振型偶合自激振动原理（座标联系自激振动原理）和再生激振动原理。

在此我们只介绍振型偶合自激振动原理：

按照该理论，认为车刀与工件的相对振动运动，是以质量偶合的形式，相互关系的振动的组合（二个自由度的振动）；振动时，刀具与工件切削截面的大小变化，而与振动的速度无关，如图 8.50 所示，刀尖由 A 点经 C 点到 B 点，再由 B 点经 D 点到 A 点，切入时，A→C→B 切深较小，切出时 B→D→A，切深较大，由于切深的变化，引起了切削力的变化。当刀尖沿切削力 P 同方向（B→D→A）移动时，比当刀尖沿与切削力相反方向运动时（A→C→B）的切削力来的大。这样，在每一个循环内，切削力 P 对刀具部件作的正功大于负功，振动便会加强，直到每循环获得的能量与消耗的能量平衡为止，此时振动便以此振幅振动下去。

自激振动本身不会自行衰减，欲减小自激振动，需采取一定的措施。

（二）消振原理

消除和减小自激振动的方法有很多，在此我们只介绍冲击式消振原理和消边镗杆消振原理。

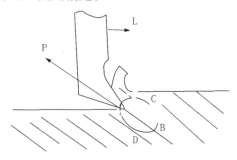

图 8.50　刀尖振动的轨迹

1. 冲击式消振原理

冲击式消振器，是在镗杆上做出一壳体，其内装入与壳体有一定间隙的质量块（消振块），如图 8.51 所示，当镗杆受到瞬时刺激力激发振动后，从平衡位置 0 产生位移 A1，镗杆获得了能量，当瞬时激发力消失以后，镗杆要回到原来位置，这时释放出能量，镗杆具有了速度从图 a 到图 b 位置。速度 V 由 $0 \to V_{max}$，在这过程中镗杆带动质量离开平衡位置运动，由于镗杆的弹性反抗作用，其速度由 $V_{max} \to 0$。但由于质量块 M1 为自由质量，其惯性使 M 在图 C 位置时仍具有 V_{max}，这时质量块 M 与镗杆离开，设在图 d 位置时，质量 M 和镗杆壳体发生碰撞，即吸收了镗杆的动能，使镗杆在第 3/4 个周期（由图 d→e）过程中，振幅减小（自 A1 减至 A2）。如此过程继续下去，则使镗杆振动幅度逐渐减小。

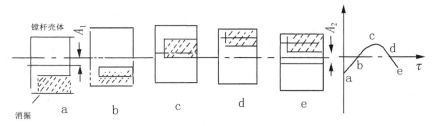

图 8.51　冲击式消振原理

2. 削边镗杆消振原理

在镗杆上平行地削去两边，削边部分的厚度 $a = (0.6 \sim 0.8)d$，其中 d 为镗杆直径，削边后的镗杆，两个相互垂直的方向具有不同的刚度，我们称刚度小的方向为小刚度主轴 R1，刚度较大的方向为大风度主轴 R2，如图 8.52 所示。

由理论计算和实验均可证明，当小刚度主轴位于力 P 和 y 轴夹角范围之内时，为不稳定区，系统易产生振动，如图 8.53 所示，应用这一理论，只要使削边镗杆小刚度主轴，位于力 P 和 y 轴夹角之外，避开不稳定区，就不易产生振动，故适当地调整小刚度主轴的位置可以起到消振作用。

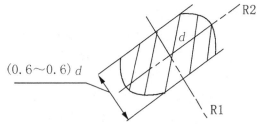

图 8.52　刚度主轴示意图

（三）信号采集、测量仪器的接线和使用方法

镗杆装在镗杆座内，相当于一悬脊梁，当切削引起镗刀振动时镗杆发生弯曲变形，其最大弯曲部位，在靠近镗杆座根部，我们在此 Z 方向上，上、下各粘贴一片电阻应变片，如图 8.54 所示。

当镗杆向下弯曲时，上面的应变片受拉，下面的应变片受压，当镗杆向上弯曲时，上面的应变片受压，下面的应变片受拉。这样，由于拉伸或压缩，应变片的电阻值发生变化，将这两片应变片与电桥盒内的两个标准电阻组成一电桥。标准电阻的阻值与应变阻值相同，当镗杆不变形时，电桥保持事先调好的平衡，没有电压输出，当镗杆由振动产生变形时，应变片阻值发生变化，电桥失去平衡，有电压输出，输出的微弱的电压信号，由电阻应变仪进行放大。然后输给光线示波器，记录下信号的变化，也就相当于振动振幅的变化。

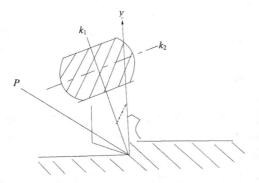 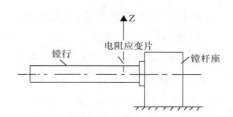

图 8.53　小刚度主轴位于不稳定区示意图　　　　图 8.54　应变自粘贴位置示意图

动态电阻应变仪，对信号进行处理，要经过前置放大、功率放大、相敏检波、低通滤波等步骤。应变仪先给电桥加交流供桥电压（载波），此时电桥输出的电压波形，称为调制波，应变仪先对此调制波进行前置放大和功率放大，再通过相敏检波和低通滤波，滤去高频成分，恢复信号原样，输出放大的电压信号。

测量仪器的线路连接，如图 8.55 所示。

四、实验步骤

1. 按仪器接线示意图，联接线路，同时了解电桥盒半桥接法。

2. 接通电源，使仪器预热。

3. 动态应变仪调平衡，同时调电压平衡、电容平衡，由衰减最大的挡调起，逐挡调到 1 的衰减挡。

4. 光线示波器接通电源后，预热一会儿，再起辉，观察振子光点位置是否正确。

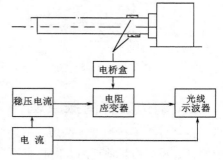

图 8.55　仪器接线示意图

5. 启动机床、镗孔，由光线示波器记录结果。

6. 实验完毕后，整理实验场地。

五、实验注意事项

1. 线路接好后，要由指导教师审查后，才可接通电源。

2. 动态电阻应变仪一定要先开低压，预热一会儿，再开高压。

3. 光线示波器启辉后，如果关闭，再要起辉时，必须等高压水银灯冷却后再启辉，以免烧毁高压水银灯。

4. 未经指导教师允许，任何同学不得乱动仪器各旋钮和开关。

【课后练习】

1. 钻床和镗床可完成哪些工作？各应用于什么场合？

2. 下列情况的孔加工，选用什么机床较合适？为什么？

（1）单件小批生产中，大型铸件上的螺栓孔和油孔；

（2）大批大量生产中，铸铁齿轮上的孔；

（3）变速箱体上传动轴的轴承孔；

（4）在薄板上加工ϕ60H10的孔；

（5）在铝合金压铸件上的油孔。

3. 卧式镗床可进行哪些工作运动？

任务四　磨削加工

【任务描述】

用砂轮、砂带、油石和研磨剂等磨料磨具为工具进行切削加工的机床，统称为磨床。

磨床工艺范围十分广泛，可以用来加工内外圆柱面和圆锥面、平面、渐开线齿廓面、螺旋面以及各种成形面，还可以刃磨刀具和进行切断等。

【学习目标】

掌握万能磨床的结构及工作特点，了解磨削用砂轮的种类及分类特点。掌握外圆磨削加工的应用及特点。

【相关知识】

磨床主要用于零件的精加工，尤其是淬硬钢和高强度特殊材料零件的精加工。目前也有少数高效磨床用于粗加工。由于各种高硬度材料应用的增多以及精密毛坯制造工艺的发展，很多零件甚至不经其他切削加工工序而直接由磨削加工成成品。因此，磨床在金属切削机床中的比重正在不断上升。

磨床的种类很多，主要有外圆磨床、内圆磨床、平面磨床、工具磨床和专门用来磨削特定表面和工件的专门化磨床（如花键轴磨床、凸轮轴磨床、曲轴磨床、导轨磨床等）。以上均为使用砂轮作磨削工具的磨床，此外还有以柔性砂带为磨削工具的砂带磨床和以油石及研磨剂为切削工具的精磨磨床等。

8.4.1　M1432A型万能外圆磨床

万能外圆磨床是应用最普遍的一种外圆磨床，其工艺范围较宽，除了能磨削外圆柱面和圆锥面外，还可磨削内孔和台阶面等。M1432A型万能外圆磨床则是一种最具典型性的外圆磨床，主要用于磨削 IT7～IT6 级精度的圆柱形或圆锥形的外圆和内孔，表面粗糙度 R_a 值在 1.25～0.08μm 之间。

万能外圆磨床的外形如图 8.56 所示，由床身、砂轮架、内磨装置、头架、尾座、工作台、横向进给机构、液压传动装置和冷却装置等组成。

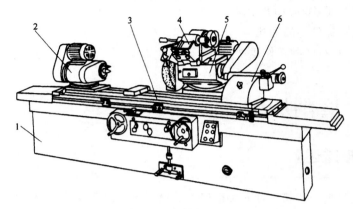

图 8.56　万能外圆磨床

1—床身　2—头架　3—工作台　4—内磨装置　5—砂轮架　6—尾座

1.　机床的运动与传动系统

（1）机床的运动　为了实现磨削加工，M1432A 型万能外圆磨床具有以下运动：

① 外磨和内磨砂轮的旋转主运动，用转速 $n_砂$ 或线速度 $v_砂$ 表示；

② 工件的旋转进给运动，用转速 $n_工$ 或线速度 $v_工$ 表示；

③ 工件的纵向往复进给运动，用 $f_纵$ 表示；

④ 砂轮的横向进给运动，用 $f_横$ 表示。

（2）机床的机械传动系统　M1432A 型万能外圆磨床的机械传动系统如图 8.57 所示。

① 砂轮主轴的传动链　外圆磨削时砂轮主轴旋转的主运动 $n_砂$ 是由电动机（1440r/min、4kW）通过 4 根 V 形带和带轮 $\dfrac{\phi 126\text{mm}}{\phi 112\text{mm}}$ 直接传动的。通常外圆磨削时 $v_砂 \approx 35\text{m/s}$。内圆磨削时砂轮主轴旋转的主运动 $n_砂$ 是由电动机（2840r/min、1.1kW）通过平带和带轮 $\left(\dfrac{\phi 170\text{mm}}{\phi 50\text{mm}}\text{或}\dfrac{\phi 170\text{mm}}{\phi 32\text{mm}}\right)$ 直接传动，更换平带轮，使内圆砂轮主轴可获得约 10000r/min 和 15000r/min 两种高转速。内圆磨具装在支架上，为了保证安全生产，内圆砂轮电动机的启动与内圆磨具支架的位置有联锁作用，只有支架翻到工作位置时，内圆砂轮电动机才能启动，这时外圆砂轮架快速进退手柄在原位上自动锁住，不能快速移动。

② 头架拨盘的传动链　这一传动用于实现工件的圆周进给运动。工件由双速电动机，经 V 带塔轮及两级 V 带传动，使头架的拨盘或卡盘驱动工件，并可获得 6 种转速。

③ 滑鞍及砂轮架的横向进给传动链　滑鞍及砂轮架的横向进给可用手摇手轮 B 实现，也可由进给液压缸的活塞 G 驱动，实现周期自动进给。

手轮刻度盘的圆周分度为 200 格，采用粗进给时每格进给量为 0.01mm，采用细进给时每格进给量为 0.0025mm。

④ 工作台的驱动　工作台的驱动通常采用液压传动，以保证运动的平稳性，并可实现无级

调速和往复运动循环自动化；调整机床及磨削阶梯轴的台阶面和倒角时，工作台也可由手轮 A 驱动。手轮转 1 转，工作台纵向进给量约为 6mm。工作台的液压传动和手动驱动之间有互锁装置，以避免因工作台移动时带动手轮转动而引起伤人事故。

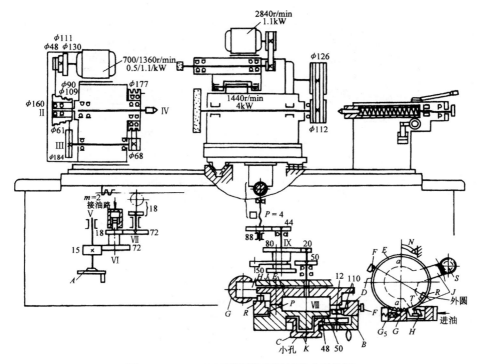

图 8.57　M1432A 型外圆磨床机械传动系统图

2. 机床的主要结构

（1）砂轮架。砂轮架的组成如图 8.58 所示，砂轮架中的砂轮主轴及其支承部分结构直接影响零件的加工质量，应具有较高的回转精度、刚度、抗振性及耐磨性，是砂轮架中的关键部分。砂轮主轴的前、后径向支承均采用"短三瓦动压型液体滑动轴承"，每一副滑动轴承由三块扇形轴瓦组成，每块轴瓦都支承在球面支承螺钉的球头上，调节球面支承螺钉的位置即可调整轴承的间隙，通常轴承间隙为 0.015～0.025mm。砂轮主轴运转的平稳性对磨削表面质量影响很大，所以对于装在砂轮主轴上的零件都要经过仔细平衡，特别是砂轮，安装到机床上之前必须进行静平衡，电动机还需经过动平衡。

（2）内圆磨具及其支架。在砂轮架前方以铰链连接方式安装着一支架，内圆磨具就装在支架孔中，使用时将其翻下，如图 8.59 所示，不用时翻向上方。磨削内孔时，砂轮直径较小，要达到足够的磨削线速度，就要求砂轮主轴具有很高的转速（10000r/min 和 15000r/min），内圆磨具要在高转速下运转平稳，主轴轴承应具有足够的刚度和寿命，并且由重量轻、厚度小的平带传动，主轴前、后各用 2 个 D 级精度的角接触球轴承支承，且用弹簧预紧。

（3）头架。图 8.60 所示为头架装配图。根据不同的加工需要，头架主轴和前顶尖可以转动或固定不动。

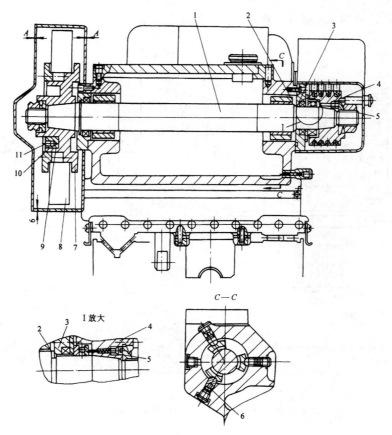

图 8.58　M1432A 砂轮架

1—主轴　2—轴肩　3—滑动轴承　4—滑柱　5—弹簧　6—球头销
7—法兰　8—砂轮　9—平衡块　10—钢球　11—螺钉

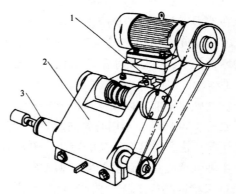

图 8.59　M1432A 内圆磨具支架

1—挡板　2—内圆磨具支架　3—内圆磨具

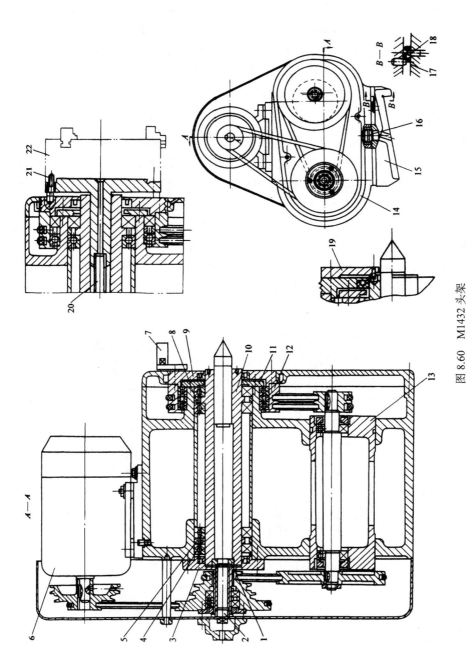

图 8.60　M1432 头架

1—螺套　2—螺钉　3—后轴承盖　4、5、8—隔套　7—拨杆　9—拨盘　10—主轴　11—前轴承盖　12—带轮

13—偏心套　14—壳体　15—底盘　16—轴销　17、18—定位销　19—拨块　20—拉杆　21—拨销　22—卡盘

8.4.2 其他磨床简介

1. 普通外圆磨床

普通外圆磨床的结构与万能外圆磨床基本相同，所不同的是：1）头架和砂轮架不能绕垂直轴线在水平面内调整角度；2）头架主轴不能转动，工件只能用顶尖支承进行磨削；3）没有配置内圆磨具。因此普通外圆磨床工艺范围较窄，只能磨削外圆柱面，或依靠调整工作台的角度磨削较小的外圆锥面。但由于主要部件结构层次减少，刚性提高，故而可采用较大的磨削用量，提高生产效率，同时也易于保证磨削质量。

2. 无心磨床

无心磨床通常是指无心外圆磨床，它适用于大批量磨削细长轴以及不带孔的轴、套、销等零件。无心外圆磨削时，工件不是支承在顶尖上或夹持在卡盘中，而是直接放在砂轮和导轮之间，由托板和导轮支承，工件被磨削的表面本身就是定位基准面。无心外圆磨削的工作原理如图 8.61 所示。无心磨削有纵磨法（又称贯穿磨法）和横磨法（又称切入磨法）两种。纵磨法如图 8.61b 所示，导轮轴线相对于工件轴线倾斜 $\alpha=1°\sim4°$ 的角度，粗磨时取大值，精磨时取小值。横磨法如图 8.61c 所示，工件无轴向运动，导轮作横向进给，为使工件在磨削时紧靠挡块，一般取 $\alpha=0.5°\sim1°$。无心磨削时，工件中心必须高于导轮和砂轮中心连线，高出的距离一般等于 0.15~0.25 倍工件直径，使工件与砂轮、导轮间的接触点不在工件的同一直径线上，从而工件在多次转动中逐渐被磨圆。

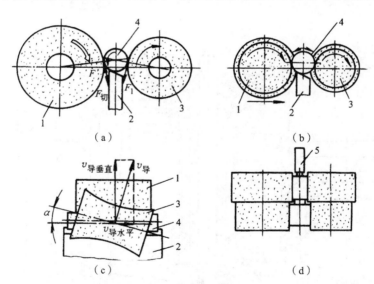

图 8.61 无心外圆磨削原理
1—砂轮 2—托板 3—导轮 4—工件 5—挡板

3. 内圆磨床

内圆磨床的主要类型有普通内圆磨床、无心内圆磨床和行星内圆磨床。普通内圆磨床是生产中应用最广的一种，其外形如图 8.62 所示。

内圆磨床可以磨削圆柱形或圆锥形的通孔、盲孔和阶梯孔。内圆磨削大多采用纵磨法，也可用切入法。

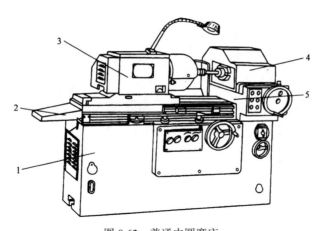

图 8.62　普通内圆磨床

1—床身　2—工作台　3—头架　4—砂轮架　5—滑鞍

磨削内圆还可采用无心磨削。如图 8.63 所示，无心内圆磨削时，工件支承在滚轮和导轮上，压紧轮使工件紧靠导轮，工件即由导轮带动旋转，实现圆周进给运动。砂轮除了完成主运动外，还作纵向进给运动和周期横向进给运动。加工结束时，压紧轮沿箭头 A 方向摆开，以便卸下工作。

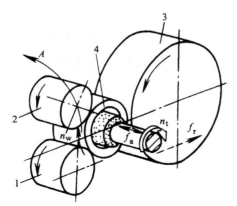

图 8.63　无心内圆

1—滚轮　2—压紧轮　3—导轮　4—工件

4.　平面磨床

平面磨床用于磨削各种零件的平面。根据砂轮的工作面不同，可分为用砂轮周边进行磨削的平面磨床，其砂轮主轴常处于水平位置即卧式；用砂轮端面进行磨削的平面磨床，其砂轮主轴常为立式。根据工作台形状的不同，平面磨床又可分为矩形工作台和圆形工作台平面磨床。所以，根据砂轮工作面和工作台形状的不同，平面磨床主要有以下四种类型：卧轴矩台平面磨床、卧轴圆台平面磨床、立轴矩台平面磨床和立轴圆台平面磨床，其中卧轴矩台平面磨床和立轴圆台平面磨床最为常见，其外形及结构如图 8.64 及图 8.65 所示。

平面磨削方式常见的有四种，如图 8.66 所示。平面磨削加工精度等级可达 IT7～IT5，表面粗糙度及 R_a 值为 0.8μm—0.2/μm。

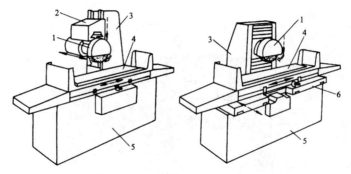

图 8.64　卧轴矩台平面磨床

1—砂轮架　2—滑鞍　3—立柱　4—工作台　5—床身　6—床鞍

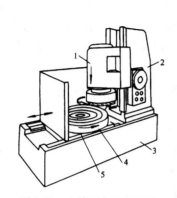

图 8.65　立轴圆台平面磨床

1—砂轮架　2—立柱　3—床身
4—工作台　5—床鞍

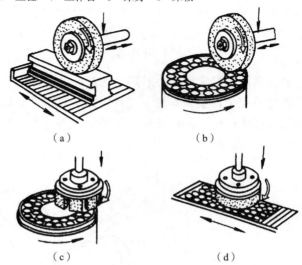

图 8.66　平面磨削方式

（a）卧轴矩台平面磨削　（b）卧轴圆台平面磨削
（c）立轴圆台平面磨削　（d）立轴矩台平面磨削

8.4.3　磨削砂轮

1. 砂轮的特性及选择

　　磨具一般分为六大类，即砂轮、砂瓦、砂带、磨头、油石、研磨膏。砂轮是磨削加工中最常用的磨具，它由结合剂将磨料颗粒粘结，经压坯、干燥、焙烧而成，结合剂并未填满磨料间的全部空间，因而有气孔存在。磨料、结合剂、气孔三者构成了砂轮的三要素。

　　砂轮的特性由磨料的种类、磨料的颗粒大小、结合剂的种类、砂轮的硬度和砂轮的组织这五个基本参数所决定。砂轮的特性及其选择如表 8.5 所示。

　　（1）磨料。磨料是构成砂轮的主要成分，它担负着磨削工作，必须具备很高的硬度、耐磨性、耐热性和韧性，才能承受磨削时的热和切削力。常用的磨料有氧化物系、碳化物系、超硬磨料系。各种磨料的特性及适用范围见表 8.5。其中立方氮化硼是我国近年发展起来的新型磨料，其硬度比金刚石略低，但其耐热性可达 1400℃，比金刚石的 800℃几乎高一倍，而且对铁元素的亲和力低，所以适合于磨削既硬又韧的钢材，在加工高速钢、模具钢、耐热钢时，其工作能力超过金刚石 5～10 倍，且立方碳化硼的磨粒切削刃锋利，可减少加工表面的塑性变形，磨出的表面粗糙度比一般砂轮小 1～2 级。立方氮化硼是一种很有前途的磨料。

表 8.5　　　　　　　　　　　　　砂轮的特性及选择

系列		名称	代号	旧代号	颜色	性能	适用范围
磨料	氧化物系	棕刚玉	A	GZ	棕褐	硬度较低、韧性较好	磨削碳素、合金刚，可锻铸铁与青铜
		白刚玉	GB	GB	白色	较 A 硬度高磨粒锋利	磨削淬硬刚，薄壁零件，成形零件
		铬刚玉	PA	GG	玫瑰红	韧性比 WA 好	磨削高速、不锈钢，成形削，刀具刃磨
	碳化物系	黑色碳化硅	C	TH	黑色	比刚玉类硬度高、但韧性差	磨削铸铁、黄铜、耐火材料及非金属材料
		绿色碳化硅	GC	TL	绿色	较 C 硬度高但韧性差	磨削硬质合金、宝石和光学玻璃
		碳化硼	BC		黑色	比刚玉、GC 都硬、耐磨	研磨硬质合金
	超硬磨料学	人造金刚石	D	JR	白、淡绿黑色	硬度最高，但耐热性差	研磨硬质合金、宝石和光学玻璃、陶瓷等高硬度材料
		立方氮化硼	CBN	CBN	棕黑色	硬度仅次于 D 但韧性好	磨削高性能高速钢、不锈钢、耐热钢等

粒度	类别	粒度号			适用范围			
	磨粒	8#、10#、12#、14#、16#、20#、22#、24#			荒磨			
		30#、36#、40#、46#			一般磨削，Rₛ 可达 0.8μm			
		54#、60#、70#、80#、90#、100#			半精磨、精磨、成形磨削，Rₛ 可达 0.8~0.16μm			
		120#、150#、180#、220#、240#			精磨、精密磨、超精磨、成形磨、刀具刃磨			
	磨粉	W63、W50、W40、W28			精磨、精密磨、超精磨、珩磨、螺纹磨			
		W20、W14、W10、W7、W5、W35、W25、W15、W10、W05			超精密磨、镜面磨、精研，Rₛ 可达 0.5~0.12μm			

结合剂	名称	代号	旧代号	特性能	适用范围			
	陶瓷	V	A	耐热、耐油和酸及碱的侵蚀，强度高、较脆	除薄片砂轮外，能制成各种砂轮			
	树脂	B	S	强度高，富含弹性，具有一定的抛光作用，耐热性差，不耐酸碱	荒磨砂轮、磨窄槽，可作切断用砂轮、高速砂轮、镜面磨砂轮			
	橡胶	R	X	强度高，弹性较好，抛光作用好，耐热性差，不耐酸碱，易堵塞	用作磨削轴承滚道砂轮、无心磨导轮、切割薄片砂轮、抛光砂轮			
	金属	M	J	砂轮强度好，型面保持性好，有一定韧性，但自锐性差	制造金刚石砂轮，使用寿命长			

硬度	等级	超软		软			中软		中		中硬		硬			超硬
	代号	D	E	F	G	H	J	K	L	M	N	P	Q	R	S	T	Y
	选择	未淬硬钢选 L～N，淬火合金钢选 H～K，高表面质量选 K～L，硬质合金刀选 H～J														

组织	组织号	0	1	2	3	4	5	6	7	8	9	10	11	12	13	14
	磨粒率（%）	62	60	58	56	54	52	50	48	46	44	42	40	38	36	34
	用途		成形、精密磨削			磨淬火钢、刀具				磨韧大硬度不高钢					热敏材料	

（2）粒度。粒度是指磨料颗粒的大小，通常用筛分法确定粒度号，例如可通过每寸长度上有 80 个孔眼的筛网的磨粒，其粒度号即为 80#。磨粒粒度对生产率和表面粗糙度有很大影响，一般粗加工要求磨粒粒度号小，加工软材料时，为避免堵塞砂轮，也应采用小粒度号，精加工

要求磨粒粒度号大。磨料根据其颗粒大小又分为磨粒和磨粉两类，磨料颗粒大于 $40\mu m$ 时，称为磨粒，小于 $40\mu m$ 时，称为磨粉。

（3）结合剂。结合剂的作用是将磨粒粘合在一起，使砂轮具有必要的形状和强度，它的性能决定砂轮的强度、耐冲击性、耐腐蚀性、耐热性和砂轮寿命。常用的结合剂有陶瓷结合剂、树脂结合剂、橡胶结合剂和金属结合剂。陶瓷结合剂由粘土、长石、滑石、硼玻璃和硅石等陶瓷材料配制而成，其化学性质稳定，耐水、耐酸、耐热、成本低，但较脆，所以除切断砂轮外，大多数砂轮都用陶瓷结合剂；树脂结合剂的主要成分是酚醛树脂，也有采用环氧树脂的，其强度高、弹性好，所以多用于高速磨削、切断、开槽等；橡胶结合剂多数采用人造橡胶，它比树脂结合剂更富有弹性，可使砂轮具有良好的抛光作用；金属结合剂常见的是青铜结合剂，主要用于制作金刚石砂轮，其特点是型面成型性好，强度高，有一定韧性，但自砺性差，主要用于粗磨、半精磨硬质合金以及切断光学玻璃、陶瓷、半导体等。

（4）硬度。砂轮的硬度是反映磨粒在磨削力作用下，从砂轮表面上脱落的难易程度。砂轮硬，即表示磨粒难以脱落；砂轮软，表示磨粒容易脱落。砂轮的软、硬主要由结合剂的粘结强度决定，与磨粒本身的硬度无关。砂轮硬度对磨削质量和生产率有很大影响，砂轮硬度的选择主要根据加工工件材料的性质和具体的磨削条件来考虑。

（5）组织。砂轮的组织表示磨粒、结合剂和气孔三者体积的比例关系，磨粒在砂轮体积中所占比例越大，砂轮的组织越紧密，气孔越小；反之，组织越疏松。砂轮组织分为紧密、中等、疏松三大类，细分为 0~14 组织号，其中 0~3 号属紧密型，4~7 号为中等，8~14 号为疏松。

2．砂轮的形状和代号

（1）砂轮的形状。根据不同的用途、磨削方式和磨床类型，可将砂轮制成不同的形状和尺寸，并已标准化。表 8.6 为常用砂轮形状、代号及用途。

表 8.6　　　　　　　　　　常用砂轮形状、代号及用途

名　称	代号	断　面　图	基　本　用　途
平形砂轮	P		用于外圆、内圆、平面、无心、刃磨、螺纹磨削
双斜边一号砂轮	PSX$_1$		用于磨齿轮齿面和磨单线螺纹
双斜边二号砂轮	PSX$_2$		用于磨外圆端面
单斜边一号砂轮	PDX$_1$		45°角单斜边砂轮多用于磨削各种锯齿
单斜边二号砂轮	PDX$_2$		小角度单斜边砂轮多用于刃磨铣刀、铰刀、插齿刀等
单面凹砂轮	PDA		多用于内圆磨削，外径较大者都用于外圆磨削
双面凹砂轮	PSA		主要用于外圆磨削和刃磨刀具，还用作无心磨的导轮磨削轮
单面凹带锥砂轮	PZA		磨外圆和端面
双面凹带锥砂轮	PSZA		磨外圆和两端面

续表

名　称	代号	断　面　图	基　本　用途
薄片砂轮	PB		用于切断和开槽等
筒形砂轮	N		用在立式平面磨床
杯形砂轮	B		刃磨铣刀、铰刀、拉刀等
碗形砂轮	BW		刃磨铣刀、铰刀、拉刀、盘形车刀等
碟形一号砂轮	D_1		适于磨铣刀、铰刀、拉刀和其他刀具，大尺寸的一般用于磨齿轮齿面

（2）砂轮的标记。在生产中，为了便于对砂轮进行管理和选用，通常将砂轮的形状、尺寸和特性标注在砂轮端面上，其顺序为：形状、尺寸、磨料、粒度号、硬度、组织号、结合剂、线速度，其中尺寸一般指外径×厚度×内径。例如，PSA350×40×75WA60K5B40 即代表该砂轮为双面凹形，外径为 350mm，厚度为 40mm，内径为 75mm，白刚玉磨料，60 粒度，中软硬度，中等 5 号组织，树脂结合剂，最高线速度为 40m/s。

8.4.4　外圆加工方法的选择

外圆加工方法的选择，除应满足技术要求之外，还与零件的材料、热处理要求、零件的结构、生产类型及现场设备和技术水平密切相关。总的说来，一个合理的加工方案应能经济地达到技术要求，应能满足高生产率的要求。

一般说来，外圆加工的主要方法是车削和磨削。对于精度要求高、表面粗糙度值小的工件外圆，还需经过研磨、超精加工等才能达到要求；对某些精度要求不高但需光亮的表面，可通过滚压或抛光获得。常见外圆加工方案可以获得的经济精度和表面粗糙度见表 8.7，可供选用参考。

表 8.7　　　　　　　　　　　　　　外圆加工方案

序号	加　工　方　案	经济精度等级	表面粗糙度 Ra/μm	适　用　范围
1	粗车	IT14～IT12	50～12.5	适用于除淬火钢件外的各种金属和部分非金属材料
2	粗车—半精车	IT11～IT19	6.3～6.2	
3	粗车—半精车—精车	IT8～IT6	1.6～0.8	
4	粗车—半精车—精车—滚压（抛光）	IT7～IT6	0.8～0.4	
5	粗车—半精车—磨削	IT7～IT6	0.8～0.4	主要用于淬火钢，也可用于未淬火钢及铸铁
6	粗车—半精车—精磨—超精加工	IT6～IT5	0.4～0.2	
7	粗车—半精车—粗磨—精磨—超精加工	IT6～IT4	0.1～0.012	
8	粗车—半精车—精车—金刚石精细车	IT6～IT5	0.8～0.2	主要用于非铁金属
9	粗车—半精车—粗磨—精磨—高精度磨削	IT5～IT3	0.0～0.008	极高精度的外圆加工
10	粗车—半精车—粗磨—精磨—研磨	IT5～IT3	0.1～0.008	

【应用训练】

实验九　不锈钢的磨削加工

一、实验条件和方法

试件材料选用 1Gr18Ni9Ti，其机械性能：σ_b=530MPa、σ=40%、硬度 HB=187。试件尺寸直径 φ50mm、长 300mm，φ50 外圆表面精车，两端面打中心孔。实验在 MGB1420 外圆磨床上进行，砂轮为 P400×40×203，磨削方式为外圆纵向磨削，为提高试验结果的可靠性，进行重复试验，观察平均效应，消除随机因素的影响，同时尽量保持磨削条件基本不变，通过改变砂轮的粒度、硬度、磨料，更换磨削液、磨削用量来考查对磨削效果的影响。

二、实验结果分析

1. 砂轮的粒度对粘附率的影响

选用的白刚玉、硬度 K、粒度分别为 36、46、60、80 号的四个砂轮，对试件进行外圆纵向磨削，磨削长度为 600mm，检测粘附率，结果如表 8.8 所示：

表 8.8　　　　　　　　　　　　　　　　粘附率%

磨削深度/mm 砂轮粒度	0.01	0.02	0.03	0.04
36	10	32	22	33
46	42	44	43	45
60	43	65	-	-
80	89	85	-	-

从表 8.8 中可以看出，砂轮越细，粘附越严重，这是由于磨粒之间存在着空洞，磨削时切屑可存于空洞中；而砂轮越细，空洞越小，砂轮很快失去容屑空间，造成堵塞。

2. 砂轮硬度对粘附率的影响

选用磨料为白刚玉、粒度 46，硬度分别为 H、J、K、L 级的砂轮，对试件进行磨削，磨削行程 600mm，检测粘附率。结果如表 8.9 所示：

表 8.9　　　　　　　　　　　砂轮硬度对粘附率的影响

磨削深度/mm 砂轮粒度	0.01	0.02	0.03	0.04
H	18	17	16	16
J	22	21	20	21
K	36	36	38	38
L	42	44	43	45

从表 8.9 中可以看出，砂轮硬度越高，粘附越严重。这是由于硬度低的砂轮，磨粒在磨削力作用下，易于从砂轮表面脱落，形成新的容屑空间，不易堵塞。

3. 磨料对粘附率的影响

常用砂轮磨料有白刚玉和绿碳化硅两种，实验表明，两种磨料对粘附率的影响，差别不大，绿碳化硅可稍减轻粘附现象，原因是性脆而锋利。

4. 磨削液对表面粗糙度的影响

分别使用乳化液三种，无机盐磨削液和油基磨削液，加入硫、氯等极压添加剂，观察加工后工件的表面粗糙度，磨削液的流量为 20L/min、磨削行程为 600mm，实验结果如表 8.10 所示。

表 8.10　　　　　　　　　　　　磨削液对表面粗糙度的影响

磨　削　液	表面张力/×10^{-3} N/m	极压添加剂	表面粗糙度 Ra/μm
乳化液	36.8	Cl　2.8%	7.2
	39.8	S　2.8%	13.4
	57.9	0	11
无机盐磨削液	38.7	S　1.0%	16.1
油基磨削液	32.3	Cl　0.8	14.2

由表 8.10 可以看出，表面张力小，含有极压添加剂，磨削获得的表面质量好。合理使用磨削液，能改善散热条件，磨削液能将磨削屑和脱落的磨粒冲掉，同时在金属表面形成油膜，起润滑作用，降低工件表面粗糙度。

5. 磨削用量对粘附率的影响

工件转速、进给量及磨削深度对加工影响不大，从表 8.8、表 8.9 也可以看出，磨削深度的改变，对粘附率影响很小。

三、结论

（1）磨削不锈钢时，减小砂轮的粘附阻塞是提高磨削效率的重要因素，加工中要经常修整砂轮，保持切削刃的锋利。

（2）磨削不锈钢的砂轮选用自锐性好的砂轮是主要目标，一般选用硬度低的砂轮效果好，但也不能选择硬度太低，否则磨粒未磨钝就脱落。推荐选用 J 级。

（3）为减小磨削时砂轮的粘附阻塞，应选用粗粒度的砂轮。粗磨时用 36、46 号粒度，精磨时选用 60 号粒度。

（4）磨削不锈钢时，采用 GC 砂轮可提高磨削效率。

（5）磨削液选用必须兼顾润滑和清洗两种作用，供给充足，可选用表面张力小，含极压添加剂的乳化液，可获得高的表面质量。

（6）磨削用量的选择可根据加工余量确定。

（7）实验过程中发现，砂轮的组织和结合剂对不锈钢的磨削过程有一定的影响，目前受实验手段限制，有待进一步研究。

【课后练习】

1. 无心磨床与普通外圆磨床在加工原理及加工性能上有何区别？

2. 常用的砂轮有几种类型？它们由哪些要素组成？各用于什么场合？

3. 外圆加工有哪些方法？如何选用？

4. 能外圆磨床上磨削圆锥面有哪几种方法？各适用于什么场合？

任务五　齿轮加工机床及工具

【任务描述】

正确的分析齿轮加工的方法，齿轮加工精度的划分。认识齿轮加工的相关设备结构及特点。从而学会应用各类加工方法及设备。

【学习目标】

掌握齿轮加工方法，理解滚刀的安装及安装角度调整的原理。理解圆柱齿面的加工方法及特点。

8.5.1　齿轮的加工方法及刀具

1. 齿轮的加工方法

齿轮传动在各种机械及仪表中应用十分广泛。目前，工业生产中所使用的大部分齿轮都是经过切削加工获得的。齿轮的切削加工方法按其成形原理可分为成形法和范成法两大类。成形法加工齿轮，要求所用刀具的切削刃形状与被切齿轮的齿槽形状相吻合，例如在铣床上用盘形铣刀或指形铣刀铣削齿轮，在刨床或插床上用成形刀具刨削或插削齿轮。范成法加工齿轮是利用齿轮的啮合原理进行的，即把齿轮啮合副（齿条—齿轮、齿轮—齿轮）中的一个转化为刀具，另一个为工件，并强制刀具和工件作严格的啮合运动而范成切出齿廓。根据齿轮齿廓以及加工精度的不同，齿轮加工的方法主要有滚齿、插齿、铣齿、刨齿、拉齿、剃齿、磨齿和研齿等。

2. 齿轮的加工工具

为适应各种类型齿轮加工的需要，齿轮加工刀具的种类繁多，切齿原理也不尽相同。

（1）成形法加工齿轮刀具。

① 盘形齿轮铣刀。盘形齿轮铣刀是一种铲齿成形铣刀，其外形和结构如图 8.67 所示。当盘形齿轮铣刀前角为零时，其刃口形状就是被加工齿轮的渐开线齿形。齿轮齿形的渐开线形状由基圆大小决定，如图 8.68 所示。基圆愈小，渐开线愈弯曲；基圆愈大，渐开线愈平直；基圆无穷大时，渐开线变为直线，即为齿条齿形。而基圆直径又与齿轮的模数、齿数、压力角有关。当被加工齿轮的模数和压力角都相同，只有齿数不同时，其渐开线形状显然不同，出于经济性的考虑，不可能对每一种齿数的齿轮对应设计一把铣刀，而是将齿数接近的几个齿轮用相同的一把铣刀去加工，这样虽然使被加工齿轮产生了一些齿形误差，但大大减少了铣刀数量。加工压力角为 20° 的直齿渐开线圆柱齿轮用的盘形齿轮铣刀已经标准化，根据 GB9063.1-88，当模数为 0.3mm～8mm 时，每种模数的铣刀由 8 把组成一套；当模数为 9mm～16mm 时，每种模数的铣刀由 15 把组成一套。一套铣刀中的每一把都有一个号码，称为刀号，使用时可以根据齿轮的

齿数予以选择。

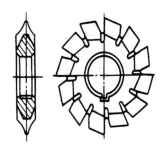
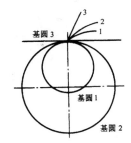

图 8.67　盘形齿轮铣刀　　　　图 8.68　渐开线形状与基圆关系

② 指形齿轮铣刀。指形齿轮铣刀如图 8.69 所示，它实质上是一种成形立铣刀，有铲齿和尖齿结构，主要用于加工 m=10mm～100mm 的大模数直齿、斜齿以及无空刀槽的人字齿齿轮等。指形齿轮铣刀工作时相当于一个悬臂梁，几乎整个刃长都参加切削，因此切削力大，刀齿负荷重，宜采用小进给量切削。指形齿轮铣刀还没有标准化，需根据需要进行专门设计和制造。

（2）范成法加工齿轮刀具。这里只介绍几种渐开线范成法加工齿轮刀具。

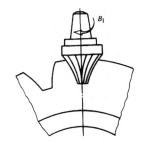

图 8.69　指形齿轮铣刀

① 齿轮滚刀。齿轮滚刀是一种范成法加工齿轮的刀具，它相当于一个螺旋齿轮，其齿数很少（或称头数，通常是一头或二头），螺旋角很大，实际上就是一个蜗杆，如图 8.70 所示。渐开线蜗杆的齿面是渐开线螺旋面，根据形成原理，渐开线螺旋面的发生母线是在与基圆柱相切的平面中的一条斜线，这条斜线与端面的夹角就是螺旋面的基圆螺旋升角 λ_b，用此原理可车削渐开线蜗杆，如图 8.71 所示，车削时车刀的前刀面切于直径为 d_b 的基圆柱，车蜗杆右齿面时车刀低于蜗杆轴线，车左齿面时车刀高于蜗杆轴线，车刀取前角 γ_f =0°，齿形角为 λ_b。

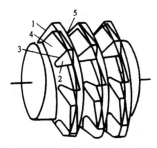
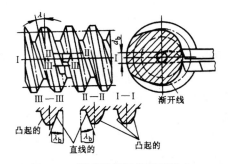

图 8.70　滚刀的基本蜗杆　　　　图 8.71　渐开线蜗杆齿面的形成
1—蜗杆表面　2—前面　3—侧刃
4—侧铲面　5—后刀面

用滚刀加工齿轮的过程类似于交错轴螺旋齿轮的啮合过程，如图 8.72 所示，滚齿的主运动是滚刀的旋转运动，滚刀转一圈，被加工齿轮转过的齿数等于滚刀的头数，以形成范成运动；为了在整个齿宽上都加工出齿轮齿形，滚刀还要沿齿轮轴线方向进给；为了得到规定的齿高，滚刀还要相对于齿轮作径向进给运动；加工斜齿轮时，除上述运动外，齿轮还有一个附加转动，附加转动的大小与斜齿轮螺旋角大小有关。

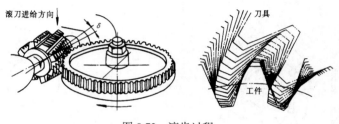

图 8.72　滚齿过程

② 蜗轮滚刀。蜗轮滚刀加工蜗轮的过程是模拟蜗杆与蜗轮啮合的过程，如图 8.73 所示，蜗轮滚刀相当于原蜗杆，只是上面制作出切削刃，这些切削刃都在原蜗杆的螺旋面上。蜗轮滚刀的外形很像齿轮滚刀，但设计原理各不相同，蜗轮滚刀的基本蜗杆的类型和基本参数都必须与原蜗杆相同，加工每一规格的蜗轮需用专用的滚刀。用滚刀加工蜗轮可采用径向进给或切向进给，如图 8.74 所示。用径向进给方式加工蜗轮时，滚刀每转一转，蜗轮转动的齿数等于滚刀的头数，形成范成运动；滚刀在转动同时，沿着蜗轮半径方向进给，达到规定的中心距后停止进给，而范成运动继续，直到包络好蜗轮齿形。用切向进给方式加工蜗轮时，首先将滚刀和蜗轮的中心距调整到等于原蜗杆与蜗轮的中心距；滚刀和蜗轮除作范成运动外，滚刀还沿本身的轴线方向进给切入蜗轮，因此滚刀每转一转，蜗轮除需转过与滚刀头数相等的齿数外，由于滚刀有切向运动，蜗轮还需要有附加的转动。

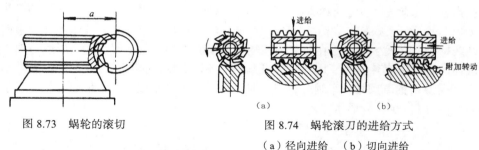

图 8.73　蜗轮的滚切

图 8.74　蜗轮滚刀的进给方式
（a）径向进给　（b）切向进给

③ 插齿刀。插齿刀是利用范成原理加工齿轮的一种刀具，它可用来加工直齿、斜齿、内圆柱齿轮和人字齿轮等，而且是加工内齿轮、双联齿轮和台肩齿轮最常用的刀具。插齿刀的形状很像一个圆柱齿轮，其模数、齿形角与被加工齿轮对应相等，只是插齿刀有前角、后角和切削刃。常用的直齿插齿刀已标准化，按照 GB6081—85 规定，直齿插齿刀有盘形、碗形和锥柄插齿刀，如图 8.75 所示。在齿轮加工过程中，插齿刀的上下往复运动是主运动，向下为切削运动，向上为空行程；此外还有插齿刀的回转运动与工件的回转运动相配合的范成运动；开始切削时，在机床凸轮的控制下，插齿刀还有径向的进给运动，沿半径方向切入工件至预定深度后径向进给停止，而范成运动仍继续进行，直至齿轮的牙齿全部切完为止；为避免插齿刀回程时与工件摩擦，还需有被加

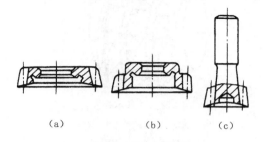

图 8.75　插齿刀的类型
（a）盘形插齿刀　（b）碗形直齿插齿刀　（c）锥柄插齿刀

工齿轮随工作台的让刀运动，如图 8.76 所示。

④ 剃齿刀。剃齿刀常用于未淬火的软齿面圆柱齿轮的精加工，其精度可达 6 级以上，且生产效率很高，因此应用十分广泛。如图 8.77 所示，由于剃齿在原理上属于一对交错轴斜齿轮啮合传动过程，所以剃齿刀实质上是一个高精度的螺旋齿轮，并且在齿面上沿齿向开了很多刀刃槽，其加工过程就是剃齿刀带动工件作双面无侧隙的对滚，并对剃齿刀和工件施加一定压力，在对滚过程中二者沿齿向和齿形面均产生相对滑移，利用剃齿刀沿齿向开出的锯齿刀槽沿工件齿向切去一层很薄的金属，在工件的齿形面方向因剃齿刀无刃槽，虽有相对滑动，但不起切削作用。

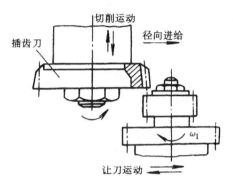 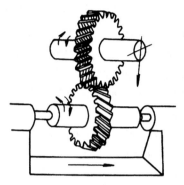

图 8.76　插齿刀的切削运动　　　　　图 8.77　剃齿工作原理

8.5.2　滚齿机

滚齿机主要用于滚切外啮合直齿和斜齿圆柱齿轮及蜗轮，多数为立式；也有卧式的，用于加工齿轮轴、花键轴和仪表类中的小模数齿轮。

1.　滚齿机运动分析

滚齿加工是按包络法加工齿轮的一种方法。滚刀在滚齿机上滚切齿轮的过程，与一对螺旋齿轮的啮合过程相似。滚齿机的滚切过程应包括两种运动：一是强迫啮合运动（包络运动）；二是切削运动（主运动和进给运动）。这两种运动分别由齿坯、滚刀和刀架来完成。

（1）加工直齿圆柱齿轮时滚齿机的运动分析。

① 范成运动。范成运动是滚刀与工件之间的包络运动，是一个复合表面成形运动，如图 8.78 所示，它可分解为滚刀的旋转运动 B_{11} 和齿坯的旋转运动 B_{12}，由于是强迫啮合运动，所以 B_{11} 和 B_{12} 之间需要一个内传动链，以保持其正确的相对运动关系，若滚刀头数为 K，工件齿数为 z，则滚刀每转 $1/k$ 转，工件应转 $1/z$ 转，该传动链为：滚刀—4—5—i_x—6—7—工件，如图 8.79 所示。

② 主运动。范成运动还应有一条外联系传动链与动力源联系起来，这条传动链在图 8.79 中为：电动机—1—2—i_v—3—4—滚刀，它使滚刀和工件共同获得一定的速度和方向的运动，故称为主运动链。

③ 垂直进给运动。为了形成直齿，如图 8.78 所示，滚刀还需作轴向的直线运动 A_2，该运动使切削得以连续进行，是进给运动。垂直进给运动链在图 8.79 中为：工件—7—8—i_f—9—10—刀架升降丝杠，这是一条外联系传动链，工作台可视为间接动力源，轴向进给量是以工作

台每转一转时刀架的位移量（mm）来表示的。通过改变传动链中换置机构的传动比 i_f，可调整轴向进给量的大小，以适应表面粗糙度的不同要求。

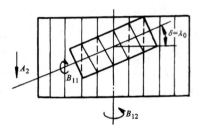

图 8.78　滚切直齿圆柱齿轮时所需的运动

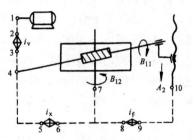

图 8.79　滚切直齿圆柱齿轮的传动链

④ 滚刀的安装。因为滚刀实质上是一个大螺旋角齿轮，其螺旋升角为 λ_0，加工直齿齿轮时，为了使滚刀的齿向与被切齿轮的齿槽方向一致，滚刀轴线应与被切齿轮端面倾斜 δ 角，这个角称为安装角，在数值上等于滚刀的螺旋升角 λ_0。用右旋滚刀滚切直齿齿轮时，滚刀的安装如图 8.78 所示；如用左旋滚刀滚切，则倾斜方向相反。图中虚线表示滚刀与齿坯接触一侧的滚刀螺旋线方向。

（2）加工斜齿圆柱齿轮时滚齿机的运动分析。

① 运动分析。斜齿圆柱齿轮与直齿圆柱齿轮的端面齿廓都为渐开线，不同之处在齿线，前者为螺旋线，后者为直线。因此，在滚切斜齿圆柱齿轮时，除了同滚切直齿时一样，需要范成运动、主运动、垂直进给运动之外，为了形成螺旋齿线，在滚刀做垂直进给运动的同时，工件还必须在参与范成运动的基础上，再作一附加旋转运动，而且垂直进给运动与附加运动之间，必须保持严格的运动匹配关系，即滚刀沿工件轴向移动一个工件的螺旋线导程时，工件应准确地附加转动 ± 1 转。滚切斜齿轮所需的运动见图 8.80，其实际传动原理图如图 8.81 所示。滚切斜齿的附加运动传动链为：刀架（滚刀移动）—12—13—i_y—14—15—合成—6—7—i_x—8—9—工作台（工件附加转动）。由此可知，滚切斜齿圆柱齿轮需要二个复合运动，而每个复合运动必须一条外联系传动链和一条或几条内联系传动链，这里则需要四条传动链：两条内联系传动链及与之配合的两条外联系传动链。

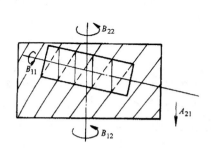

图 8.80　滚切斜齿圆柱齿轮所需的运动

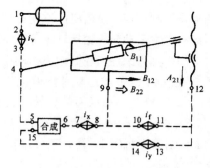

图 8.81　滚切斜齿圆柱齿轮的传动原理图

② 滚刀的安装。滚切斜齿圆柱齿轮时，滚刀的安装角 δ 不仅与滚刀的螺旋线方向和螺旋升角 λ_0 有关，而且还与被加工齿轮的螺旋线方向及螺旋角 β 有关。当滚刀与齿轮的螺旋线方向相同时，滚刀的安装角 $\delta = \beta - \lambda_0$，当滚刀与齿轮的螺旋线方向相反时，滚刀的安装角 $\delta = \beta + \lambda_0$，如图 8.82 所示。

③ 工件附加转动的方向。工件附加转动 B_{22} 的方向如图 8.83 所示，图中 ac' 是斜齿圆柱齿轮的齿线。滚刀在位置 Ⅰ 时，切削点在 a 点；滚刀下降 Δf 到达位置 Ⅱ 时，需要切削的是 b' 点而

不是 b 点。如果用右旋滚刀滚切右旋齿轮，则工件应比滚切直齿时多转一些，如图 8.83a 所示；滚切左旋齿轮，则工件应比滚切直齿时少转一些，如图 8.83b 所示。滚切斜齿圆柱齿轮时，刀架向下移动一个螺旋线导程，工件应多转或少转 1 转。

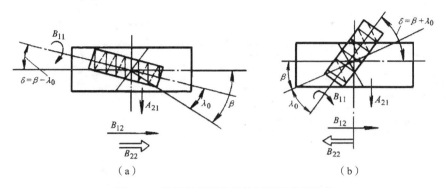

图 8.82　滚切斜齿圆柱齿轮时滚刀的安装角

（a）右旋滚刀加工右旋齿轮　（b）右旋滚刀加工左旋齿轮

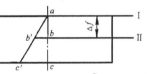
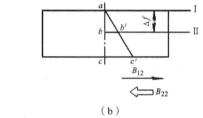

图 8.83　用右旋滚刀滚切斜齿轮时工件的附加转动方向

（a）右旋滚刀加工右旋齿轮　（b）右旋滚刀加工左旋齿轮

2. 滚齿机的结构

滚齿机有立柱移动式和工作台移动式两种，图 8.84 所示 Y3150E 型滚齿机是一种中型通用工作台移动式滚齿机。该机床主要用于加工直齿和斜齿圆柱齿轮，也可用径向切入法加工蜗轮，但径向进给只能手动，可加工工件最大直径为 500mm，最大模数为 8mm。Y3150E 型滚齿机的传动系统只有主运动、范成运动、垂直进给和附加运动传动链，另外还有一条刀架空行程传动链，用于快速调整机床部件，其运动传动系统图如图 8.85 所示。

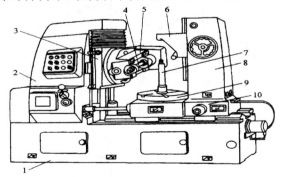

图 8.84　Y3150E 型滚齿机

1—床身　2—立柱　3—刀架溜板　4—刀杆　5—刀架体　6—支架　7—心轴　8—后立柱　9—工作台　10—床鞍

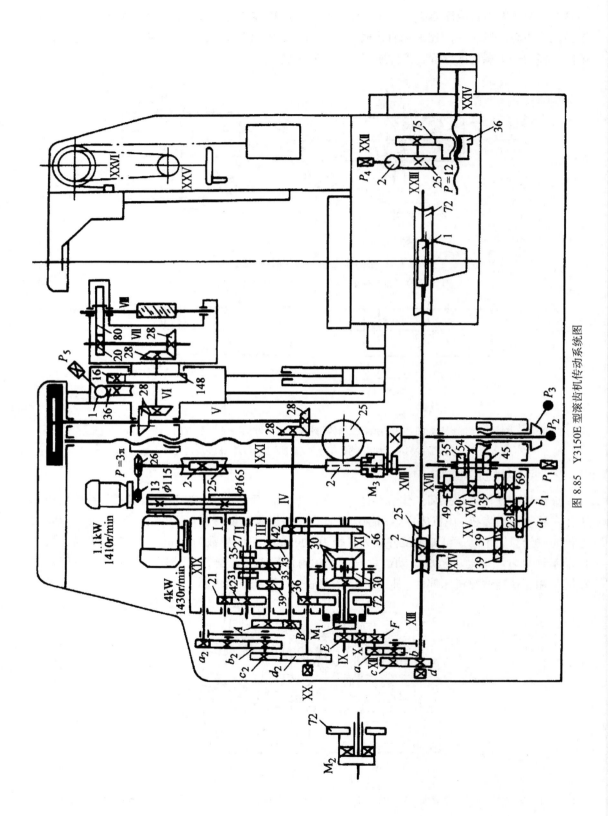

图 8.85 Y3150E 型滚齿机传动系统图

在 Y3150E 型滚齿机上加工斜齿圆柱齿轮时，需要通过运动合成机构将范成运动和附加运动合成为工件的运动，其原理如图 8.86 所示，该机构由模数 m=3mm，齿数 z=30，螺旋角 β =0°的四个弧齿锥齿轮组成。当加工斜齿圆柱齿轮时，合成机构应做如图 8.87a 所示的调整，在Ⅸ轴上先装上套筒 G，并用键连接，再将离合器 M_2 空套在套筒 G 上，使 M_2 的端面齿与空套齿轮 z_1 的端面齿及转臂 H 端面齿同时啮合，此时可通过齿轮 z_1 将运动传递给转臂 H，根据行星传动原理对合成机构进行分析得出，Ⅸ轴与齿轮套Ⅺ的传动式为：

$$u_{合1} = n_{IX} / n_{XI} = -1$$

Ⅸ轴与转臂的传动比为：

$$u_{合2} = n_{IX} / n_H = 2$$

因此，加工斜齿圆柱齿轮时，展成运动和附加运动分别由Ⅺ轴与齿轮 z_f 输入合成机构，其传动比分别为 $u_{合1} = -1$ 及 $u_{合2} = 2$，经合成后由Ⅸ轴上的齿轮 E 传出。当加工直齿圆柱齿轮时，工件不需要附加运动，合成机构应做如图 8.87b 所示的调整，卸下离合器 M_2 及套筒 G，在Ⅸ轴上装上离合器 M_2，通过端面齿和键连接，将转臂 H 与Ⅸ轴连接成一体，此时 4 个锥齿轮之间无相对运动，齿轮 z_c 的转动经Ⅺ轴直接传至Ⅸ轴和齿轮 E，这时 $u_{合} = n_{IX} / n_{XI} = 1$，即Ⅸ轴与Ⅺ轴同速同向转动。

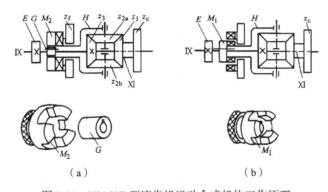

图 8.86　Y3150E 型滚齿机运动合成机构工作原理

（a）加工斜齿圆柱齿轮时　（b）加工直齿圆柱齿轮时

E、Z-齿轮　G-套筒　H-转臂　M-离合器

8.5.3　其他齿轮加工机床

1. 插齿机

插齿机可以用来加工外啮合和内啮合的直齿圆柱齿轮，如果采用专用的螺旋导轨和斜齿轮插齿刀，还可以加工外啮合的斜齿圆柱齿轮，特别适合于加工多联齿轮。

插齿加工时，机床必须具备切削加工的主运动、范成运动、径向进给运动、圆周进给运动和让刀运动；图 8.87 所示为插齿机的传动原理图，其中电动机 M—1—2—u_v—3—5—曲柄偏心盘 A—插齿刀为主运动传动链，u_v 为换置机构，用于改变插齿刀每分钟往复行程数；曲柄偏心盘 A—5—4—6—u_s—7—8—9—插齿刀主轴套上的蜗杆蜗轮副 B—插齿刀为圆周进给运动传动链，u_s 为调节插齿刀圆周进给量的换置机构；插齿刀—蜗杆蜗轮副 B—9—8—10—u_c—11—12—蜗杆蜗轮副 C—工件为范成运动传动链，u_c 为调节插齿刀与工件之间传动比的换置机构，

当刀具转 $1/z_{刀}$ 转时，工件转 $1/z_c$ 转；由于让刀运动及径向切入运动不直接参加工件表面成形运动，因此图中未表示出来。

2. 磨齿机

磨齿机多用于淬硬齿轮的齿面精加工，有的还可直接用来在齿坯上磨制小模数齿轮。磨齿能消除淬火后的变形，加工精度最低为 6 级，有的可磨出 3、4 级精度齿轮。

磨齿机有成形法和范成法磨齿两大类，多数磨齿机为范成法磨齿。范成法磨齿又分为连续磨齿和分度磨齿两类，如图 8.88 所示，其中蜗杆形砂轮磨齿机的效率最高，而大平面砂轮磨齿机的精度最高。磨齿加工加工精度高，修正误差能力强，而且能加工表面硬度很高的齿轮，但磨齿加工效率低、机床复杂、调整困难，因此加工成本高，适用于齿轮精度要求很高的场合。

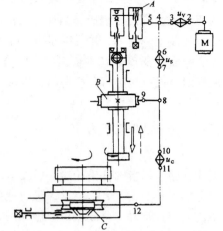

图 8.87　插齿机的传动原理图

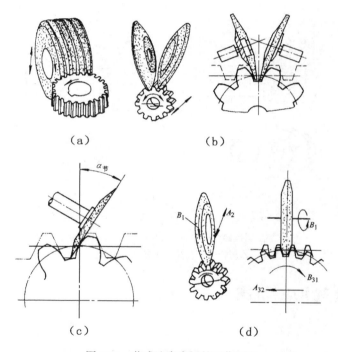

图 8.88　范成法磨齿机的工作原理

（a）蜗杆形　（b）双碟形　（c）大平面砂轮型　（d）锥形砂轮型

8.5.4　圆柱齿轮齿面加工方法选择

齿轮齿面的精度要求大多较高，加工工艺复杂，选择加工方案时应综合考虑齿轮的结构、尺寸、材料、精度等级、热处理要求、生产批量及工厂加工条件等。常用的齿面加工方案见表 8.11。

表 8.11　　　　　　　　　　　　齿面加工方案

齿面加工方案	齿轮精度等级	齿面粗糙度 R_a/μm	适 用 范 围
铣齿	9 级以下	6.3～3.2	单件修配生产中,加工低精度的外圆柱齿轮、齿条、锥齿轮、蜗轮
拉齿	7 级	1.6～0.4	大批量生产 7 级内齿轮,外齿轮,拉刀制造复杂,故少用
滚齿	8～7 级	3.2～1.6	各种批量生产中,加工中等质量外圆柱齿轮及蜗轮
插齿	8～7 级	1.6	各种手批量生产中,加工中等质量的内、外圆柱齿轮、多联齿轮及小型齿条
滚(或插)—齿—淬火—珩齿		0.8～0.4	用于齿面淬火的齿轮
滚齿—剃齿	7～6 级	0.8～0.4	主要用于大批量生产
滚齿—剃齿—淬火—珩齿	7～6 级	0.4～0.2	主要用于大批量生产
滚(插)—齿—淬火—磨齿	6～3 级	0.4～0.2	用于高精度齿轮的齿面加工,生产率低,成本高
滚(插)齿—磨齿	6～3 级	0.4～0.2	用于高精度齿轮的齿面加工,生产率低,成本高

【应用训练】

实验十　Y3150E 型滚齿机结构与调整实验

一、实验目的

巩固与验证课堂所学理论,对滚齿机的传动、结构建立感性认识,掌握滚齿机的调整理论与方法、培养学生独立思考与动手能力。

二、实验内容

1. 了解滚齿机床的用途、布局、主要规格。主要机构的结构及作用;

2. 了解滚齿机床的传动系统(机械的与液压的)及工作原理;

3. 通过加工斜齿圆柱齿轮,掌握滚齿机床的调整方法。

三、实验步骤与方法

(一)学生在实验前必须做好下列理论准备

1. 复习消化课内所讲该机床的全部内容,并完成规定的作业。

2. 阅读实验指导书,填写实验报告的有关内容,画出有差动及无差动加工斜齿轮的传动原理图,推导出有差动及无差动加工斜齿轮的换置公式,熟读传动系统图。

(二)学生进实验室后的实验方法与步骤

1. 指导教师检查学生理论准备情况。

2. 开车表演,使学生观察机床的运动与加工方法(然后拉电闸,切断机床电源,由学生动手完成下列各项)。

3. 学生对照传动系统图,了解各条传动路线及机构的作用,熟习各手柄、按钮的位置及作用。

4. 解差动机构的结构及其运动情况,并验证其传动比。

5. 差动法加工斜齿、调整机床。

(1)安装工件。擦净工作与心轴的配合面,将工件套入心轴,用垫圈调整工作高度,保证滚刀切入切出工件时，不会碰到床身与工作台。

用千分表检查毛坯的径向和端面偏摆。对于 8 级齿轮向振摆应小于 0.015mm，端面振摆应小于 0.02/300mm（单件生产可使用外径定心）。合格后，将工件夹紧。

（2）安装刀具。擦净滚刀与刀杆的配合面，装入主轴孔内装固，用千分表检查刀杆端面振摆应 < 0.01 毫米、径向振摆最大处应 < 0.015mm，将滚刀垫圈等套入刀杆，并上刀杆轴承座。要求其轴向位置要使滚刀刀齿齿形的对称中心对准工件中心，可用串刀机构（松开前轴承座的压板螺钉，手摇方头）移动前轴承座调整使滚刀对准，再夹紧前轴承座。松开刀架固定螺钉使刀架搬角度δ，然后拧紧刀架坚固螺钉。

（3）调整主运动及进给运动的运动参数。按实验前计算好的挂轮齿数，安装 Uv、Ux、Uy、Ua 挂轮。

调整行程起点。即手动将刀架下移至滚刀将切入工件为止。行程大小即调整自动停车挡铁的位置。

学生完成上述工作后，需请实验指导教师检查，方可合电闸。

（4）检查挂轮和调整吃刀深度。

① 开动机床，使滚刀回转，分别检查分齿运动及差动运动工作台的回转方向，分齿运动要符合"右逆左顺"原则，即使用右旋滚刀时，必须使工作台逆时针，使用左旋滚刀时，工作台应顺时针方向旋转，方向的改变采用情轮调整。检查差动运动可开快速电机，在检查工作台转向时用划针检查斜齿轮螺旋角的大致方向。

② 调整吃刀深度时本实验采用工件外圆作为基准，先使滚刀对在工件的中间，手摇工作台，使工件接触滚刀（为便于观察可在工件外园表成上涂以粉灰）在工作台转一周后停车，检查齿数，如与加工齿数不符需重新挂轮，为齿数正确，刻度盘对至"零位"。然后手摇工作台稍后退，使工件和刀具脱离接触。（注意，此时快速进退的油缸操纵手柄应处于快进位置。即先使工作对快进 50mm，再动手调整，否则会撞坏工件或刀具）。

③ 将刀架上升，离开工件端面约 3～5mm，再手动工作台从零位径向移动一个吃刀深度。

模数 < 3 毫米一次走刀

模数=3～6 毫米一次粗走刀，一次精走刀

模数 > 6 毫米二次粗走刀，一次精走刀

本实验采用一次走刀，t=2.25mm，刻度盘每小格为 0.02mm

（5）开车加工，观察齿形成形方法，加工毕，停机测量公法线长度及偏差。

【课后练习】

1. 滚齿机的传动系统是按怎样的传动原理设计的？
2. 对比滚齿机和插齿机的加工方法，说明它们各自的特点及主要应用范围。
3. 磨齿有哪些方法？各有什么特点？
4. 分析比较应用范成法与成形法加工圆柱齿轮各有什么特点。
5. Y3150E 滚齿机上用左旋滚刀加工左旋齿轮，机床需要哪些表面成形运动？

任务一　基本概念

【任务描述】

认识机械加工工艺过程的组成，通过工艺过程的组成了解生产工序、生产类型的划分。

【学习目标】

理解生产过程和工艺过程，掌握工艺工程的组成。了解不同生产类型及生产纲领的应用。

9.1.1　生产过程和工艺过程

1. 生产过程

在制造机械产品时，根据设计信息将原材料和半成品转变为产品的全部过程称为生产过程，主要包括：

（1）生产技术准备。这个过程主要应完成产品投入生产前的各项生产和技术准备工作。如产品设计、工艺设计和专用工艺装备的设计制造；各种生产资料、生产组织等方面的准备工作。

（2）毛坯的制造。如铸造、锻造和冲压等。

（3）零件的加工。如机械加工、焊接、铆接和热处理等。

（4）产品的装配。如部装、调试、总装等。

（5）产品的质量检验。

（6）各种生产服务。包括原材料、半成品、工具的供应、运输、保管以及产品的油漆、包装等。

在现代化生产中，为了便于组织专业化生产、提高生产效率和降低生产成本，一种产品的生产过程往往由许多工厂或生产部门联合完成，因此，一个工厂的生产过程往往是整个产品生产过程的一部分。一个工厂的生产过程又可分为各个车间的生产过程，各个车间的生产过程具有不同的特点并且互相联系。例如：机械加工车间的原材料是铸造车间或锻造车间的成品，而机械加工车间的成品又是装配车间的"原材料"。因此，机械产品的生产过程是相当复杂的，若要保证加工质量，提高生产率和降低成本，就必须组织专业化的生产，即一种产品的生产分散在若干个工厂或生产部门进行。

2．工艺过程

在生产过程中，毛坯的制造成形（如铸造、锻压、焊接等），零件的机械加工、热处理、表面处理、部件和产品的装配等是直接改变毛坯的形状、尺寸、相对位置和性能的过程，称为机械制造工艺过程，简称工艺过程。

工艺过程是生产过程的主要组成部分，其中，零件的机械加工是采用合理有序安排各种加工方法逐步地改变毛坯的形状、尺寸和表面质量，使其成为合格零件的过程，这一过程称为机械加工工艺过程。部件和产品的装配是采用按一定顺序布置的各种装配工艺方法，把组成产品的全部零部件按设计要求正确地结合在一起形成产品的过程，这就是机械装配工艺过程。本课程主要研究零件加工方法和由这些方法合理组合形成的机械加工工艺。

9.1.2　工艺过程的组成

机械加工工艺过程按一定顺序由若干个工序组成，每一个工序又可依次细分为工步和走刀、安装和工位等。

1．工序

工序是指一个或一组工人，在一个工作地对一个或同时对几个工件所连续完成的那部分工艺过程。它是工艺过程的基本组成部分。区分工序的主要依据是工作地（设备）是否变动，以及加工是否连续完成。零件加工的工作地变动或加工不是连续完成的，则构成另一个工序。例如图 9.1 所示阶梯轴，当单件小批生产时，其加工工艺及工序如表 9.1 所示，当中批量生产时，其工序划分如表 9.2 所示。

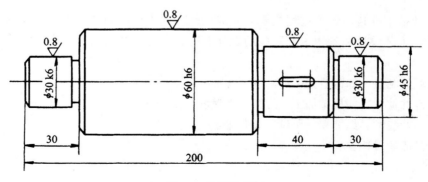

图 9.1　阶剃轴简图

表 9.1   阶梯轴加工工艺过程（单件小批生产）

工序号	工 序 内 容	工作地点（设备）	工序号	工序内容	工作地点（设备）
1	车端面、打顶尖孔、车外圆、切槽、倒角	车床	3	磨外圆	外圆磨床
2	铣键槽、去毛刺	铣床			

表 9.2   阶梯轴加工工艺过程（中批量生产）

工序号	工 序 内 容	工作地点（设备）	工序号	工序内容	工作地点（设备）
1	车端面、打顶尖孔	车端面、打顶尖孔机床	4	去毛刺	钳工台
2	车外圆、切槽与倒角	车床	5	磨外圆	外圆磨床
3	铣键槽	铣床			

　　工序不仅是制定工艺过程的基本单元，也是制定生产计划、劳动定额和进行质量检验的基本单元。

2. 工步与走刀

　　在同一工序中，有时需要使用不同的刀具和切削用量对不同的表面进行加工。为了便于分析和描述工序内容，可将其进一步划分为工步。所谓工步，是指加工表面、切削工具和切削用量三要素中的切削速度与进给量不变的前提下完成的那部分工艺过程。一个工序可包括几个工步，也可能只有一个工步。图 9.2 为转塔自动车床的加工示意图，转塔每转换一个位置，切削刀具、切削用量、加工表面以及车床的主轴转速和进给量一般均发生改变，这样就构成了不同的六个工步。再如在表 9.2 中的工序 1 可划分成四个工步（车右端面、打中心孔、车左端面、打中心孔），而工序 3 铣键槽只包括了一个工步。

　　构成工步的任意一个因素（加工表面、刀具或切削用量中的切削速度和进给量）改变后，一般变为另一个工步。但对那些在一次安装中连续进行的若干个工步，为简化工序内容的叙述，在工艺文件上常将其作为一个工步，例如，对于图 9.3 所示零件，六个 $\phi 10mm$ 的加工虽然加工表面已发生变化，但可写成一个工步——钻 6mm-$\phi 10mm$ 孔。

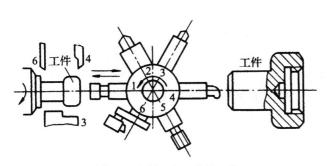
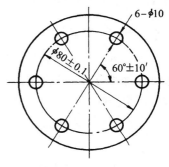

　　　　图 9.2   包括 6 个工步的工序　　　　　　　　　图 9.3   钻孔

　　在现代化生产中为了提高生产效率，用几把刀具或者用一把复合刀具，同时加工同一工件几个表面的工步称复合工步。在工艺文件上，复合工步应视为一个工步，图 9.4 所示是用一把钻头和两把车刀同时加工内孔和外圆的复合工步（不同类刀具）。图 9.5 所示是用复合镗刀加工内孔的不同表面（同类刀具）。

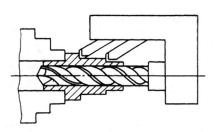
图 9.4　车、钻复合工步（不同类刀具）

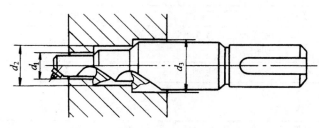
图 9.5　镗孔复合工步

有些工步，若加工表面切除的余量较大，需用同一把刀具对同一表面进行几次切削，则每进行一次切削就是一次走刀（改变切削用量三要素中的背吃刀量，但进给量和切削速度均不改变），一个工步可以是一次或几次走刀。

3. 安装与工位

工件在加工之前，应在机床或夹具上先定位（占有正确位置），然后再予以夹紧的过程称为安装。在一个工序内，工件的加工可能只需安装一次，也可能需要安装几次。如表 9.1 工序 1，车两端面和钻两端中心孔时，工件要进行两次装夹，而工序 2 中铣键槽，只需一次装夹即可完成。工件加工中应尽可能减少安装次数，因为这不仅可以减少装卸工件的辅助时间，而且可以减少因安装误差而导致的加工误差。

有些情况下，在一个工序中，工件在加工过程中需多次改变位置，以便进行不同的加工工作，这时工件在机床上所占的每一位置称为一个工位。一个工序可以包括几个工位，如图 9.6 所示，在具有回转工作台的铣床上，工位 1 用来装卸工件，工位 2～4 分别加工零件的三个表面，因此该工序具有 4 个工位。

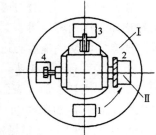
图 9.6　包括 4 个工位的工序
Ⅰ—回转工作台　Ⅱ—工件

9.1.3　生产纲领和生产类型

1. 生产纲领

某种零件（包括备品和废品在内）的年生产量称为该零件的年生产纲领。生产纲领的大小对零件的加工过程和生产组织起着重要的作用。不同的生产纲领对设备的专业化程度、自动化程度、所采用的工艺方法、机床设备和工艺装备的要求也各不相同。

年生产纲领可按下式计算

$$N = Qn(1+a)(1+b)$$

式中　N——零件的生产纲领（件/年）；

$\quad\quad Q$——产品的年产量（台/年）；

$\quad\quad n$——每台产品中该零件的数量（件/台）；

$\quad\quad a$——备品百分率（%）；

$\quad\quad b$——废品百分率（%）。

2. 生产类型

工厂生产专业化程度的分类方式称为生产类型。机械加工的生产可分为三种类型：单件生产、大量生产和成批生产。

（1）单件生产。单件生产的特点是产品品种多，每种产品仅制作一件或几件，且很少重复生产。例如新产品的试制多属这种类型，一般工厂刀具、量具、夹具、模具的制作也多属于单件或小批生产。

在单件生产中，一般多采用普通机床和标准附件，极少采用专用夹具，靠划线及试切法保证尺寸精度。因此，加工质量主要取决于操作者的技术熟练程度，生产效率低下。

（2）大量生产。大量生产的基本特点是产品品种单一而固定，同一产品产量很大，大多数工作地点长期进行一个零件某道工序的加工。例如汽车、拖拉机、轴承和自行车等的制造属于大量生产。

在大量生产中，广泛采用专用机床、自动机床、自动生产线及专用工艺装备。由于工艺过程自动化程度高，因此对操作者的技术水平要求较低，但对于机床的调整则要求工人的技术水平较高。

（3）成批生产。成批生产是在一年中分批轮流地制造不同的产品，每种产品均有一定的数量，生产呈周期性重复。每批生产相同零件的数量称为批量。按照批量的大小，成批生产又可分为小批生产、中批生产和大批生产。小批生产在工艺上接近单件生产，两者常常相提并论（表 9.3），中批生产的工艺特点介于单件生产和大量生产之间。大批生产在工艺方面接近于大量生产。

表 9.3 生产纲领和生产类型的关系

生 产 类 型	零件的生产纲领（件/年）		
	轻型零件（<15kg）	中型零件（15~50kg）	大型零件（≥50kg）
单件生产	<100	<10	<5
小批生产	100~500	10~200	5~100
中批生产	500~5000	200~500	100~300
大批生产	5000~50000	500~5000	300~1000
大量生产	>50000	>5000	>1000

在成批生产中，既采用通用机床和标准附件，也采用高效率机床和专用工艺装备，在零件加工时，广泛采用调整法，部分采用划线法。因此，对操作者的技术水平要求较单件生产低。

在计算出零件的生产纲领后，可根据生产纲领的大小，参考表 9.3 所提出的范围，确定相应的生产类型。生产类型确定后，即可确定相应的生产组织形式。

【课后练习】

1. 什么是生产过程、工艺过程？
2. 什么是工序、安装、工步和走刀？
3. 什么是生产纲领、生产类型？
4. 大批量生产中用以确定机加工余量的方法是什么？

任务二　工件的定位与装夹

【任务描述】

联系工艺过程的组成，能够正确对设计基准、定位基准进行划分。认识工件的定位与夹紧间的关系，从而应用夹具及定位元件。

【学习目标】

掌握设计基准、定位基准的划分及功用。理解工件定位的方法，了解典型工件装夹的方式及特点。了解常用夹具的结构及工作特点。

9.2.1　基准及分类

基准就是依据，是用来确定生产对象上几何要素间的几何关系所依据的那些点、线、面。例如，海拔高度中，海平面就是确定高度的基准（依据）。

任何零件都是由若干点、线、面等型面要素组成的，各要素之间都有一定的尺寸和相互位置精度要求。

在设计、加工、检验、装配机器零件和部件时，必须选择一些点、线、面，根据它们来确定其他点、线、面的尺寸和位置，那些作为依据的点、线、面就叫做基准。

基准根据其功用不同，分为两大类。

1. 设计基准

设计基准是在设计图样上所采用的基准。

设计基准又可细分为：尺寸设计基准与位置精度设计基准。

例如，图 9.7（a）中，B 面是 A 面的设计基准，也可以说，A 面是 B 面的设计基准，二者互为设计基准，一般来说设计基准是可逆的。图 9.7（b）中，由同轴度要求可知，$\phi 50$mm 圆

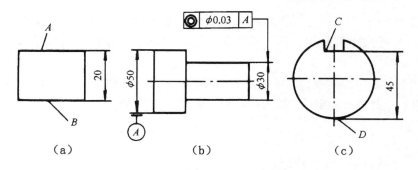

图 9.7　设计基准例图

（a）两面之间距离　　（b）阶梯轴同轴度和圆柱面尺寸　　（c）铣槽底面位置尺寸

柱面的轴线是 $\phi 30mm$ 圆柱面轴线的位置精度设计基准，而 $\phi 30mm$ 和 $\phi 50mm$ 两段圆柱面本身大小的设计基准则是其各自的轴线，在此不能笼统地说该零件的中心线是圆柱面的设计基准。图 9.7（c）中，键槽底面的设计基准是圆柱面的下母线。

2. 工艺基准

工艺基准是在工艺过程中所采用的基准。按其在工艺过程中用途的不同，工艺基准又可分为四类。

（1）工序基准。指的是在工序图上用来确定本工序所加工后的尺寸、形状、位置的基准。相应地，用来确定被加工表面位置的尺寸称为工序尺寸。

如图 9.8 所示，在轴套上钻孔时，（20±0.1）mm 和（15+0.1）mm 分别是以轴肩左侧面和右侧面为工序基准时的工序尺寸。

（2）定位基准。在加工中用作定位的基准。

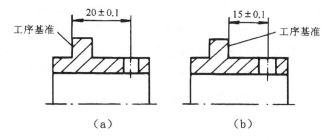

图 9.8　工序基础例图

定位基准按使用情况可分为定位粗基准和定位精基准两种：定位粗基准是用未加工的表面作定位基准。定位精基准是用已加工表面作为定位基准。

定位精基准按使用情况又可分为两种：

基本精基准：加工时是定位基准，装配时又是装配基准。如，齿轮的内孔。

辅助精基准：当零件上没有合适的表面作定位基准时，为便于安装和易于获得所需的加工精度，在工件上特意做出专门供定位用的表面。仅在加工中起作用，在装配中不起作用。如，轴类零件加工中的中心孔就是辅助精基准。

有关定位基准的选择问题将在后面介绍。

（3）测量基准。即测量时所采用的基准。

如图 9.9（a）所示，轴的上母线 B 是平面 A 的测量基准；而在图 9.9b 中，大圆下母线是平面 A 的测量基准。

（4）装配基准　即装配时用来确定零件或部件在产品中的相对位置所采用的基准。例如，图 9.10 中，齿轮的内孔是齿轮在传动轴上的装配基准。

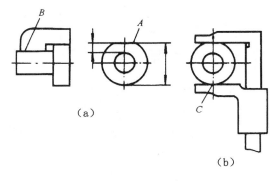

图 9.9　测量基准例图

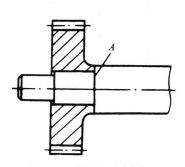

图 9.10　装配基准例图

9.2.2 工件的装夹

加工中,使工件相对于机床、刀具占据一个正确位置的过程,称为定位。使工件在加工过程中保持所占据的确定位置不变的过程称为夹紧。定位后一般需要可靠夹紧才能进行加工。

定位和夹紧的过程称为装夹。

1. 装夹对工件加工的影响

(1)装夹影响工件的加工精度。定位不准确,会影响工件加工的尺寸精度与位置精度。夹紧不合理,会产生受力变形,影响工件的形状精度。例如,在车床上镗削薄壁套筒的内孔时,应该用均布力夹紧(如弹簧卡头),而不能用集中力(例如三爪自定心卡盘)夹紧。

因此,要根据工件的具体情况,选择合理的装夹方法。

(2)装夹影响生产率和成本。不同的装夹方法,操作效率不同,生产率和成本也有差异。

2. 工件的装夹方法

(1)直接找正装夹。直接找正装夹是用划针和百分表或通过目测直接在机床上找正工件位置的装夹方法。图9.11所示是用四爪单动卡盘装夹套筒,先用百分表按工件外圆 A 进行找正后,再夹紧工件进行外圆 B 的车削,以保证套筒的 A、B 圆柱面的同轴度。

使用工具:划线盘、千分表等。

定位精度:0.1mm～0.5mm(用划线盘)。0.01mm～0.005mm(用千分表)。

特点:生产率低,适用于单件、小批量生产,形状简单的零件,对工人技术水平要求高。

(2)按划线找正装夹。划线找正装夹是用划针根据毛坯或半成品上所划的线为基准,找正它在机床上正确位置的一种装夹方法。如图9.12所示的车床床身毛坯,为保证床身各加工面和非加工面的尺寸及各加工面的余量,可先在钳工台上划好线,然后在龙门刨床工作台上用千斤顶支起床身毛坯,用划针按线找正并夹紧,再对床身底平面进行粗刨。由于划线既费时,又需技术水平高的划线工,划线找正的定位精度也不高,所以划线找正装夹只用于批量不大、形状复杂而笨重的工件,或毛坯的尺寸公差很大而无法采用夹具装夹的工件。

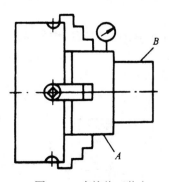

图9.11 直接找正装夹

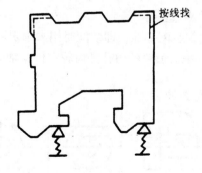

图9.12 按划线找正装夹

特点:生产率低,适用于单件、小批量生产,对工人技术水平要求高,适用于形状复杂的锻件和铸件。毛坯余量大、精度低。

定位精度:0.2mm～0.5mm。

(3)用专用夹具装夹。夹具的定位夹紧元件能使工件迅速获得正确位置,并使其固定在夹具和机床上。因此，工件定位方便，定位精度高而且稳定，装夹效率也高。当以精基准定位时，工件的定位精度一般可达0.01mm。所以，用专用夹具装夹工件广泛用于中、大批和大量生产。但是，由于制造专用夹具费用较高、周期较长，所以在单件小批生产时，很少采用专用夹具，而是采用通用夹具。当工件的加工精度要求较高时，可采用标准元件组装的组合夹具，使用后元件可拆卸回用。

特点：生产率高，一批工件的精度稳定，对工人技术水平要求低，适用于批量生产。

9.2.3　定位基准的选择

各工序定位基准的选择，影响着加工精度、工艺流程、夹具的结构及实现流水线、自动线的可能性。因此，要通盘考虑各方面的因素，选择一种合理的定位方案。这是制订机械加工工艺规程的又一重要问题。

选择定位基准时，一般是先看用哪些表面为基准能最好地把各个表面都加工出来，然后再考虑选择哪个表面为粗基准来加工被选为精基准的表面。

1.　粗基准选择原则

（1）首先选择要求保证加工余量均匀的重要表面为粗基准。一般情况下，零件上的重要表面都要求余量均匀。加工时就以此表面为定位粗基准来加工其他表面，再以加工出来的其他表面为精基准定位加工出该重要表面来，这样就保证了该重要表面加工余量均匀。例如床身导轨面的加工，由于导轨面是床身的主要表面，精度要求高，并且要求耐磨，因此在铸造床身毛坯时，导轨面需向下放置，以使其表面层的金属组织细致均匀，没有气孔、夹砂等缺陷，而加工时要求加工余量均匀，既容易达到较高的精度，又可使切去的金属层尽可能薄一些，以便保留下组织紧密、耐磨的金属表层。采用图9.13的定位方法来加工，即先以导轨面作为粗基准加工床脚平面，再以床脚平面作精基准定位加工导轨面，则可以保证导轨面的加工余量比较均匀，此时床脚平面上的加工余量可能不均匀，但它不影响床身的加工质量；反之，会造成导轨面的加工余量不均匀。

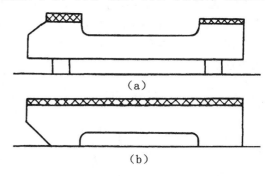

图9.13　床身导轨的加工

（a）导轨面为粗基准加工床脚表面

（b）底面为精基准加工导轨表面

（2）尽可能选用精度要求高的主要表面作粗基准。

（3）尽量用非加工表面作粗基准。这样容易保证加工表面与非加工表面间的相互位置精度。如果有若干个非加工表面，那就选与加工表面间相互位置精度要求较高的那一非加工表面作粗基准。

（4）尽可能选大而平整的表面作粗基准，且不能有飞边、浇口、冒口或其他缺陷。

（5）粗基准在同一尺寸方向上尽可能避免重复使用。因为毛坯表面精度低，每一次装夹，它的位置都是随机的、变化的，难以保证加工精度。

2.　精基准选择原则

（1）选择精基准时应考虑的重点（出发点）

① 主要考虑减少定位误差，保证加工精度。

② 装夹应方便、准确、可靠、稳定。

（2）选择精基准时应遵循的原则

① 基准重合原则。尽可能选择设计基准或工序基准作为定位精基准，这样可避免因基准不重合所带来的误差，见后边例题。

② 基准统一（基准不变）原则。一个零件上往往有很多表面需要加工，这些表面之间还有相互位置精度要求。采用某一个或一组表面作统一的精基准来定位，把尽可能多的其他表面都加工出来，这样因基准统一，易于保证各加工表面间的相互位置精度。

例如轴类零件，采用顶尖孔作为统一精基准加工各个外圆表面及轴肩端面，这样可以保证各个外圆表面之间的同轴度以及各轴肩端面与轴心线的垂直度。机床主轴箱箱体多采用底面和导向面作为统一精基准加工各轴孔、前端面和侧面。一般箱体零件常采用一个大平面和两个距离较远的孔作为统一精基准。圆盘和齿轮零件常采用一端面和短孔作为统一精基准。活塞常采用底面和止口作为统一精基准。

图 9.14 所示为汽车发动机的机体，在加工机体上的主轴承座孔、凸轮轴座孔、汽缸孔及座孔端面时，就是采用统一的基准——底面及底面 A 上相距较远的两个工艺孔作为精基准的，这样就能较好地保证这些加工表面的相互位置关系。

③ 互为基准原则。对于相互位置精度要求较高的表面，往往采用互为基准，反复加工的方法予以保证。

例如，精密齿轮的精加工通常是在齿面淬硬以后再磨齿面及内孔的，因齿面淬硬层较薄，磨齿余量应力求小而均匀，所以就须先以齿面为基准磨内孔（图 9.15），然后再以内孔为基准磨齿面。这样，不但可以做到磨齿余量小而均匀，而且还能保证轮齿基圆对内孔有较高的同轴度。又如，车床主轴的主轴颈和前端锥孔的同轴度要求很高，因此也常采用互为基准反复加工的方法。

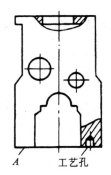

图 9.14　发动机体的精基准

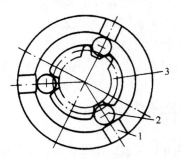

图 9.15　以齿形表面定位加工

1—卡盘　2—滚柱　3—齿轮

（3）自为基准原则。对于本身精度要求较高的表面，常采用其本身定位来进行加工。如浮动镗、铰孔。

（4）对精基准的要求。所选精基准应保证装夹稳定、可靠，夹具结构简单，操作安全方便。

总之，以上选择原则是从生产实践中总结归纳出来的，是长期加工工艺经验的积累。

有些原则之间是相互矛盾的，具体使用中要抓住主要矛盾和矛盾的主要方面，在确保加工质量的前提下，力求所选基准能实现低成本，低消耗，并使夹具结构简单。

3. 辅助基准

有时工件上没有能作为定位基准用的恰当表面，这时就必须在工件上专门设置或加工出定位基准，这种基准称为辅助基准。辅助基准在零件的工作中并无用处，它完全是为了加工需要而设置的，例如轴加工用的中心孔、箱体工件的两工艺孔、活塞加工用的止口和下端面（见图 9.16）就是典型的例子。

工件上往往有多个表面需要加工，会有多个设计基准。要遵循基准重合原则，就会有较多定位基准，因而夹具种类也较多。为了减少夹具种类，简化夹具结构，可设法在工件上找到一组基准，或者在工件上专门设计一组辅助定位基面，用它们来定位加工工件上多个表面，遵循基准统一原则。

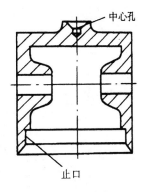

图 9.16　活塞加工辅助基准

9.2.4　工件的定位

工件定位时，作为定位基准的点和线，往往由某些具体表面体现出来，这种表面称为定位基面。例如用两顶尖装夹车轴时，轴的两中心孔就是定位基面。但它体现的定位基准则是轴的轴线。

1. 自由度的概念

一个位于空间自由状态的物体，对于空间直角坐标系来说，具有六个自由度，图 9.17 所示工件，它在空间的位置是任意的，即能沿 Ox、Oy、Oz 三个坐标轴移动，称为移动自由度，分别表示为 $\vec{x}$、$\vec{y}$、$\vec{z}$；以及绕着三个坐标轴转动，称为转动自由度，分别表示为 $\hat{x}$、$\hat{y}$、$\hat{z}$。

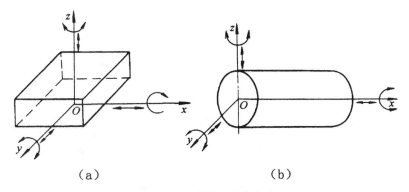

（a）　　　　　　　（b）

图 9.17　工件的六个自由度

（a）矩形工件　（b）圆柱形工件

2. 六点定位的原则

定位就是限制自由度。工件的六个自由度如果都加以限制了，工件在空间的位置就完全被确定下来了。

分析工件定位时，通常是用一个支承点限制工件的一个自由度，用合理设置的六个支承点，限制工件的六个自由度，使工件在夹具中的位置完全确定，这就是六点定位原则。

例如在图 9.18（a）所示的矩形工件上铣削半封闭式矩形槽时，为保证加工尺寸，可以在其底面设置三个不共线的支承点 1、2、3，如图 9.18（b）所示，限制工件的三个自由度：$\hat{x}$、$\hat{y}$、$\vec{z}$；为了保证 B 尺寸，侧面设置两个支承点 4、5 限制了 $\vec{x}$、$\hat{z}$ 两个自由度；为了保证 C 尺寸，端面设置一个支承点 6，限制 $\vec{y}$ 自由度。于是共限制了工件的六个自由度，实现了完全定位。在具体的夹具中，支承点是由定位元件来体现的，如图 9.18（c）所示，设置了六个支承钉。

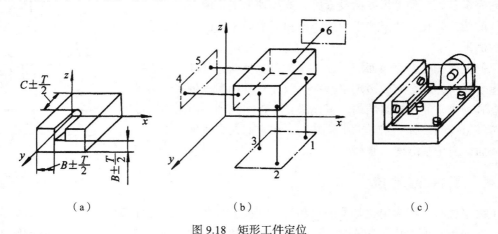

（a）　　　　　　　　　　（b）　　　　　　　　　　（c）

图 9.18　矩形工件定位

（a）零件　　（b）定位分析　　（c）支承点布置

对于圆柱形工件，如图 9.19（a）所示，可在外圆柱表面上，设置四个支承点 1、3、4、5 限制 $\vec{y}$、$\vec{z}$、$\hat{y}$、$\hat{z}$ 四个自由度；槽侧设置一个支承点 2，限制 $\hat{x}$ 一个自由度，端面设置一个支承点 6，限制 $\vec{x}$ 一个自由度；工件实现完全定位，为了在外圆柱面上设置四个支承点一般采用 V 形架，如图 9.19（b）所示。

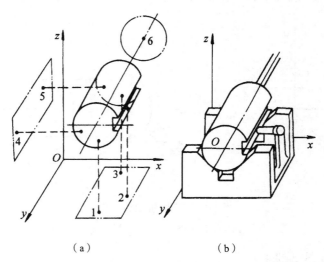

（a）　　　　　　　　　　（b）

图 9.19　圆柱形工件定位

通过上述分析，说明了六点定位原则的几个主要问题：

（1）定位支承点与工件定位基准面始终保持接触，才能起到限制自由度的作用。

（2）分析定位支承点的定位作用时，不考虑力的影响。工件的某一自由度被限制时，并不是指工件在受到使其脱离定位支承点的外力时，不能运动。使工件在外力作用下不能运动，要靠夹紧装置来完成。

（3）定位支承点是定位元件抽象而来的。在夹具中定位支承点是通过具体的定位元件体现的。在夹具的实际结构中，定位支承点不一定用点或销的顶端，常用面或线来代替，根据数学概念可知，两个点决定一直线，三个点决定一个平面，则一条直线可以代替两个定位支承点，一个平面可代替三个定位支承点。在具体应用时，还可用窄长的平面（条形支承）代替直线，用较小的平面来替代点。

3. 工件定位中的几种情况

（1）完全定位。是指不重复地限制了工件的六个自由度的定位。当工件在 x、y、z 三个坐标方向均有尺寸要求或位置精度要求时，一般采用这种定位方式，如图 9.18 所示。

（2）不完全定位。根据工件的加工要求，并不需要限制工件的全部自由度，这样的定位，称为不完全定位。如图 9.20（a）所示，为在车床上加工通孔，根据加工要求，不需限制，$\vec{x}$ 和 $\hat{y}$ 两个自由度，所以用三爪自定心卡盘夹持限制其余四个自由度，就可以实现四点定位。如图 9.20（b）所示为平板工件磨平面，工件只有厚度和平行度要求，只需限制 $\vec{z}$、$\hat{y}$、$\hat{z}$ 三个自由度，在磨床上采用电磁工作台就能实现三点定位。由此可知，工件在定位时应该限制的自由度数目应由工序的加工要求而定，不影响加工精度的自由度可以不加限制。采用不完全定位可简化定位装置，因此，不完全定位在实际生产中也广泛应用。

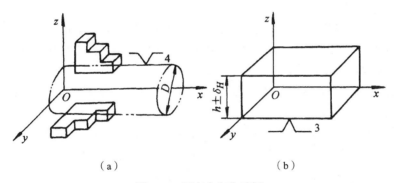

（a）　　　　　　　　　　　　（b）

图 9.20　不完全定位示例

（3）欠定位。根据工件的加工要求，应该限制的自由度没有完全被限制的定位，称为欠定位。欠定位无法保证加工要求，因此，在确定工件在夹具中的定位方案时，决不允许有欠定位的现象产生。如在图 9.19 中不设端面支承 6，则在一批工件上半封闭槽的长度就无法保证；若缺少侧面两个支承点 4、5 时，则工件上 B 的尺寸和槽与工件侧面的平行度均无法保证。

（4）超定位。夹具上的两个或两个以上的定位元件重复限制同一个自由度的现象，称为超定位。如图 9.21（a）所示，要求加工平面对 A 面的垂直度公差为 0.04mm。若用夹具的两个大平面实现定位，那工件的 A 面被限制 $\vec{x}$、$\hat{y}$、$\hat{z}$ 三个自由度，B 面被限制了 $\vec{x}$、$\hat{y}$、$\vec{z}$ 三个自由度，其中 $\hat{y}$ 自由度被 A、B 面同时重复限制。由图可见，当工件处于加工位置"Ⅰ"时，可保证垂直度要求；而当工件处于加工位置"Ⅱ"时不能保证此要求。这种随机的误差造成了定位的不稳定，严重时会引起定位干涉。因此应该尽量避免和消除超定位现象。消除或减少超定位引起的干涉，一般有两种方法：一是改变定位元件的结构；二是提高工件定位基准之间以及定位元件工作表面之间的位置精度。如图 9.21（b）所示，把定位的面接触改为线接触，减去了引起超定位自由度$\hat{y}$。

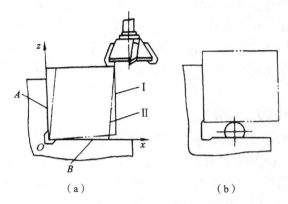

图 9.21　超定位及消除方法示例

（a）超定位　（b）改进定位结构

9.2.5　常用机床夹具

1. 车床夹具

（1）车床通用夹具。

① 三爪自定心卡盘。三爪自定心卡盘的三个卡爪是同步运动的，能自动定心，工件装夹后一般不需找正，装夹工件方便、省时，但夹紧力不太大，所以仅适用于装夹外形规则的中、小型工件，其结构如图 9.22 所示。

为了扩大三爪自定心卡盘的使用范围，可将卡盘上的三个卡爪换下来，装上专用卡爪，变为专用的三爪自定心卡盘。

② 四爪单动卡盘。由于四爪单动卡盘的四个卡爪各自独立运动，因此工件装夹时必须将加工部分的旋转中心找正到与车床主轴旋转中心重合后才可车削。四爪单动卡盘找正比较费时，但夹紧力较大。所以适用于装夹大型或形状不规则的工件。

四爪单动卡盘可装成正爪或反爪两种形式，反爪用来装夹直径较大的工件。

图 9.23 所示是四爪单动卡盘上用 V 形架固定工件的方法，调好中心后，用三爪固定一个 V 形架，只用第四个卡爪夹紧和松开元件。

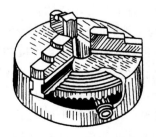

图 9.22　三爪自定心卡盘

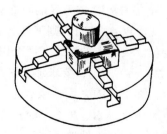

图 9.23　四爪单动卡盘

③ 拨动顶尖。为了缩短装夹时间，可采用内、外拨动顶尖，如图 9.24 所示。

这种顶尖的锥面上的齿能嵌入工件，拨动工件旋转。圆锥角一般采用 60°，硬度为 50～60HRC。图 9.24（a）为外拨动顶尖，用于装夹套类工件，它能在一次装夹中加工外圆。图 9.24（b）为内拨动顶尖，用于装夹轴类工件。

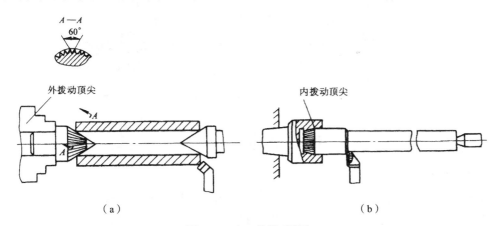

图 9.24　内、外拨动顶尖

（a）外拨动顶尖　（b）内拨动顶尖

④ 端面拨动顶尖。这种前顶尖装夹工件时，利用端面拨动爪带动工件旋转，工件仍以中心孔定位。这种顶尖的优点是能快速装夹工件，并在一次安装中能加工出全部外表面。适用于装夹外径为 $\phi50mm\sim\phi150mm$ 的工件，其结构如图 9.25 所示。

（2）心轴类专用夹具。心轴宜用于以孔作定位基准的工件，由于结构简单而常采用。按照与机床主轴的连接方式，心轴可分为顶尖式心轴和锥柄式心轴。

图 9.26 为顶尖式心轴，工件以孔口 60° 角定位，车削外圆表面。当旋转螺母 6，活动顶尖套 4 左移，从而使工件定心夹紧。顶尖式心轴结构简单、夹紧可靠、操作方便，适用于加工内、外圆无同轴度要求，或只需加工外圆的套筒类零件。被加工工件的内径 d_s，一般在 32mm～100mm 范围内，长度 L_s 在 120mm～780mm 范围内。

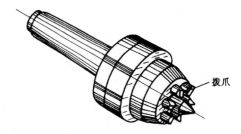

图 9.25　端面拨动顶尖

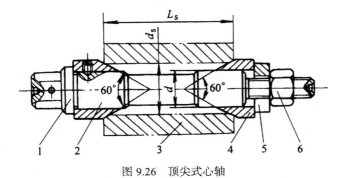

图 9.26　顶尖式心轴

1—轴肩　2—心轴　3—工件　4—活动顶尖　5—垫圈　6—螺母

图 9.27 为锥柄式心轴，仅能加工短的套筒或盘状工件。锥柄式心轴应和机床主轴锥孔的锥

度相一致。锥柄尾部的螺纹孔是当承受切削力较大时用拉杆拉紧心轴用的。

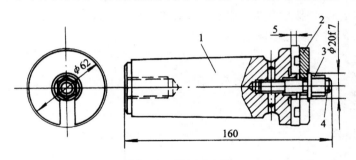

图 9.27 锥柄式心轴

1—心轴 2—开口垫片 3—螺母 4—螺栓

2. 铣床夹具

铣床夹具按使用范围，可分为通用铣夹具、专用铣夹具和组合夹具三类。按工件在铣床上加工的运动特点，可分为直线进给夹具、圆周进给夹具、沿曲线进给夹具（如仿形装置）三类。还可按自动化程度和夹紧力来源不同（如气动、电动、液动）以及装夹工件数量的多少（如单件、双件、多件）等进行分类。其中，最常用的分类方法是按通用、专用和组合进行分类。

（1）机床用平口虎钳。机床用平口虎钳主要用于装夹长方形工件，也可用于装夹圆柱形工件。

① 机床用平口虎钳的结构组成如图 9.28 所示。

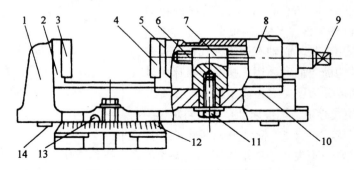

图 9.28 机床用平口虎钳的结构组成

1—虎钳体 2—固定钳口 3、4—钳口铁 5—活动钳口 6—丝杆 7—螺母 8—活动座
9—方头 10—压板 11—紧固螺钉 12—回转底盘 13—钳座零线 14—定位键

② 机床用平口虎钳的组成分析。

a. 虎钳体 1 是夹具体，机床用平口虎钳是通过虎钳体固定在机床上。

b. 固定钳口 2 和钳口铁 3 起垂直定位作用，虎钳体 1 上的导轨平面起水平定位作用。

c. 活动座 8、螺母 7、丝杆 6（及方头 9）和紧固螺钉 11 可作为夹紧元件。

d. 回转底座 12 和定位键 14 属于其他元件，分别起角度分度和夹具定位作用。

e. 固定钳口 2 上的钳口铁 3 上平面和侧平面也可作为对刀部位，但需用对刀规和塞尺配合使用。

（2）铣床专用夹具。

① 铣削键槽用的简易专用夹具。如图 9.29 所示，该夹具用于铣削工件 4 上的半封闭键槽，夹具的结构与组成如下：

a. V 形块 1 是夹具体兼定位件，它使工件在装夹时轴线位置必在 V 形面的角平分线上，从而起到定位作用。对刀块 6 同时也起到端面定位作用。

b. 压板 2 和螺栓 3 及螺母是夹紧元件，它们用以阻止工件在加工过程中因受切削力而产生的移动和振动。

c. 对刀块 6 除对工件起轴向定位外，主要用以调整铣刀和工件的相对位置。对刀面 a 通过铣刀周刃对刀，调整铣刀与工件的中心对称位置；对刀面 b 通过铣刀端面刃对刀，调整铣刀端面与工件外圆（或水平中心线）的相对位置。

d. 定位键 5 在夹具与机床间起定位作用，使夹具体即 V 形块 1 的 V 形槽槽向与工作台纵向进给方向平行。

② 加工壳体的铣床夹具。图 9.30 所示为加工壳体侧面棱边所用的铣床夹具。工件以端面、大孔和小孔作定位基准，定位元件为支承板 2 和安装在其上的大圆柱销 6 和菱形销 10。夹紧装置是采用螺旋压板的

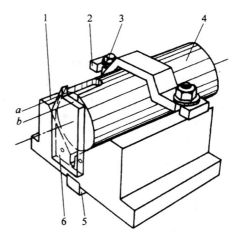

图 9.29　铣削键槽用的简易专用夹具
1—V 形块　2—压板　3—螺栓　4—工件
5—定位键　6—对刀块

联动夹紧机构。操作时，只需拧紧螺母 4，就可使左右两个压板同时夹紧工件。夹具上还有对刀块 5，用来确定铣刀的位置。两个定向键 11 用来确定夹具在机床工作台上的位置。

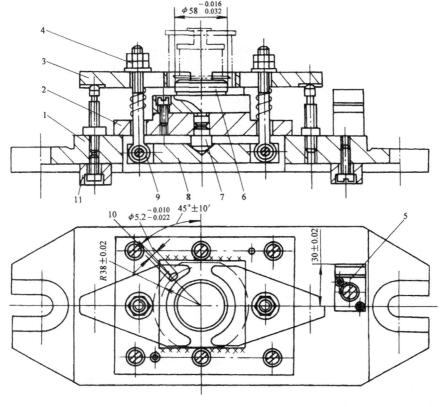

图 9.30　加工壳体的铣床夹具

1—夹具体　2—夹承板　3—压板　4—螺母　5—对刀块　6—大圆柱销　7—球头钉
8—铰接板　9—螺杆　10—菱形销　11—定向键

3. 钻床夹具

钻床夹具的种类繁多，根据被加工孔的分布情况和钻模板的特点，一般分为固定式、回转式、移动式、翻转式、盖板式和滑柱式等几种类型。

（1）固定式钻模。在使用过程中，夹具和工件在机床上的位置固定不变。常用于在立式钻床上加工较大的单孔或在摇臂钻床上加工平行孔系。

在立式钻床上安装钻模时，一般先将装在主轴上的定尺寸刀具（精度要求高时用心轴）伸入钻套中，以确定钻模的位置，然后将其紧固。这种加工方式的钻孔精度较高。

（2）回转式钻模。在钻削加工中，回转式钻模使用较多，它用于加工同一圆周上的平行孔系，或分布在圆周上的径向孔。它包括立轴、卧轴和斜轴回转三种基本形式。由于回转台已经标准化，故回转式夹具的设计，在一般情况下是设计专用的工件夹具和标准回转台联合使用，必要时才设计专用的回转式钻模。图9.31为一套专用回转式钻模，用其加工工件上均布的径向孔。该钻模各组成部分的结构可自行分析。

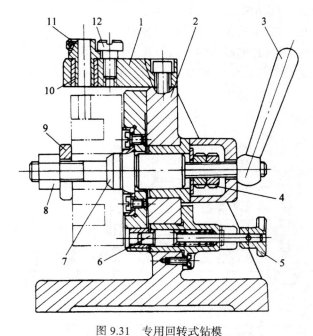

图 9.31　专用回转式钻模

1—钻模板　2—夹具体　3—手柄　4、8—螺母　5—把手　6—对定销

7—圆柱销　9—快换垫圈　10—衬套　11—钻套　12—螺钉

（3）移动式钻模。这类钻模用于钻削中、小型工件同一表面上的多个孔。图9.32为移动式钻模，用于加工连杆大、小头上的孔。工件以端面及大、小头圆弧面作为定位基面，在定位套12、13，固定V形块2及活动V形块7上定位。先通过手轮8推动活动V形块7压紧工件。然后转动手轮8带动螺钉11转动，压迫钢球10，使两片半月键9向外胀开而锁紧。V形块带有斜面，使工件在夹紧分力作用下与定式钻套贴紧。通过移动钻模，使钻头分别在两个钻套4、5中导入，从而加工工件上的两个孔。

（4）翻转式钻模。这类钻模主要用于加工中、小型工件分布在不同表面上的孔，图9.33为加工套筒上四个径向孔的翻转式钻模。工件以内孔及端面在台肩销1上定位，用快换垫圈2和螺母 3 夹紧。钻完一组孔后，翻转 60° 钻另一组孔。该夹具的结构比较简单，但每次钻孔都需找正钻套相对钻头的位置，所以辅助时间较长，而且翻转费力。因此，夹具连同工件的总重量不能太重，其加工批量也不宜过大。

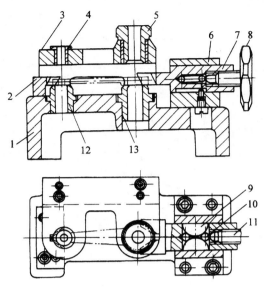

图 9.32　移动式钻模

1—夹具体　2—固定 V 形块　3—钻模板　4、5—钻套　6—支座
7—活动 V 形块　8—手轮　9—半月键　10—钢球　11—螺钉　12、13—定位套

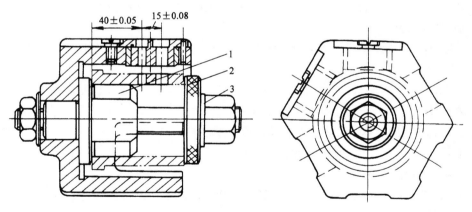

图 9.33　翻转式钻模

1—台肩销　2—快换垫圈　3—螺母

　　（5）盖板式钻模。这类钻模没有夹具体，钻模板上除钻套外，一般还装有定位元件和夹紧装置，只要将它覆盖在工件上即可进行加工。

　　如图 9.34 所示为加工车床溜板箱上多个小孔的盖板式钻模。在钻模盖板 1 上不仅装有钻套，还装有定位用的圆柱销 2、削边销 3 和支承钉 4。因钻小孔，钻削力矩小，故未设置夹紧装置。

　　盖板式钻模结构简单，一般多用于加工大型工件上的小孔。因夹具在使用时经常搬动，故盖板式钻模所产生的重力不宜超过 100N。为了减轻重量可在盖板上设置加强肋而减小其厚度，设置减轻窗孔或用铸铝件。

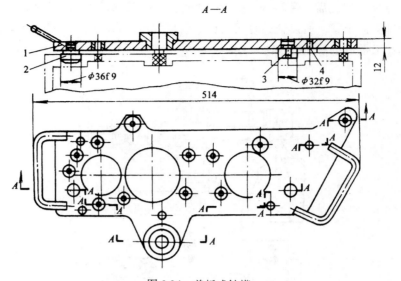

图 9.34 盖板式钻模

1—钻模盖板 2—圆柱销 3—削边销 4—支承钉

【应用训练】

实验十一 六点定位及夹紧装置

一、实验目的

1. 通过六点定位实验，学习和掌握六点定位原理，完全定位、不完全定位，欠定位、过定位的区别和使用方法等

2. 通过偏心夹紧夹具实验和螺旋夹紧夹具实验，学习和掌握偏心夹紧夹具和螺旋夹紧夹具的定位和夹紧原理

二、实验设备和工具

1. 六点定位台，长方体工件，盘状工件

2. Ⅰ号和Ⅱ号两套偏心夹紧夹具机构，待夹紧工件

3. 装拆夹具所用工具（扳手、螺丝刀等）

三、偏心夹紧机构原理

偏心夹紧机构是靠偏心轮回转时其半径逐渐增大而产生夹紧力来夹紧工件。

偏心夹紧的夹紧力可用下式计算：

$$W = \frac{QL}{\rho[\tan(\alpha_P + \varphi_2) + \tan\varphi_1]}$$

其中 W——夹紧力（N）

Q——手柄上动力（N）

L——动力力臂（mm）

ρ——转动中心 O_2 到作用点 P 间距离（mm）

α_p——夹紧楔角（°）

φ_2——转轴处的摩擦角（°）

偏心夹紧机构的优点是结构简单，操作方便，动作迅速。其缺点是自锁性能差，夹紧行程和增力比小。

四、实验步骤

1. 六点定位实验步骤

（1）长方体工件的定位（如图9.35所示）实验内容和步骤。

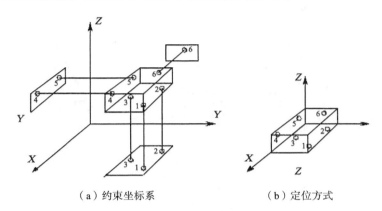

（a）约束坐标系　　　　　　　　（b）定位方式

图9.35　长方体工件的定位

① 认识六点定位实验的实验装置，支承钉，长方体工件；

② 分别单独实现工件沿X、Y、Z轴的移动及绕X、Y、Z轴的转动；

③ 在由定位实验装置所确定的XY坐标平面中确定支承钉1、支承钉2、支承钉3的位置，在XZ坐标平面中确定支承钉4、支承钉5的位置，在YZ坐标平面中确定支承钉6的位置；至此，工件的沿X、Y、Z轴的移动和绕X、Y、Z轴的转动自由度已被消除，实现了工件的完全定位；

④ 参照不完全定位，欠定位、过定位的定义并通过恰当的方法（增加或减少支承钉或其他）来实现上述定位方法；

⑤ 清理实验设备、装置、工量具及实验台。

（2）盘状工件的定位（如图9.36所示）实验内容和步骤。

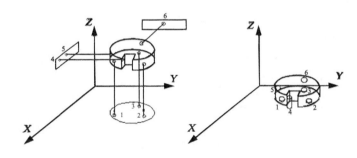

（a）约束坐标系　　　　　　　　（b）定位方式

图9.36　盘状工件的定位

① 认识六点定位实验的实验装置，支承钉，圆销，圆盘工件；

② 分别单独实现工件沿X、Y、Z轴的移动及绕X、Y、Z轴的转动；

③ 在由定位实验装置所确定的XY坐标平面中确定支承钉1、支承钉2、支承钉3的位置，

在 XZ 坐标平面中确定支承钉 4、圆销 5 的位置，在 YZ 坐标平面中确定支承钉 6 的位置；

④ 参照不完全定位，欠定位、过定位的定义并通过恰当的方法（增加或减少支承钉或其他）来实现上述定位方法；

⑤ 清理实验设备、装置、工量具及实验台。

2. 偏心夹紧夹具（如图 9.37 所示）实验步骤

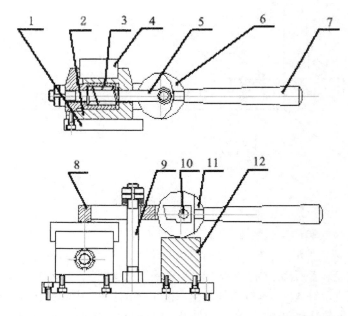

图 9.37　Ⅰ号偏心夹紧夹具（上图）和Ⅱ号偏心夹紧夹具（下图）

1—扳手　2—夹具体　3—套　4—工件　5—拉杆　6—偏心轮　7—手柄　8—板手
9—杆　10—销　11—偏心轮　12—垫块

（1）Ⅰ号偏心夹紧夹具实验内容及步骤。

① 认识偏心夹紧夹具实验的实验装置；

② 将手柄转到水平位置，把工件安放到夹具体相应位置；

③ 按不同角度转动手柄，即在工件上施加相应的夹紧力；

④ 可拆卸夹具，并按照图进行组装；

⑤ 清理实验设备、装置、工量具及实验台。

（2）Ⅱ号偏心夹紧夹具实验内容及步骤。

① 认识偏心夹紧夹具实验的实验装置；

② 将手柄转到水平位置，把工件安放到夹具体相应位置；

③ 按不同角度转动手柄，即在工件上施加相应的夹紧力；

④ 可拆卸夹具，并按照图进行组装；

⑤ 清理实验设备、装置、工量具及实验台。

【课后练习】

1. 什么叫基准？粗基准和精基准选择的原则有哪些？

2. 试分析比较直接找正、划线找正和夹具装夹法的工艺特点及应用范围。

3. 什么叫定位基准？什么叫六点定位原则？

4. 结合六点定位实验比较不完全定位和欠定位的区别？

5. 偏心夹紧夹具实验中的定位是哪一种类型的定位？

任务三　零件结构的工艺性分析

【任务描述】

联系工艺规程及工序的划分，结合零件结构工艺特点，能够正确的选择填写工艺卡。

【学习目标】

理解工艺规程的应用，掌握零件结构工艺性的分析方法及要点。

【相关知识】

一个零件的加工方法很多，本着"优质、高效、低成本"的原则，把最合理的加工方案用文字或表格的形式表达出来，即工艺规程。

9.3.1　概述

1. 工艺规程的内容和作用

工艺规程是在具体生产条件下说明并规定工艺过程的工艺文件。机械加工工艺规程是规定零件机械加工工艺过程和操作方法的工艺文件。它是机械制造厂最主要的技术文件。一般包括下列内容：工件加工的工艺路线、各工序的具体内容及所用的设备和工艺装备、工件的检验项目及检验方法、切削用量、时间定额等。

工艺规程有以下几方面的作用：

（1）是指导生产的主要技术文件，是指挥现场生产的依据；

（2）是生产组织和管理工作的基本依据；

（3）是新建或扩建工厂或车间的基本资料。

2. 机械制造工艺规程的格式

将工艺规程的内容，填入一定格式的卡片，即成为生产准备和施工依据的工艺文件。常用的工艺文件格式有下列几种。

（1）机械加工工艺过程卡片。这种卡片以工序为单位，简要地列出了整个零件加工所经过的工艺路线（包括毛坯制造、机械加工和热处理等）。它是制订其他工艺文件的基础，也是生产技术准备、编排作业计划和组织生产的依据。

在这种卡片中，由于各工序的说明不够具体，故一般不能直接指导工人操作，而多作生产管理方面使用。但是，在单件小批生产中，由于通常不编制其他较详细的工艺文件，故以这种卡片指导生产。工艺过程卡片的格式见表9.4。

表9.4　　　　　　　　　　　　　　　机械加工工艺过程卡片

（工厂名）	机械加工工艺过程卡片	产品型号		零（部）件图号			共　页
		产品名称		零（部）件名称			第　页
材料牌号		毛坯种类		毛坯外形尺寸	每毛坯件数	每件台数	备注
工序号	工序名称	工序内容	加工车间	工段	设备	工艺装备	工时
							准终　单件
更改内容							
编制	抄写		校对		审核		批准

（2）机械加工工艺卡片。机械加工工艺卡片是以工序为单位，详细说明整个工艺过程的工艺文件。它是用来指导工人生产和帮助车间管理人员和技术人员掌握整个零件加工过程的一种主要技术文件，广泛用于成批生产的零件和小批生产中的重要零件。工艺卡片内容包括：零件的材料、重量、毛坯的种类、工序号、工序名称、工序内容、工艺参数、操作要求以及采用的设备和工艺装备等。工艺卡片格式见表9.5。

表9.5　　　　　　　　　　　　　　　机械加工工艺卡片

（工序号）	机械加工工艺卡片	产品名称及序号		零件名称		零件图号		
		材料	名称	毛坯	种类	零件重量（kg）	毛重	第　页
			牌号		尺寸		净重	共　页
			性能	每料件数			每批件数	
工序	安装	工步	工序内容	同时加工零件数	切削用量				设备名称及编号	工艺装备名称及编号			技术等级	工时定额（min）	
					背吃刀量（mm）	切削速度（m/min）	切削速度（r/min）或（双行程数/min）	进给量（min/r）或（mm/min）		夹具	刀具	量具		单件	准备—终结
更改内容															
编制	抄写		校对		审核			批准							

（3）机械加工工序卡片。机械加工工序卡片是根据工艺卡片为每一道工序制订的。它更详细地说明整个零件各个工序的加工要求，是用来具体指导工人操作的工艺文件。在这种卡片上，要画出工序图，注明该工序每一工步的内容、工艺参数、操作要求以及所用的设备和工艺装备。用于大批量生产的零件。机械加工工序卡片的格式见表 9.6。

表 9.6　　　　　　　　　　　　　　　机械加工工序卡片

（工厂名）	机械加工工序卡片	产品名称及型号	零件名称	零件图号	工序名称	工序号	第　页
							共　页

车间	工段	材料名称	材料牌号	力学特性

同时加工件数	每料件数	技术等级	单件时间（min）	准备—终结时间（min）

设备名称	设备编号	夹具名称	夹具编号	工件液

（画工序简图处）

更改内容

工序号	工序内容	计算数据（mm）			走刀次数	切削用量				工时定额/min				刀具量具及辅助工具				
		直径或长度	进给长度	单边余量		背吃刀量（mm）	进给量（min/r）或（mm/min）	切削速度（r/min）或双行程数/min	切削速度（m/min）	基本时间	辅助时间	工作地点时间	服务时间	工步号	名称	规格	编号	数量

编制		抄写		校对		审核				批准	

3.　制定工艺规程的步骤

（1）计算年生产纲领，确定生产类型。

（2）分析零件图及产品装配图，对零件进行工艺分析。

（3）选择毛坯。

（4）拟订工艺路线。其主要工作是：选择定位基准；确定各表面的加工方法，安排加工顺序，确定工序分散与集中的程度，安排热处理以及检验等辅助工序。

（5）确定各工序的加工余量，计算工序尺寸及公差。

（6）确定各工序所用的设备及刀具、夹具、量具和辅助工具。

（7）确定切削用量及时间定额。

（8）确定各主要工序的技术要求及检验方法。

（9）填写工艺文件。

9.3.2 零件结构的工艺性分析

1. 分析研究部件装配图、审查零件图

通过分析产品的装配图和零件图，可熟悉产品的用途、性能、工况，明确被加工零件在产品中的功用，进而审查设计图样是否完整和正确。

了解了被加工零件的功用，就加深了对各项技术要求的理解，这样在制订工艺规程时，就能抓住为保证零件使用要求应解决的主要矛盾，为合理地制订工艺规程奠定基础。

2. 分析零件的结构工艺性

结构工艺性是指在不同生产类型的具体生产条件下，毛坯的制造、零件加工、产品的装配和维修的可行性与经济性。

在保证使用要求的前提下，结构工艺性的好坏直接影响到生产率、劳动量、材料消耗、生产成本。这就要求在进行产品和零件设计时，一定要保证合理的结构工艺性。

（1）对产品来讲，主要从以下几个方面来衡量其结构工艺性。

① 组成产品的零件总数。

② 组成产品的零件的平均精度。

③ 材料种类及需求量。

④ 各种不同制造方法在加工中所占的比例。

⑤ 产品装配的复杂程度。

（2）对零件来讲，主要从以下几个方面来优化其结构工艺性。

① 加工工具进出方便。

② 减少内表面加工。

③ 减轻重量，减少加工面积。

④ 形状简单、进给调刀次数少。

⑤ 尺寸标准化、规格化。

⑥ 按基准重合原则选择设计基准。

⑦ 按尺寸链最短原则标注零件尺寸。

表 9.7 列出了常见的零件的机械加工结构工艺性对比实例。

表 9.7　　　　　　　　　　零件的机械加工结构工艺性对照表

序号	零 件 结 构			
	工艺性不好		工艺性好	
1	孔离箱壁太近； ① 钻头在圆角处易引偏； ② 箱壁高度尺寸大，需加长钻头方能钻孔			① 加长箱耳，不需加长钻头可钻孔； ② 只要使用上允许，将箱耳设计在某一端，则不需加长箱耳，即可方便于加工

续表

序号	零 件 结 构			
	工艺性不好		工艺性好	
2	车螺纹时,螺纹根部易打刀,工人操作时紧张,且不能清根		留有退刀槽,可使螺纹清根,操作相对容易,可避免打刀	
3	插键槽时,底部无退刀空间,易打刀			留出有退刀空间,避免打刀
4	键槽底与左孔母线齐平,插键槽时易划伤左孔表面			左孔尺寸稍大,可避免划伤左孔表面,操作方便
5	小齿轮无法加工,无插齿退刀槽			大齿轮可滚齿或插齿,小齿轮可以插齿加工
6	两端轴径需磨削加工,因砂轮圆角而不能清根			留有退刀槽,磨削时可以清根
7	斜面钻孔,钻头易引偏			只要结构允许,留出平台,可直接钻孔
8	锥面需磨削加工,磨削时易碰伤圆柱面,并且不能清根			可方便地对锥面进行磨削加工

续表

序号	零 件 结 构			
	工艺性不好		工艺性好	
9	加工面设计在箱体内,加工时调整刀具不方便,观察也困难			加工面设计在箱体外部,加工方便
10	加工面高度不同,需两次调整刀具加工,影响生产率			加工面在同一高度,一次调整刀具。可加工两个平面加工
11	三个空刀槽的宽度有三种尺寸,需用三把不同尺寸刀具加工			同一个宽度尺寸的空刀槽,使用一把刀具即可加工
12	同一端面上的螺纹孔,尺寸相近,由于需更换刀具,因此加工不方便,而且装配也不方便			尺寸相近的螺纹孔,应该为同一尺寸螺纹孔,方便加工和装配
13	加工面加工时间长,并且零件尺寸越大,平面度误差越大			加工面减少,节省工时,减少刀具损耗,并且容易保证平面度要求
14	外圆和内孔有同轴度要求,由于外圆需在两次装夹下加工,同轴度不易保证			可在一次装夹下加工外圆和内孔,同轴度要求容易得到保证
15	内壁孔出口处有阶梯面,钻孔时易钻偏或钻头折断			内壁孔出口处平整,钻孔方便,容易保证孔中心位置度

续表

序号	零件结构			
	工艺性不好		工艺性好	
16	加工 B 面时以 A 面为定位基准，由于 A 面较小定位不可兼			附加定位基准，加工时保证 A、B 面平行，加工后将附加定位基准去掉
17	键槽设置在阶梯 90°方向上需两次装夹加工			将阶梯轴的两个键槽设计在同一方向上，一次装夹即可对两个键槽加工
18	钻孔过深，加工时间长，钻头耗损大，并且钻头易偏斜			钻孔的一端留空，钻孔时间短，钻头寿命长，不易引偏
19	进、排气（油）通道设计在孔壁上，加工相对困难			进、排气（油）通道设计在轴的外圆上，加工相对容易

【应用训练】

实验十二 切削加工质量的综合实验

一、实验目的

1. 通过综合实验加深理解《机械制造技术基础》课程的相关理论知识，引导学生自主学习，以提高学生分析问题和解决问题的能力。

2. 以保证切削加工质量为目标，展开对机床、刀具、夹具和工件所组成的工艺系统各因素的认识和分析，进行一系列的设计、试验和测量，从实验过程和实验结果中对影响加工质量的因素进行综合分析。

3. 通过以学生动手为主的综合实验，使课程实验成为提高学生综合素质、工程设计能力，工程实践能力和创新能力的重要环节。

二、实验要求

学生在掌握所学课程的基本知识和理论、熟悉机械加工方法和工艺知识的基础上，根据某一零件图加工质量的要求自拟加工工艺并设计实验方案，选择合理的加工方法、刀具和加工工艺参数等。对试件进行切削加工，控制加工精度和表面粗糙度，分析影响零件加工质量的各种因素，以及寻找控制零件加工质量的基本措施和方法。

三、实验仪器及设备

CA6140 型车床、三向通用测力仪、应变放大器、数据采集卡、计算机、表面粗糙度仪、车刀量角台、各种工件材料毛坯、不同角度和材料的车刀、游标卡尺、直尺、千分尺等。

四、实验内容

如图 9.38 为综合实验总体结构框图。从图中可以看出影响加工质量的各种因素，包括机床、工件、刀具和切削条件等几个方面。怎样进行实验设计，如何选用不同的加工方法和工艺参数进行独立自主的实验以完成零件图上加工质量的要求是本实验的主要内容。

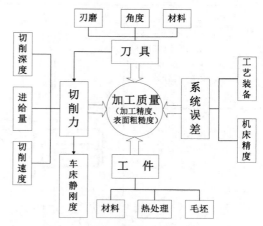

图 9.38　制造技术综合实验总体结构图

在实验过程中必须掌握基本的实验手段：

1. 掌握使用车刀量角台测量车刀几何角度的基本方法，加深对车刀各几何角度、各参考平面及其相互关系的理解，绘出所选用车刀的标注角度图。

2. 了解测力仪工作原理及测力系统的工作过程，自选切削参数和实验设计，实测切削力，了解并掌握切削参数（f、a_p、κ_r、γ_0、V_C）对切削力的影响规律，并能够通过实验建立切削力的经验公式；

3. 使用通用量具和表面粗糙度仪检测所加工的试件，综合分析影响零件切削加工质量的因素。

五、实验基本步骤

1. 设计或选择所要加工的零件，绘制零件图，熟悉零件加工技术要求。

2. 根据零件图的加工要求设计加工方法，制定加工工艺，拟出实验方案、内容和步骤，准备实验。

3. 根据实验方案，要求合理选择刀库中的刀具，并对刀具角度进行测量，画出刀具标注角度图。

4. 调试机床，安装刀具，装夹试件，然后按图纸要求对试件进行切削试验。

5. 进行切削力测量实验方案设计并进行操作，建立车削力的经验公式。

6. 测量试件加工后的尺寸精度，找出加工工艺系统中各种对试件尺寸、形状精度产生影响的因素。

7. 测量试件加工后表面粗糙度，分析表面粗糙度与切削用量和刀具几何参数的关系。

8. 整理和总结实验数据，提交实验报告。在实验报告中主要写出有关实验的原理、内容和步骤，仪器的使用、调试方法，实验数据分析处理的过程和结果，总结分析影响加工质量的各种因素，提出合理的改进措施等。

【课后练习】

1. 为什么要求重要表面加工余量均匀？

2. 零件的结构工艺性应从哪些方面考虑？

3. 工艺规程的内容和作用是什么？

4. 简述机器装配结构工艺性的一般原则。

任务四　加工工艺路线的拟定

【任务描述】

通过零件工艺及工序的划分，能够正确划分零件加工阶段及加工顺序。合理安排热处理工序。

【学习目标】

掌握加工工艺路线的拟定中加工阶段的划分、加工顺序的安排。理解热处理的划分及应用。

9.4.1　加工工艺路线的拟定

1．加工方法的选择

选择加工方法，一般是根据经验或查表来确定，同时还要考虑下列因素：工件材料的性质；工件形状和尺寸大小；结合生产类型考虑生产率和经济性；现有生产条件；选择相应能获得经济精度的加工方法等。

2．加工阶段的划分

工件的加工质量要求较高时，都应划分加工阶段。一般可分为粗加工、半精加工和精加工三个阶段。如果加工精度和表面粗糙度要求特别高时，还可增设光整加工和超精密加工阶段。各加工阶段的主要任务为：粗加工阶段是从毛坯上切除大部分加工余量，只能达到较低的加工精度和表面质量；半精加工阶段是介于粗加工和精加工的切削加工过程，它能完成一些次要表面的加工，并为主要表面的精加工做好准备（如精加工前必要的精度、表面粗糙度和合适的加工余量等）；精加工阶段是使各主要表面达到规定质量要求；光整加工和超精密加工是对要求特别高的零件增设的加工方法，主要目的是达到所要求的光洁表面和加工精度。

3．加工顺序的安排

（1）机械加工顺序的安排。机械加工顺序的安排主要遵循以下原则：

① 基面先行。被选为精基准的表面，应安排在起始工序先进行加工，以便尽快为后续工序提供精基准。

② 先面后孔。对于箱体、支架和连杆等零件应先加工平面后加工孔。这是因为平面的轮廓平整，安放和定位比较稳定可靠。若先加工好平面，就能以平面定位加工孔，便于保证平面与孔的位置精度。另外，由于平面先加工好，给平面上的孔加工带来方便，使刀具的初始工作条件得到改善。

③ 先粗后精。先粗加工能及早发现毛坯主要表面可能出现的缺陷。

④ 次要表面穿插在各加工阶段进行。次要表面一般加工量都较少，加工比较方便，把次要表面穿插在各加工阶段中进行加工，就能使加工阶段更加明显和顺利进行，又能增加加工阶段间的时间间隔，使工件有足够时间让残余应力重新分布并使其引起的变形充分表现，以便在后续工序中修正。

（2）热处理工序的安排。热处理的目的是提高材料的力学性能，消除残余应力和改善金属的加工性能。

机械零件常用的热处理工艺有：退火、正火、调质、时效、淬火、回火、渗碳淬火和渗氮等。按照热处理的不同目的，上述热处理工艺可分为两类：预备热处理和最终热处理。

预备热处理的目的是改善加工性能、消除内应力和为最终热处理准备良好的金相组织。其处理工艺有退火、正火、时效、调质等。其位置多在机械加工之前。

退火和正火常安排在毛坯制造之后，粗加工之前进行。

时效处理一般安排在粗加工之后，半精加工之前进行。对于高精度的复杂铸件（如坐标镗床的箱体等），应安排两次时效工序，即，铸造→粗加工→时效→半精加工→时效→精加工。简单铸件一般可不进行时效处理。除铸件外，对于一些刚性差的精密零件（如精密丝杠），为消除加工中产生的内应力，稳定零件的加工精度，常在粗加工、半精加工、精加工之间安排多次时效处理。有些轴类零件加工在校直工序后也要求安排时效处理。

调质即在淬火后进行高温回火处理。它能获得均匀细致的索氏体组织，为以后的表面淬火和渗氮处理时减少变形作好组织准备，因此调质可以作为预备热处理，由于调质后零件的综合力学性能较好，对某些硬度和耐磨性要求不高的零件，也可以作为最终热处理工序。调质处理常安排在粗加工之后，半精加工之前进行。

最终热处理的目的是提高零件材料的硬度、耐磨性和强度等力学性能。热处理工艺包括淬火、回火及各种化学处理（渗碳淬火、渗氮、液体碳氮共渗等）。最终热处理后会产生内应力或其他缺陷，因而还应增加回火等处理，故把它安排在精加工工序（磨削加工）之前进行。

（3）辅助工序的安排。辅助工序一般包括去毛刺、倒棱、清洗、防锈、退磁、检验等。其中检验工序是主要的辅助工序，它对产品的质量有极其重要的作用。检验工序一般安排在关键工序或工时较长的工序前后、零件转换车间前后、特别是进行热处理工序的前后、各加工阶段前后、在粗加工后精加工前、精加工后精密加工前和零件全部加工完毕后等位置。

【应用训练】

变速箱体的加工

一、变速箱体的加工方法

变速箱体结构复杂，刚性较差加工面较多，加工精度要求高。其上主要加工面是平面及孔系，平面的加工精度较易保证，而精度要求较高的轴承孔的尺寸、形状精度，孔间距，孔与平面的垂直度，孔中心线间的平行度等较难保证。因此，工序的安排与加工方法的选择是保证精度的关键。变速箱体加工采取先加工平面，后加工轴承孔的加工顺序。这样孔的加工就有稳定可靠的定位精基准，加工余量均匀。对变速箱体的平面一般采用铣削加工方法，加工路线为：粗铣——半精铣——精铣。对于直径较大、可预先铸出的轴承孔，适宜采用：粗镗——精镗的工艺路线。对直径较小、不能铸出的变速杆孔，适宜采用：钻——扩——铰的工艺路线。为满足加工精度和生产率要求，应选用组合机床，专用机床较为合适。

二、变速箱体加工时定位基准的选择

1. 精基准的选择

为保证变速箱体上孔与孔，孔与平面之间较高的位置精度要求，变速箱体加工应遵循"基准统一"原则来选择定位精基准，使具有位置精度要求的大部分表面能在同一精基准定位下加工，有利于减少夹具设计与制造，降低成本。

如图 9.39 所示的东方红-75 拖拉机变速箱体，由于后平面与主要轴承孔位置精度要求较高，且平面面积较大，故轴承孔及后平面采用"一面两销"定位限工件六个自由度来加工螺纹孔及其他小孔。轴承孔及前、后、上平面及变速杆孔有位置要求，应有统一的定位精基准，但由于变速箱体形状不规则且复杂，不易定位，故毛坯上设计四个工艺凸台，加工出四个定位小平面作为统一的精基准，限制变速箱体五个自由度，后平面限制变速箱体一个自由度，从而使前、后、上平面，四对轴承孔及变速杆孔在统一定位精基准下加工。

2. 粗基准的选择

粗基准选择主要应考虑各主要孔及平面加工余量均匀，因此，应选择变速箱体的主要轴承孔作为定位粗基准。如图 9.39 所示的东方红-75 拖拉机变速箱体，以 II 轴（输出轴）的支承孔为定位粗基准，采用两个弹性闷头限制工件五个自由度，若选另一个轴的支承孔限制转动自由度，则夹具复杂但定位效果好，也可利用变速箱体侧面用一定位支承钉来限制转动自由度，由于是以孔作为粗基准定位加工精基准面。因此，以后以加工过的四个定位平面定位加工轴承孔及平面，余量就比较均匀。

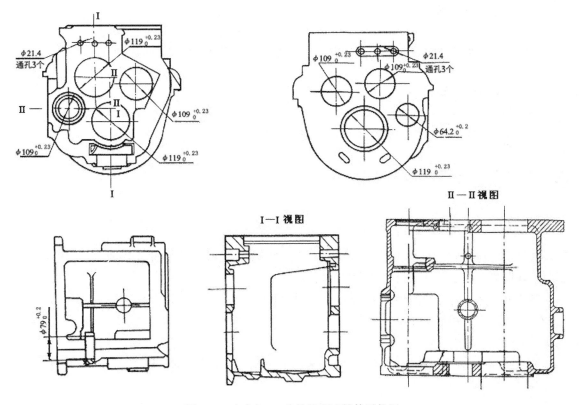

图 9.39　东方红-75 拖拉机变速箱体零件图

三、变速箱体加工主要工序安排

"基准先行"是安排工序顺序的一条基本原则，只有先加工出定位精基准才能保证"基准统一"、"基准重合"；根据"先主后次"原则，应先加工出主要平面及孔系，然后再加工螺纹孔及其他小孔；根据"先面后孔"原则，应先加工主要平面，再加工平面上的孔系；根据"先粗后精"原则，应先粗加工平面，轴承孔、钻螺纹底孔及其他小孔，再精加工平面及孔系和攻丝。所以变速箱体的加工顺序为：加工精基准——粗、精铣前后平面——粗、精铣上平面——粗镗、钻主要孔系——精镗轴承孔系——钻螺纹底孔——加工其他小孔及攻丝等。加工工序完成后，将工件清洗干净，然后最终检验。

【课后练习】

1. 制订工艺规程时，为什么要划分加工阶段？
2. 试述机械加工过程中安排热处理工序的目的及安排顺序。
3. 试述机械加工顺序的安排原则。
4. 试述粗基准和精基准的选择原则？
5. 制定工艺规程时，什么情况下可不划分或不严格划分？

任务五　尺寸链原理与应用

【任务描述】

结合工件工序划分、基准的选择理解基准不重合情况下工序的制定。

【学习目标】

掌握工艺尺寸链的原理，并能够正确应用。

9.5.1　尺寸链原理与应用

1. 尺寸链的基本概念

（1）尺寸链的定义。在机器的装配或零件的加工过程中，一组相互联系的尺寸，按一定的顺序排列形成的封闭尺寸组合，叫做尺寸链。

尺寸链的特点是其封闭性和关联性。组成尺寸链的尺寸数（环数）不能少于三个。

（2）尺寸链的组成。组成尺寸链的每一个尺寸，称作一个环。按各环的性质不同，又可将环分成组成环和封闭环。

① 封闭环。加工过程中间接获得的环或装配过程中最后自然形成的环，称为封闭环。一个尺寸链中，封闭环仅有一个。

② 组成环。对封闭环有影响的全部环，称为组成环。组成环按其对封闭环的影响不同又可分为增环和减环。如果某一组成环的变化引起封闭环同向变化；则该环属于增环；反之，如果某一组成环的变化引起封闭环异向变化，则该环属于减环。

（3）增、减环的判定。一般常用回路法来判定增、减环。其方法是：对于一个尺寸链，在封闭环旁画一箭头（方向任选），然后沿箭头所指方向绕尺寸链一圈，并给各组成环标上与绕行方向相同的箭头，凡与封闭环箭头同向的为减环，反向的为增环，如图 9.40 所示五环尺寸链中，A_0 是封闭环，A_1、A_2 是减环，A_3、A_4 是增环。

2. 尺寸链的计算公式

图 9.41 是一个 n 环尺寸链，A_0 是封闭环，其中有 k 个增环，$n-k-1$ 个减环。

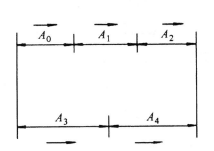

图 9.40　回路法判定增、减环

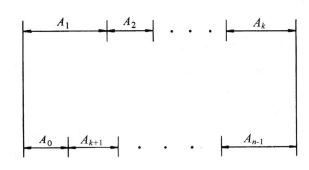

图 9.41　n 环尺寸链

（1）封闭环基本尺寸的确定

$$A_0 = \sum_{x=1}^{k} A_z - \sum_{j=k+1}^{n-1} A_j$$

（2）极值法解尺寸链

① 极限尺寸

$$A_{0\max} = \sum_{x=1}^{k} A_{z\max} - \sum_{j=k+1}^{n-1} A_{j\min}$$

$$A_{0\max} = \sum_{x=1}^{k} A_{z\min} - \sum_{j=k+1}^{n-1} A_{j\max}$$

② 封闭环上、下偏差

$$ES_{A_0} = \sum_{x=1}^{k} ES_{A_z} - \sum_{j=k+1}^{n-1} EI_{A_j}$$

$$EI_{A_0} = \sum_{x=1}^{k} EI_{A_z} - \sum_{j=k+1}^{n-1} ES_{A_j}$$

③ 封闭环公差　封闭环公差等于各组成环公差之和。

$$TI_{A_0} = \sum_{i=1}^{n-1} T_{A_i}$$

3. 工艺尺寸链的应用与解法

应用工艺尺寸链解决实际问题的关键，是要找出工艺尺寸之间的内在联系，正确确定出封闭环和组成环。当确定了尺寸链的封闭环和组成环后，就能运用尺寸链的计算公式进行具体计算。下面通过两个实例分析工艺尺寸链的建立和计算方法。

例1　图 9.42 所示为轴承衬套，图的下部尺寸为设计要求。在加工端面 C 时应保证设计尺寸 $50_{-0.15}^{0}$ mm，实际操作时不好测量，如果改为测量尺寸 x，由于测量基准 A 与设计基准不一致，故应进行工序尺寸换算。

解　本例中尺寸 $50_{-0.15}^{0}$ mm、$50_{-0.1}^{0}$ mm 和 x 构成一线性尺寸链，由于尺寸 $10_{-0.15}^{0}$ mm 和 x 是直接测量得到的，因而是尺寸链的组成环。尺寸 $50_{-0.1}^{0}$ mm 是测量过程中间接得到的，因而是封闭环，由公式有

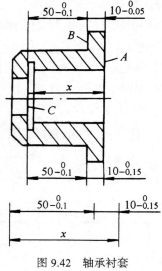

图 9.42　轴承衬套

$$T_{50} = T_{10} + T_x$$

因而 T_{10}（$=0.15$mm）$> T_{50}$（$=0.1$mm），所以 T_x 无解。

为了保证 T_{50}，必须重新分配组成环公差，根据工艺可能性，现取 $T_{10} = 0.15$mm，并标注成 $10_{-0.15}^{0}$ mm（如图上部所注尺寸），再解该尺寸链：

$$x = （50+10）\text{mm} = 60\text{mm}$$
$$ES_x = ES_{50} + EI_{10} = (0 - 0.05)\text{mm} = -0.05\text{mm}$$
$$EI_x = EI_{50} + ES_{10} = (-0.1 + 0.05)\text{mm} = -0.1\text{mm}$$
$$x = 60_{-0.10}^{-0.05}\text{mm}$$

此例说明，当组成环公差之和大于封闭环公差，也即在求某一组成环的公差时若得到零值或负值（或上偏差小于下偏差）的结果，则必须根据工艺可能性重新决定其余组成环的公差，即紧缩它们的制造公差，提高其加工精度。

例2　图 9.43（a）所示为一带键槽的齿轮孔，孔需淬火后磨削，故键槽深度的最终尺寸不能直接获得，因其设计基准内孔要继续加工，所以插键槽时的深度只能作为加工中间的工序尺寸，拟订工艺规程时应将它计算出来。有关内孔及键槽的加工顺序是：

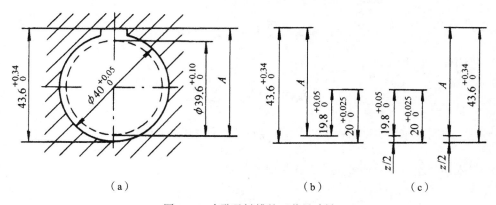

图 9.43　内孔及键槽的工艺尺寸链

（1）镗内孔至 $\phi 39.610_{0}^{+0.10}$ mm。

（2）插键槽至尺寸 A。

（3）热处理。

（4）磨内孔至 $\phi 40^{+0.05}_{0}$ mm，同时间接获得键槽深度尺寸 $43.6^{+0.34}_{0}$ mm。

试确定工序尺寸 A 及其公差（为简单起见，不考虑热处：理后内孔的变形误差）。

解 由图 9.43（a）的有关尺寸，可以建立起图 9.43（b）所示的四环尺寸链。在该尺寸链中，设计尺寸 $43.6^{+0.34}_{0}$ mm 是间接保证的，所以是尺寸链的封闭环，A 和 $20^{+0.025}_{0}$ mm（即 $\phi 40^{+0.05}_{0}$ mm 的半径）为增环，$19.8^{+0.05}_{0}$ mm（即 $\phi 39.6^{+0.10}_{0}$ mm 的半径）为减环。利用尺寸链的基本公式进行计算。

$$A = （43.6-20+19.8）mm = 43.4mm$$

$$ES_A = （0.34-0.025）mm = 0.315mm$$

$$EI_A = （0+0.05）mm = 0.05mm$$

$$A = 43.4^{+0.315}_{+0.050}mm = 43.45^{+0.265}_{0}mm$$

在本例中，由于工艺尺寸 A 是从还需要加工的设计基准内孔注出的，所以与设计尺寸 $43.6^{+0.34}_{0}$ mm 间有一个半径磨削余量 Z/2 的差别，利用这个余量，可将图 9.43（b）所示的尺寸链分解成两个并联的三环尺寸链，如图 9.43（c）所示，其中 Z/2 为公共环。

在由 $20^{+0.025}_{0}$ mm、$19.8^{+0.05}_{0}$ mm 和 Z/2 组成的尺寸链中，半径余量 Z/2 的大小取决于半径尺寸 $20^{+0.025}_{0}$ mm 及 $19.8^{+0.05}_{0}$ mm，是间接形成的，因而是尺寸链的封闭环。解此尺寸链可得。

对于由 Z/2、A 和 $43.6^{+0.34}_{0}$ mm 组成的尺寸链，由于半径余量 Z/2 作为中间变量已由上述计算确定，而设计尺寸 $43.6^{+0.34}_{0}$ mm 取决于工序尺寸 A 及余量 Z/2，因而在该尺寸链中 $43.6^{+0.34}_{0}$ mm 是封闭环，Z/2 变成了组成环。解此尺寸链可得

$$A = 43.45^{+0.265}_{0}mm$$

与上面计算结果完全相同。由此结果还可以看到，工序尺寸 A 的公差比设计尺寸 $43.6^{+0.34}_{0}$ mm 的公差恰好少了一个余量差的数值。这正是以还需继续加工的设计基准标注工序尺寸的工艺尺寸公差的特点。

【课后练习】

1. 什么叫尺寸链？什么叫封闭环、组成环？判断增、减环的方法。

2. 保证装配精度的修配法中，选择修配环的原则是？

3. 何谓定位误差？试切法有无定位误差？

4. 何谓装配尺寸链最短路线原则？为什么要遵循此原则？

第十单元

特种加工及先进制造技术

任务一 特种加工

【任务描述】

通过电火花加工、电火花线切割、电解加工、超声加工，对特种加工技术有较深入的了解。

【学习目标】

了解电火花加工、电火花线切割、电解加工、超声加工的基本原理及适用对象。

10.1.1 电火花加工

电火花加工是在一定介质中，通过工具电极和工件电极之间脉冲放电时的电腐蚀作用对工件进行加工的一种工艺方法。它可以加工各种高熔点、高硬度、高强度、高纯度、高韧性材料，并在生产中显示出很多优越性，因此得到了迅速地发展和广泛地应用。在模具制造中，电火花加工被用于型孔和型腔的加工。

1. 电火花加工的原理

早在一百多年前，人们就发现电器开关在断开或闭合时，往往会产生火花而把触点腐蚀成粗糙不平的凹坑，并逐渐损坏。这是一种有害的电腐蚀现象。随着人们对电腐蚀现象的深入研究，认识到在液体介质内进行重复性脉冲放电，能对导电材料进行加工，因而产生了电火花加工。

要使脉冲放电能够用于零件加工，应具备下列基本条件：

（1）必须使接在不同极性上的工具和工件之间保持一定的距离以形成放电间隙。这个间隙的大小与加工电压、加工介质等因素有关，一般在 0.01～0.5mm。在加工过程中必须用工具电极的进给和调节装置来保持这个放电间隙，使脉冲放电能连续进行。

（2）放电必须在具有一定绝缘性能的液体介质（工作液）中进行。液体介质还能够将电蚀产物从放电间隙中排除出去并对电极表面进行较好的冷却。目前，大多数电火花机床采用煤油作工作液进行穿孔和型腔加工。在大功率工作条件下（如大型复杂型腔模的加工），为了避免煤油着火，采用燃点较高的机油或煤油与机油混合物等作为工作液。近年来，新开发的电火花加工专用工作液（粘度低、冷却性好、不燃烧无味）应用十分广泛；去离子水和蒸馏水（流动性和冷却性好、不燃烧、无味）适用于精加工和高速穿孔加工。

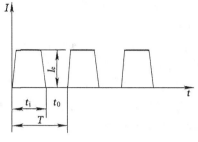

图 10.1　脉冲电流波形

t_i—脉冲宽度　t_0—脉冲间隔　T—脉冲周期　I_e—电流峰值

（3）脉冲波形基本是单向的（图 10.1）。放电延续时间 t_i 称为脉冲宽度。t_i 应在 $0.1\sim1000\mu s$，以使放电所产生的热量来不及从放电点过多传导扩散到其他部位，从而只在极小的范围内使金属局部熔化，直至汽化。相邻脉冲之间的间隔时间 t_0 称为脉冲间隔，应不小于 $10\mu s$。它使放电介质有足够的时间恢复绝缘状态（称为消电离），以免引起持续电弧放电，烧伤加工表面而无法用作尺寸加工。$T = t_i + t_0$ 称为脉冲周期。

（4）有足够的脉冲放电能量，以保证放电部位的金属熔化或汽化。

图 10.2 所示为电火花加工原理图。将工件和工具电极（以下简称电极）分别安装在工作台和主轴上，调整好相对位置，充入工作液并达到规定的要求。电极在自动进给调节装置带动下，与工件保持一定的放电间隙。由于工件和电极的表面（微观）是凸凹不平的，当脉冲电源接通后，两极间的电压首先在相对间隙最小处或绝缘强度最低处升高到击穿电压，使介质被击穿形成放电通道，在局部产生电火花放电。瞬间高温使工件和电极表面都被蚀除掉一小部分金属，形成小的凹坑，如图 10.3 所示。

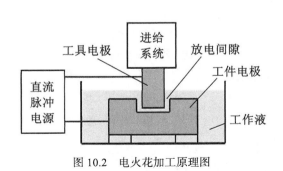

图 10.2　电火花加工原理图

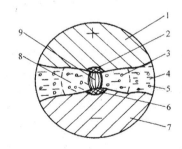

图 10.3　放电状况微观图

1—阳极　2—阳极汽化、熔化区　3—熔化的金属微粒
4—工作介质　5—凝固的金属微粒　6—阴极汽化、
熔化区　7—阴极　8—气泡　9—放电通道

一次脉冲放电的过程可以分为电离、放电、热膨胀、抛出金属和消电离等几个连续的阶段。

① 电离。由于工件和电极表面存在着微观的凹凸不平，在两者相距最近的点上电场强度最

大，会使附近的液体介质首先被电离为电子和正离子。

② 放电。在电场的作用下，电子高速奔向阳极，并产生电火花放电，形成放电通道。在这个过程中，两极间液体介质的电阻从绝缘状态的几兆欧姆骤降到几分之一欧姆。由于放电通道受放电时磁场力和周围的液体介质的压缩，其截面积极小，电流强度可达 $10^5 \sim 10^6$ A/cm²。放电状况如图 10.3 所示。

③ 热膨胀。由于放电通道中电子和离子高速运动时相互碰撞，产生大量的热能；阳极和阴极表面受高速电子和离子流的撞击，其动能也转化成热能，因此在两极之间沿通道形成了一个温度高达 $10000 \sim 12000℃$ 的瞬时高温热源。在热源作用区的电极和工件表面层金属会很快熔化，甚至汽化。通道周围的液体介质（一般为煤油）除一部分汽化外，另一部分被高温分解为游离的炭黑和 H_2、C_2H_2、C_4H_4、C_nH_{2n} 等气体（使工作液变黑，在极间冒出小气泡）。上述过程是在极短时间（$10^{-7} \sim 10^{-5}$ s）内完成的，因此，具有突然膨胀、爆炸的特性（可以听到噼啪声）。

④ 抛出金属。由于热膨胀具有爆炸的特性，爆炸力将熔化和汽化了的金属抛入附近的液体介质中冷却凝固成细小的圆球状颗粒，其直径视脉冲能量而异（一般为 $0.1 \sim 500 \mu m$），电极表面则形成一个周围凸起的微小圆形凹坑，如图 10.4 所示。

⑤ 消电离。使放电区的带电粒子恢复为中性粒子的过程。在一次脉冲放电后应有一段间隔时间，使间隙内的介质消电离而恢复绝缘强度，以实现下一次脉冲击穿放电。如果电蚀产物和气泡来不及很快排除，就会改变间隙内介质的成分和绝缘强度、破坏消电离过程，易使脉冲放电转变为连续电弧放电，影响加工。

一次脉冲放电之后，两极间的电压急剧下降到接近于零，间隙中的电介质立即恢复到绝缘状态。此后，电极不断地向工件进给，两极间的电压再次升高，又在另一处绝缘强度最小的地方重复上述放电过程。这样以很高的频率连续不断地重复放电的结果，使整个被加工表面由无数小的放电凹坑构成（图 10.5），将电极（由于存在"极性效应"，所以电极的损耗远远小于工件的蚀除量）的轮廓形状复制在工件上，达到加工的目的。

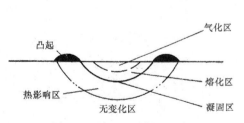

图 10.4　放电凹坑剖面示意图

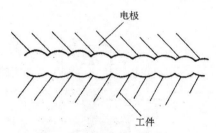

图 10.5　加工表面局部放大

在脉冲放电过程中工件和电极都要受到电腐蚀，但正、负两极的蚀除速度不同。这种两极蚀除速度不同的现象称为极性效应。产生极性效应的基本原因是电子的质量小，其惯性也小，在电场力作用下容易在短时间内获得较大的运动速度，即使采用较短的脉冲进行加工也能大量、迅速地到达阳极，轰击阳极表面，而正离子由于质量大，惯性也大，在相同时间内所获得的速度远小于电子，当采用短脉冲进行加工时，大部分正离子尚未到达负极表面，脉冲便已结束，所以负极的蚀除量小于正极；但是，当用较长的脉冲加工时，正离子可以有足够的时间加速，获得较大的运动速度，并有足够的时间到达负极表面，加上它的质量大，因而正离子对负极的轰击作用远大于电子对正极的轰击，负极的蚀除量则大于正极。

电极和工件的蚀除量不仅与脉冲宽度有关，而且还受电极及工件材料、加工介质、电源种类、单个脉冲能量等多种因素的综合影响。在电火花加工过程中，极性效应越显著越好。因此必须充分利用极性效应，合理选择加工极性，以提高加工速度、减少电极的损耗。在实际生产中，把工件接正极的加工称为"正极性加工"或"正极性接法"；工件接负极的加工称为"负极性加工"或"负极性接法"。极性的选择主要靠实验确定。

2. 电火花加工的特点

（1）可以使用较软的工具电极，对任何导电难加工的材料进行加工。如硬质合金、耐热合金、淬火钢、不锈钢、金属陶瓷等用普通加工方法难于加工或无法加工的材料，电火花加工则能达到以柔克刚的效果。

（2）电火花加工是一种非接触式加工，加工时不产生切削力，不受工具和工件刚度限制，因而有利于实现小孔、深孔、弯孔、窄缝、薄壁弹性件等的加工。此外，也适合于精密微细加工。

（3）脉冲参数可以任意调节，加工中只要更换工具电极，就可以在同一台机床上通过改变电规准（指脉冲宽度、电流、电压）连续进行粗、半精和精加工。精加工的尺寸精度可达到 0.01mm，表面粗糙度值 R_a 为 0.8μm；超精加工的尺寸精度可达 0.002～0.004nm，表面粗糙度值 R_a 为 0.1μm～0.05μm。

（4）尽管放电温度较高，但因放电时间极短，所以对加工表面不会产生厚的热影响层，因而适于加工热敏感性很强的材料。

（5）电火花加工机床结构简单。加工时，电脉冲参数调节及工具电极的自动进给，均可以通过一定措施实现自动化，因而使得电火花加工与微电子、计算机等高新技术的相互渗透与交叉成为可能。目前已几乎全部数控化，实现数控加工。

3. 电火花加工的应用

由于电火花加工有其独特的优点，加上电火花加工工艺技术水平的不断提高、数控电火花机床的普及，其应用领域日益扩大，已在模具制造、机械、航空、电子、仪器、轻工等部门用来解决各种难加工的材料和复杂形状零件的加工问题。

在模具制造中，电火花加工主要用于加工复杂形状冲裁凹模型孔、型腔模的型腔以及型芯上的窄槽等。为避免热处理变形一般都在淬火之后进行电火花加工。

10.1.2 电火花线切割加工

1. 线切割加工原理

线切割加工的基本原理是利用移动的细金属导线（钼丝或铜丝等）作工具电极（接高频脉冲电源的负极），对导电或半导电材料的工件（接高频脉冲电源的正极）进行脉冲火花放电，放电通道的中心温度瞬时可高于 10 000℃，使工件金属熔化，甚至有少量汽化。高温也使电极丝和工件之间的工作液部分发生汽化，汽化后的工作液和金属蒸气瞬间迅速热膨胀，并具有爆炸的特性。这种热膨胀和局部微爆炸抛出熔化和汽化的材料，实现对工件材料的电蚀切割加工，如图 10.6 所示。通常认为电极丝与工件之间的放电间隙在 0.01mm 左右（线切割编程时一般取 $\delta_{电}$=0.01 mm），若电脉冲的电压高，则放电间隙会稍大一些。

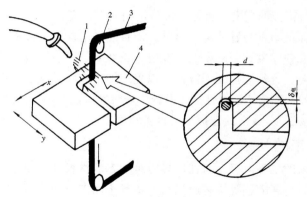

图 10.6　线切割加工原理

1—工作液　2—导轮　3—线电极　4—工件

为保证电极丝不被烧断,应向放电间隙注入大量工作液充分冷却电极,同时电极丝以 7～10 m / s 左右的速度做轴向运动,以避免放电总在电极丝的局部位置。高速运动的电极丝有利于不断地往放电间隙中带入新的工作液,同时也有利于把电蚀产物从间隙中带出去。图 10.7 所示为高速走丝数控线切割加工示意图。

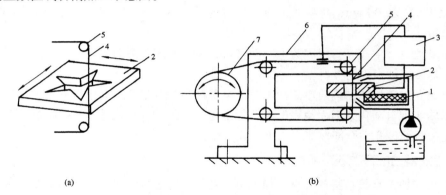

(a)　　　　　　　　　　　　　　(b)

图 10.7　高速走丝数控线切割加工示意图

1—绝缘底板　2—工件　3—脉冲电源　4—钼丝;

5—导向轮　6—支架　7—贮丝筒

2.　线切割加工的特点

(1)可以切割高硬度的导电材料,如各种淬火钢、硬质合金、磁性钢及石墨电极等。

(2)能方便地加工复杂截面的型柱、除盲孔以外的型孔和窄缝等。采用四轴联动控制方式时,还可加工上、下面异形体,形状扭曲的曲面体,变锥度和球形体等零件。

(3)加工中工具电极和工件不直接接触,没有像机械加工那样的切削力,因此,可以用于切割极薄的工件和采用切削加工时容易变形的工件。

(4)由于采用正极加工,只对工件进行切割,因而余料还可以使用;加之电极丝直径很细(最小可达 Φ0.003 mm),切屑极少,材料的利用率很高,因此对于贵重金属加工更有意义。

(5)由于脉冲电源的加工电流较小,脉冲宽度较窄,加之移动的长电极丝单位长度的损耗较小,因而对加工精度的影响较小,特别在慢走丝线切割加工时,电极丝一次使用,电极损耗对加工精度的影响更小。故数控线切割属中、精加工范畴。

（6）自动化程度高，操作简单，加工周期短，成本低，较安全。

3．线切割加工的应用

（1）加工模具，适用于各种形状的冲模（凸模、凸模固定板、凹模卸料板等）、挤压模、粉末冶金模、弯曲模、塑压模等带锥度的模具。

（2）各种样板、夹具零件和电火花成型加工用的电极等。

（3）科研和生产中的新产品试制，材料试验样件品种多、数量少的零件（加工薄件时还可多片叠在一起加工）以及除盲孔以外的特殊难加工材料的金属零件等。

10.1.3　电解加工

1．电解加工原理

电解加工是利用金属在电解液中发生电化学阳极溶解，将工件加工成形的一种工艺方法。如图 10.8a 所示，工具接直流稳压电源的阴极，工件接阳极，两极（工具与工件）之间保持一定的间隙（0.1mm～1mm）。电解液从两极的间隙以 5～60m/s 的高速流动，其电流量可高达1000A～10000A，工件表面产生阳极溶解。由于两极之间各点的距离不等，其电流密度也不相等。在图 10.8b 中，用细实线的疏密表示电流密度的大小，实线越密，电流密度越大，即两极间距最近的地方，通过的电流密度为最大，可达 10～70A/cm^2，该处的溶解速度最快。随着工具电极间工件不断送进，工件表面不断被溶解，使电解间隙逐渐趋于均匀，工具电极的形状就被复制在工件上，如图 10.8（c）所示。

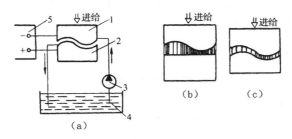

图 10.8　电解加工示意图

1—工具（阴极）　2—工件（阳极）　3—泵　4—电解液　5—直流电源

电解加工与电火花成形加工有些类似，但有本质区别。前者是靠电解液导电后进行电化学腐蚀，其两极间隙较大；后者是电流介质击穿后进行电蚀加工，其两极放电间隙较小。

2．电解加工的工艺特点及应用

电解加工不受材料硬度、强度和韧性的限制，可加工硬质合金、淬硬钢、不锈钢、耐热合金等难切削金属材料；它能以简单的进给运动，一次完成形状复杂的型面或型腔的加工（例如汽轮机叶片、锻模等），效率比电火花成形加工高 5～10 倍；电解过程中，作为阴极的工具理论上没有损耗，故加工精度可达 0.05mm～0.2mm；电解加工时无机械切削力和切削热的影响，因此适宜于易变形或薄壁零件的加工。此外，在加工各种腔线、花键孔、深孔、内齿轮以及去毛刺、刻印等，也广泛应用电解加工。

电解加工的主要缺点是设备投资较大，耗电量大，电解液有腐蚀性，需对设备采取防护措施，对电解产物也需要妥善处理，以防止污染环境。

10.1.4 超声加工

超声加工是随着机械制造和仪器制造中各种脆性材料和难加工材料的不断出现而得到应用和发展的。它较好地弥补了在加工脆性材料方面的某些不足，并显示出其独特的优越性。

1. 超声加工的原理

超声加工也叫超声波加工，是利用产生超声振动的工具，带动工件和工具间的磨料悬浮液冲击和抛磨工件的被加工部位，使局部材料破坏而成粉末，以进行穿孔、切割和研磨等，如图 10.9 所示。加工时工具以一定的静压力压在工件上，在工具和工件之间送入磨料悬浮液（磨料和水或煤油的混合物），超声换能器产生 16kHz 以上的超声频轴向振动，借助于变幅杆把振幅放大到 0.02mm～0.08mm，迫使工作液中悬浮的磨粒以很大的速度不断地撞击、抛磨被加工表面，把加工区域的材料粉碎成很细的微粒，并从工件上除下来。虽然一次撞击所去除的材料很少，但由于每秒钟撞击的次数多达

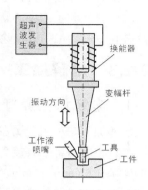

图 10.9 超声加工原理示意图

16000 次以上，所以仍有一定的加工速度。工作液受工具端面超声频振动作用而产生的高频、交变的液压冲击，使磨料悬浮液在加工间隙中强迫循环，将钝化了的磨料及时更新，并带走从工件上除下来的微粒。随着工具的轴向进给，工具端部形状被复制在工件上。

由于超声波加工是基于高速撞击原理，因此越是硬脆材料受冲击破坏作用也越大，而韧性材料则由于它的缓冲作用而难以加工。

2. 超声加工的特点

（1）适于加工硬脆材料（特别是不导电的硬脆材料），如玻璃、石英、陶瓷、宝石、金刚石、各种半导体材料、淬火钢、硬质合金等。

（2）由于是靠磨料悬浮液的冲击和抛磨去除加工余量，所以可采用比工件软的材料作工具，加工时不需要使工具和工件作比较复杂的相对运动。因此，超声加工机床的结构比较简单、操作维修也比较方便。

（3）由于去除加工余量是靠磨料的瞬时撞击，工具对工件表面的宏观作用力小、热影响小，不会引起变形及烧伤，因此适合于加工薄壁零件及工件的窄槽、小孔。

3. 超声加工的应用

超声加工的精度一般可达 0.01mm～0.02mm，表面粗糙度 $R\alpha$ 可达 0.63μm 左右，在模具加工中用于加工某些冲模、拉丝模以及抛光模具工作零件的成形表面。

【应用训练】

1. 电火花加工的产品展示，如图 10.10 所示。
2. 线切割加工产品展示，如图 10.11、图 10.12 和图 10.13 所示。
3. 超声加工产品展示，如图 10.14 和图 10.15 所示。

图 10.10　电火花加工模具型腔　　　　　　图 10.11　线切割加工零件

图 10.12　线切割加工工艺品　　　　　　图 10.13　线切割加工模具

图 10.14　超声加工玉石　　　　　　图 10.15　超声加工零件

【课后练习】

1. 电火花加工的基本条件有哪些？
2. 什么是极性效应？
3. 简述电火花脉冲放电的过程。
4. 简述电解加工的基本原理。
5. 简述超声加工的原理及应用范围。

任务二　先进制造技术

【任务描述】

　　通过超高速加工、超精密加工、快速成型技术，对现代先进制造技术及加工方式有较深入的了解。

【学习目标】

　　了解超高速加工、超精密加工、快速成型技术的基本原理及工艺方法。

10.2.1 超高速加工技术

超高速加工技术是指采用超硬材料刀具、磨具和高速运动的制造设备，加工制造零件的现代制造加工技术。超高速加工的核心是通过极大地提高切削或磨削速度，来实现提高加工质量、加工精度和降低加工成本的目的。

通常认为切削速度达到普通切削速度的 10 倍左右即为超高速切削。但不同的加工方式、不同的材料其切削速度是不同的，各种材料的超高速加工切削速度范围为：钢为 600m/min～3000m/min；铸铁为 900m/min～5000m/min；铝合金已达到 2000m/min～7500m/min；铁合金达 150m/min～1000m/min；超耐热镍合金达 500m/min；纤维增强塑料为 2000m/min～9000m/min。各种制造加工工序的切削速度范围为：车削为 700m/min～7000m/min；铣削为 300m/min～6000m/min；磨削为 150m/s 以上；钻削为 200m/min～1100m/min。

1. 超高速切削机理

德国学者萨洛蒙（Salomon）于 1931 年提出了著名的超高速切削理论，可用"萨洛蒙曲线"来描述，如图 10.16 所示。

在常规的切削速度范围内（A 区），切削温度随切削速度的增大而升高；在 B 区这个速度范围内，由于切削温度太高，任何刀具都无法承受，切削加工不可能进行，这个范围被称之为"死谷"（dead valley），如能越过这个"死谷"而在超高速区（C 区）进行工作，则可进行超高速切削，提高机床的生产率。当然，萨洛蒙曲线只是提供了一种启示，超高速加工机理尚需进行大量的研究工作。

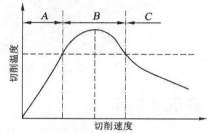

图 10.16　萨洛蒙曲线

研究人员通过对超高速切削切屑形成的研究，来寻找超高速切削的途径。研究表明，按照加工材料及加工工艺的不同，存在着连续切屑和断续切屑两种类型。对于高导热低硬度的合金或金属材料（如铝合金、软低碳钢等），超高速切削时易形成连续切屑；而低导热高硬度的材料（如钛合金、超耐热镍合金、高硬度合金钢），超高速切削时易形成断续切屑。由于切屑变形的影响，切削力也将发生变化，随着切削速度的提高，塑性材料的切屑形态将从带状、片状到碎屑不断演变，单位切削力初期呈上升趋势，尔后急剧下降，塑性变形区变浅，残余应力及硬度变化减小。

大量的超高速切削机理研究表明，超高速加工除了可以提高生产率之外，还有其他许多优点。例如，超高速切削情况下切削力可降低 30%左右，借此可加工薄壁类零件；超高速切削特别适用于对温度十分敏感的零件进行加工；由于超高速切削激振频率提高，使激振频率远离机床固有频率，有利于提高表面加工质量；在超高速切削情况下刀具耐用度提高 70%左右，降低了加工成本。

2. 超高速磨削机理

对于磨削机理和磨削加工工艺，研究人员也开展了大量的研究工作，并取得突破性进展。1979 年法国学者 Werner 提出了新的高效深磨（HEDG）热机理学说，预言了高效深磨区的存在。研究表明，在较低磨除率下，随着砂轮线速度的增加，磨削力的降低差不多呈线性变化，但在高磨除率情况下，随着砂轮线速度的增大，磨削力在砂轮线速度 100m/s 前后的某区间内出现陡降，降幅达 50%，而且随着磨削效率的提高，这种趋势更加明显。在给定的高效深磨条件下，砂轮达到超高速状态之后，工件表面温度出现回落。HEDG 机理的另一要点是必须提高工件进给速度，在较低的磨除率情况下，随着工件进给速度的增大，工件表面温度逐渐上升，直到出现烧伤，这便是缓进深磨难以为继的原因。但是，在高磨除率情况下，由于磨削热源快速离开已加工表面，使得多数热量进入切屑和冷却液，导致工件表面温度下降。

超高速磨削时，在很短暂的磨屑形成时间内完成的切屑的高应变率形成过程，将不同于普通磨削的情况，而将导致工件表面塑性变形层变浅，磨削沟痕两侧因塑性流动而形成的隆起高度变小，使磨屑形成中的耕犁和滑擦距离变小，使工件表层硬化及残余应力倾向减小。超高速磨削时磨粒在磨削区上的移动速度增加了几倍，工件进给速度也大大加快，加上应变率响应的温度滞后，将导致工件表面磨削温度有所降低，能越过容易发生热损伤的区域，而极大地扩展了磨削工艺参数的应用范围。

3. 超高速加工的应用

由于超高速加工的费用较高，目前主要应用在一些特殊的领域:

（1）大批量的生产领域，如汽车工业；

（2）刚度不足的零件加工，如航空航天领域，其工件最薄壁厚度仅为 1mm；

（3）加工复杂曲面领域，如模具工具制造；

（4）超精密微细切削加工领域，如微型零件加工；

（5）加工困难材料领域，如超硬材料、超塑材料等。

10.2.2　超精密加工技术

1. 超精密加工的概念

超精密加工是指加工精度和表面质量达到极高程度的精密加工工艺，一般而言，超精密加工的精度在 $0.1\mu m \sim 0.01\mu m$，表面粗糙度 R_a 值在 $0.025\mu m \sim 0.01\mu m$，如金刚石刀具超精密切削、超精密磨料加工、超精密特种加工和复合加工等。目前超精密加工的精度正在向纳米级工艺水平发展。随着技术的提高，超精密加工技术已成体系，它包括超精密切削、超精密磨削、超精密微细加工、超精密计量等。

2. 超精密加工的相关技术

超精密加工相关技术包含以下几个方面:

（1）加工技术。包括加工方法与加工机理，主要有超精密切削、超精密磨料加工、超精密特种加工及复合加工等。超精密加工的关键是在最后一道工序能够从被加工表面微量去除表面层，微量去除表面层越薄，则加工精度越高。

（2）材料技术。包括加工工具材料和被加工材料，如金刚石刀具是超精密切削中的重要关键，其中晶面的选择对刀具的使用性能有着重要的关系，金刚石刀具的超精密刃磨，其刃口钝圆半径应达到 2nm～4nm，同时应解决其检测方法，刃口钝圆半径与切削厚度关系密切，若切削的厚度欲达到 10nm，则刃口钝圆半径应为 2nm。

（3）加工设备。包括超精密切削机床、各种研磨机、抛光机以及各种特种精密加工、复合加工设备，对于这些加工设备有高精度、高刚度、高稳定性、高度自动化的要求。

（4）测量及误差补偿技术。精密和超精密加工必须具备相应的检测手段和方法，不仅要对工件和表面质量进行检验，而且要检验加工设备和基础元部件的精度。要达到最高精度还需要使用在线检测和误差补偿。例如高精度静压空气轴承的径向圆跳动约为 50nm，工作台的直线运动误差也在数十纳米，要进一步实现更高精度就有一定困难，但用误差补偿可以达 10nm 以下。超精密机床实际上是反馈补偿原理的体现，用激光干涉测长仪测出工作台实际位置，通过反馈而控制其运动。

（5）工作环境。精密和超精密加工的工作环境是保证加工质量的必要条件，影响环境的主要因素有温度、湿度、污染和振动等。环境温度可根据加工要求控制在 ±1℃～±0.02℃，甚至达到 ±0.0005℃。一般湿度应保持在 55%～60%。空气的洁净度要求 1000 级～100 级，100 级是指每立方英尺空气中所含大于 0.5μm 的尘埃不超过 100 个。

3. 超精密加工的应用

超精密加工主要适用于激光核聚变系统、高密度磁盘、磁鼓、复印机感光筒、精密雷达、惯导级陀螺、计量标准元件、超大规模集成电路等的制造。

10.2.3 快速成型技术

快速成型技术（Rapid Prototyping，简称 RP）是 20 世纪 80 年代中期发展起来的一种崭新的原型制造技术。RP 集机械工程、CAD、数控技术、激光技术及材料科学技术于一身，可以自动、直接、快速、精确地将设计思想转变为具有一定功能的原型或直接制造零件，从而可以对产品设计进行快速评估、修改及功能试验，大大缩短产品的研制周期和减少新产品开发的投资风险。由于其具有敏捷性、适合于任何形状、高度柔韧性、高度集成化等优点而广泛应用于机械、汽车、电子、通信、航空航天等领域。

近年来，国内外专家认为快速成型技术应改称"3D 打印"更为贴切。同时 3D 打印技术被认为是继蒸汽机和内燃机之后的第三次工业革命，受到国内外的广泛关注。

目前快速成型的工艺方法已有十余种，如光固化法（SLA）、叠层法（LOM）、选域激光烧结法（SLS）、熔融沉积法（FDM）、掩膜固化法（SGC）、三维印刷法（3DP）、喷粒法（BPM）等。

1. 快速成型的基本原理

快速成型技术是一种基于离散和堆积原理的崭新制造技术。它将零件的三维 CAD 实体模型按一定方式离散，成为可加工的离散面、离散线和离散点。而后采用多种物理或化学手段，将这些离散的面、线段和点堆积而形成零件的实体形状。是一种"生长型"成型技术，又称为"增材制造"或者"自由成型制造"（Free Form Fabrication）。

采用快速成型技术时，制件的具体成型过程是根据三维 CAD 模型，经过格式转换后，对零件进行分层切片，得到各层截面的二维轮廓形状。按照这些轮廓形状，用激光束选择性地固化一层层液态光敏树脂，或切割一层层的纸或金属薄材，或烧结一层层的粉末材料，以及用喷射源选择性地喷射一层层的黏结剂或热熔性材料，形成每一层截面的平面轮廓形状，然后再一层层叠加成三维立体零件。

从而可见，快速成型过程是采用新的"材料增长"的方法，即用一层层的"薄片毛坯"逐步叠加成复杂形状的三维实体零件。由于它的制作基本原理是将复杂的三维实体分解成二维轮廓的叠加，所以也统称为"叠层制造"（Layered Manufacturing），其成型过程的基本原理如图 10.17 所示。

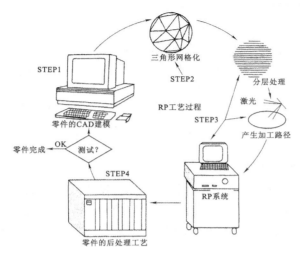

图 10.17　快速成型技术原理

2.　快速成型的工艺过程

（1）产品三维模型的构建。由于 RP 系统是由三维 CAD 模型直接驱动，因此首先要构建所加工工件的三维 CAD 模型。该三维 CAD 模型可以利用计算机辅助设计软件（如 Pro/E，Solid Works，UG 等）直接构建，也可以将已有产品的二维图样进行转换而形成三维模型，或对产品实体进行激光扫描、CT 断层扫描，得到三维模型。

（2）三维模型的近似处理。由于产品往往有一些不规则的自由曲面，加工前要对模型进行近似处理，以方便后续的数据处理工作。由于 STL 格式文件格式简单、实用，目前已经成为快速成型领域的准标准接口文件。它是用一系列的小三角形平面来逼近原来的模型，每个小三角形用 3 个顶点坐标和一个法向量来描述，三角形的大小可以根据精度要求进行选择。STL 文件有二进制码和 ASCII 码两种输出形式，二进制码输出形式所占的空间比 ASCII 码输出形式的文件所占用的空间小得多，但 ASCII 码输出形式可以阅读和检查。典型的 CAD 软件都带有转换和输出 STL 格式文件的功能。

（3）三维模型的切片处理。根据被加工模型的特征选择合适的加工方向，在成型高度方向用一系列一定间隔的平面切割近似后的模型，以便提取截面的轮廓信息。间隔一般取 0.05～0.5mm，常用 0.1mm。间隔越小，成型精度越高，但成型时间也越长，效率就越低，反之则精度低，但效率高。

（4）成型加工。根据切片处理的截面轮廓，在计算机控制下，相应的成型头（激光头或喷头）按各截面轮廓信息做扫描运动，在工作台上一层一层地堆积材料，然后将各层相粘结，最终得到原型产品。

（5）成型零件的后处理。从成型系统里取出成型件，进行打磨、抛光、涂挂，或放在高温炉中进行后烧结，进一步提高其强度。

快速成型的成型过程如图 10.18 所示。

```
构造三维模型
    ↓
模型近似处理          前处理
    ↓
切片处理                      快
    ┌────────┴────────┐      速
  激光            喷射源       成
    │               │        型
┌───┼───┐       ┌────┴────┐  系
固化树脂 切割纸 烧结粉末  喷粘结剂 喷热熔材料  统
    └───┴───┘       └────┬────┘  工
    三维产品                      作
   (样品/模具)
    ↓
表面处理                      后处理
```

图 10.18　快速成型的成型过程

3. 快速成型技术的特点

（1）可以制造任意复杂的三维几何实体。由于采用离散/堆积成型的原理，它将一个十分复杂的三维制造过程简化为二维过程的叠加，可实现对任意复杂形状零件的加工。越是复杂的零件越能显示出 RP 技术的优越性。此外，RP 技术特别适合于复杂型腔、复杂型面等传统方法难以制造甚至无法制造的零件。

（2）快速性。通过对一个 CAD 模型的修改或重组就可获得一个新零件的设计和加工信息。从几个小时到几十个小时就可制造出零件，具有快速过程的突出特点。

（3）高度柔性。无需任何专用夹具或工具即可完成复杂的制造过程，快速制造工模具、原型或零件。

（4）一体化。快速成型技术实现了机械工程学科多年来追求的两大先进目标，即材料的提取（气、液、固相）过程与制造过程一体化和设计（CAD）与制造（CAM）一体化。

（5）快速工具。快速成型技术与反求工程（Reverse Engineering）、CAD 技术、网络技术、虚拟现实等相结合，成为产品快速开展的有力工具。

4. 快速成型工艺

（1）SLA（Stereolithogrphy Apparatus）工艺。SLA 工艺也称光固化成型或立体光刻成型。该工艺是由 Charles Hul 于 1984 年获美国专利。1988 年美国 3D System 公司推出商品化样机 SLA-I，这是世界上第一台快速成型机。

其工作原理如下：由计算机传输来的三维实体数据文件，经机器的软件分层处理后，驱动一个扫描激光头，发出紫外激光束在液态紫外光敏树脂的表层进行扫描。液态树脂表层受光束照射的那些点发生聚合反应形成固态。每一层的扫描完成之后，工作台下降一个凝固层的厚度，二层新的液态树脂又覆盖在己扫描过的层表面，再建造一个层，由此层层叠加，成为一个三维实体。图 10.19 为 SLA 快速原型工作原理图。

如果实体上有悬空的结构，处理软件可以预先判断并生成必要的支撑工艺结构。为了防止成形后的实体粘在工作台上，处理软件还必须先在实体底部生成一个网格状的框架，以减少实体与工作台的接

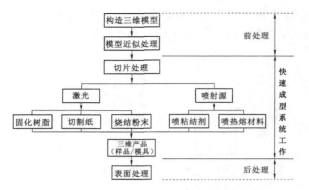

图 10.19　光固化成型过程

1—激光束；2—扫描头；3—Z 轴升降；
4—树脂槽；5—托盘；6—树脂；7—零件原型

触面积。构型工作全部完成后，实体应从工作台上小心取出，用溶剂洗去未凝固的树脂，再次用紫外线进行整体照射以保证所有的树脂都凝结牢固。

（2）LOM（Laminated Object Manufacturing）工艺。LOM 工艺称为叠层实体制造或分层实体制造。该工艺由美国 Helisys 公司的 Michael Feygin 于 1986 年研制成功，是几种最成熟的快速成型的制造技术之一。

该项技术将特殊的箔材一层一层地堆叠起来，激光束只须扫描和切割每一层的边沿，而不必像 SLA 技术那样，要对整个表面层进行扫描。目前最常用的箔材是一种在一个面上涂布了热熔树脂胶的纸。在 LOM 成形机器里，箔材从一个供料卷筒拉出，胶面朝下平整地经过造型平台，由位于另一方的收料卷筒收卷起来。每敷覆一层纸，就由一个热压辊压过纸的背面，将其粘合在平台上或前一层纸上。这时激光束开始沿着当前层的轮廓进行切割。激光束经准确聚焦，使之刚好能切穿一层纸的厚度。在模型四周和内腔的纸被激光束切割成细小的碎片以便后期处理时可以除去这些材料。同时，在成形过程中，这些碎片可以对模型的空腔和悬臂结构起支撑的作用。一个薄层完成后，工作平台下降一个层的厚度，箔材已割离的四周剩余部分被收料卷筒卷起，拉动连续的箔材进行下一个层的敷覆，如此周而复始，直至整个模型完成。图 10.20 为 LOM 快速原型工作原理图。

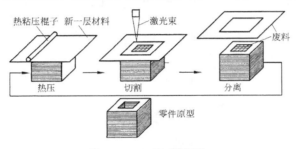

图 10.20　LOM 原理图

图 10.21 给出了 LOM 系统的基本组成。LOM 工艺只需在片材上切割出零件截面的轮廓，而不用扫描整个截面。因此成型厚壁零件的速度较快，易于制造大型零件。工艺过程中不存在材料相变，因此不易引起翘曲变形。

（3）SLS（Selective Laser Sintering）工艺。SLS 工艺称为选择性激光烧结，最早由美国德克萨斯大学开发，由美国 DTM 公司（现已与 3D Systems 公司合并）推向市场。该工艺采用激光束对粉末材料（如塑料分、陶瓷与粘结剂的混合物、金属与粘结剂的混合物、树脂砂与粘结剂的混合物等进行选择性烧结，是一种由离散点一层层堆积成三维实体的工艺方法。

图 10.21　分层实体制造系统的基本组成

工艺过程原理是将材料粉末铺撒在已成型零件的上表面，并刮平，用高强度的 CO_2 激光器在刚铺的新层上扫描出零件截面，材料粉末在高强度的激光照射下被烧结在一起，得到零件的截面，并与下面已成型的部分联接。当一层截面烧结完后，铺上新的一层材料粉末，有选择地烧结下层截面，如图 10.22 所示。烧结完成后去掉多余的粉末，再进行打磨、烘干等处理得到零件。

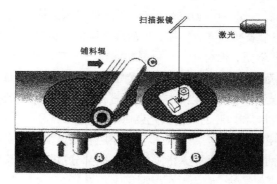

图 10.22　SLS 成型原理

图 10.23 给出了 SLS 系统的基本组成，包括 CO2 激光器和光学系统、粉料送进与回收系统、升降机构、工作台、构造室等。

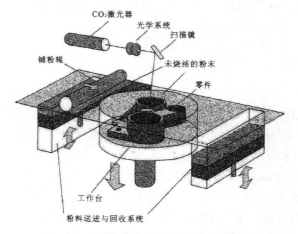

图 10.23　选择性激光烧结系统的基本组成

（4）FDM（Fused Depostion Modeling）工艺。FDM 工艺称为熔融沉积快速成型。熔融沉积快速成型是继光固化快速成型和叠层实体快速成型工艺后的另一种应用比较广泛的快速成型工艺。该工艺最早由美国学者 Scott Crump 于 1988 年研制开发，并由 Stratasys 公司将其推向市场。该公司自 1993 年开发出第一台 FDM1650 机型后，先后推出了 FDM2000，FDM3000，FDM8000 及 1998 年推出的引人注目的 FDM Quantum 机型，FDM Quantum 机型的最大造型体积达到 600mm × 500mm × 600mm。国内的清华大学与北京殷华公司（现北京太尔时代）也较早地进行了 FMD 工艺商品化系统的研制工作，并推出熔融挤压制造设备 MEM250 等。

熔融挤压成型工艺比较适合于家用电器、办公用品和模具行业新产品开发以及用于假肢、医学、医疗、大地测量、考古等基于数字成像技术的三维实体模型制造。该技术无需激光系统，因而价格低廉，运行费用很低且可靠性高。此外，从目前出现的快速成型工艺方法来看，FDM 工艺在医学领域的应用具有独特的优势。

熔融沉积又叫熔丝沉积，它是将丝状的热熔性材料加热熔化，通过带有一个微细喷嘴的喷头挤喷出来。喷头可沿着 X 轴方向移动，而工作台则沿 Y 轴方向移动。如果热熔性材料的温度始终稍高于固化温度，而成型部分的温度稍低于固化温度，就能保证热熔性材料挤喷出喷嘴后，随即与前一层面熔结在一起。一个层面沉积完成后，工作台按预定的增量下降一个层的厚度，再继续熔喷沉积，直到完成整个实体造型。

熔融沉积制造工艺的基本原理如图 10.24 所示，其过程如下：将实芯丝材原材料缠绕在供料辊上，由电动机驱动辊子旋转，辊子和丝材之间的摩擦力使丝材向喷头的出口送进。在供料辊与喷头之间有一导向套，导向套采用低摩擦材料制成，以便丝材能顺利、准确地由供料辊送到喷头的内腔（最大送料速度为 10mm/s～25mm/s，推荐速度为 5mm/s～18mm/s）。喷头的前端有电阻丝式加热器，在其作用下，丝材被加热熔融（熔模铸造蜡丝的熔融温度为 74℃，机加工蜡丝的熔融温度为 96℃，聚烯烃树脂丝为 106℃，聚酰胺丝为 155℃，ABS 塑料丝为 270℃），

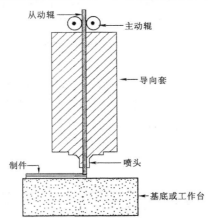

图 10.24　熔融沉积制造工艺的基本原理

然后通过出口（内径为 0.25mm～1.32mm，随材料的种类和送料速度而定），涂覆至工作台上，并在冷却后形成界面轮廓。由于受结构的限制，加热器的功率不可能太大。因此，丝材一般为熔点不太高的热塑性塑料或蜡。丝材熔融沉积的层厚随喷头的运动速度（最高速度为 380mm/s）而变化，通常最大层厚为 0.15mm～0.25mm。

熔融沉积快速成型工艺在原型制作时需要同时制作支撑，为了节省材料成本和提高沉积效率，新型 FDM 设备采用了双喷头，如图 10.25 所示。一个喷头用于沉积模型材料，一个喷头用于沉积支撑材料。一般来说，模型材料丝精细而且成本较高，沉积的效率也较低。而支撑材料丝较粗且成本较低，沉积的效率也较高。双喷头的优点除了沉积过程中具有较高的沉积效率和降低模型制作成本以外，还可以灵活地选择具有特殊性能的支撑材料，以便于后处理过程中支撑材料的去除，如水溶材料、低于模型材料熔点的热熔材料等。

图 10.26 为快速成型机的喷头结构。喷头内的螺杆与送丝机构用可沿 Z 方向旋转的同一步进电动机驱动，当外部计算机发出指令后，步进电动机驱动螺杆，同时，又通过同步齿形带传动与送料辊将塑料丝送入成型头，在喷头中，由于电热棒的作用，丝料呈熔融状态，并在螺杆的推挤下，通过铜质喷嘴涂覆在工作台上。

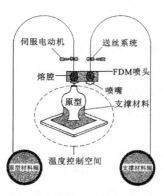

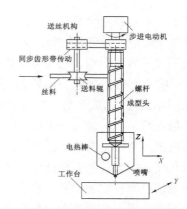

图 10.25　双喷头熔融沉积工艺的基本原理　　　　图 10.26　FDM 快速成型系统喷头结构示意图

（5）3DP（Three Dimension Printing）工艺。3DP 工艺称为三维印刷或三维打印。所谓三维打印快速成型机，都是以某种喷头作成型源，它的工作很像打印头，不同点仅在于除喷头能做 X-Y 平面运动外，工作台还能作 Z 方向的垂直运动。而且，喷头吐出的材料不是墨水，是熔化的热塑性材料、蜡或粘结剂等，因此可成型三维实体。

现在生产的三维打印快速成型机，主要有三维喷涂粘结（也称粉末材料选择性粘结）和喷墨式三维打印两类。

3DP 工艺与 SLS 工艺类似，采用粉末材料成型，如陶瓷粉末、金属粉末。所不同的是材料粉末不是通过烧结联结起来的，而是通过喷头用粘结剂（如硅胶）将零件的截面"印刷"在材料粉末上面，如图 10.27 所示。用粘结剂粘接的零件强度较低，还须后处理。先烧掉粘结剂，然后在高温下渗入金属，使零件致密化，提高强度。

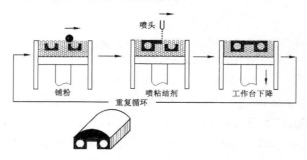

图 10.27　3DP 的成型原理

【应用训练】

1. 超精密加工产品展示，如图 10.28 所示。

（a）复印机感光筒

（b）精密陀螺

图 10.28　超精密加工产品

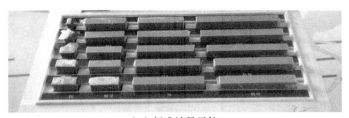

（c）标准计量元件

图 10.28　超精密加工产品（续）

2. 快速成型产品展示，如图 10.29、图 10.30、图 10.31 和图 10.32 所示。

图 10.29　快速成型工艺品

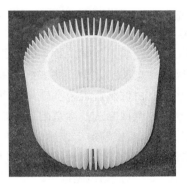

图 10.30　快速成型 1:1 零件模型

图 10.31　快速成型能直接使用的金属零件

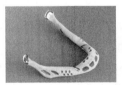

图 10.32　快速成型人体假肢、假牙

【课后练习】

1. 简述超高速加工的原理及主要应用范围。
2. 简述超精密加工的概念及主要应用。
3. 简述快速成型的基本原理和快速成型的工艺过程。
4. 简述 SLA、SLS 快速成型过程及特点。
5. 简述 FDM 快速成型的原理过程及特点。

参考文献

[1] 戴枝荣. 工程材料. 北京：高等教育出版社，1992.

[2] 陈明深. 金属材料与热处理. 第 3 版. 北京：中国劳动出版社，1993.

[3] 王特典. 工程材料. 南京：东南大学出版社，1996.

[4] 王雅然. 金属工艺学. 北京：机械工业出版社，1997.

[5] 刘会霞. 金属工艺学. 第 4 版. 北京：机械工业出版社，2003.

[6] 邓文英. 金属工艺学. 第 4 版. 北京：高等教育出版社，2000.

[7] 丁德全. 金属工艺学. 北京：机械工业出版社，2000.

[8] 傅水根. 机械制造工艺基础. 北京：清华大学出版社，1998.

[9] 卢秉恒. 机械制造技术基础. 北京：机械工业出版社，1999.

[10] 王先逵. 机械制造工艺学. 北京：机械工业出版社，1995.

[11] 陆剑中，等. 金属切削原理与刀具. 第 3 版. 北京：机械工业出版社，1998.

[12] 刘建亭. 机械制造基础. 北京：机械工业出版社，2003.

[13] 郎建国. 机械制造工程. 北京：机械工业出版社，2002.

[14] 王明海. 机械制造技术. 北京：中国农业工业出版社，2004.

[15] 李华. 机械制造技术. 北京：高等教育出版社，2002.

[16] 丁新民. 机械制造基础. 北京：中国农业工业出版社，1998.

[17] 徐宁. 机械制造基础. 北京：北京理工大学出版社，2012.

[18] 徐福林. 机械制造基础. 北京：北京理工大学出版社，2011.

[19] 余小燕. 机械制造基础. 北京：科学出版社，2005.